中国职业技术教育学会科研项目优秀成果

The Excellent Achievements in Scientific Research Project of The Chinese Society Vocational and Technical Education

高等职业教育“双证课程”培养方案规划教材·机电基础课程系列

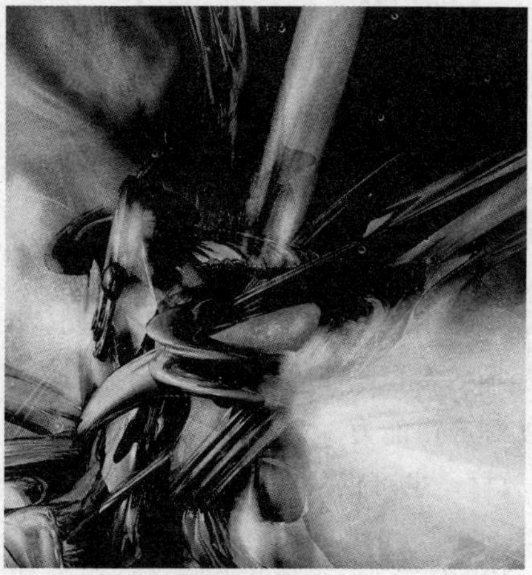

公差配合与测量技术

高等职业技术教育研究会 审定

娄琳 主编

赵丽玮 李顺江 副主编

Tolerance Fit and Measurement Technology

人 民 邮 电 出 版 社

北 京

图书在版编目（CIP）数据

公差配合与测量技术 / 娄琳主编. —北京：人民邮电出版社，2009. 10（2015.1 重印）

中国职业技术教育学会科研项目优秀成果. 高等职业教育“双证课程”培养方案规划教材. 机电基础课程系列

ISBN 978-7-115-20604-6

Ⅰ. 公… Ⅱ. 娄… Ⅲ. ①公差－配合－高等学校：技术学校－教材②技术测量－高等学校：技术学校－教材 Ⅳ. TG801

中国版本图书馆CIP数据核字（2009）第114109号

内容提要

本书按照高等职业教育的培养目标和教学特点，从应用角度出发，按照最新国家标准，以光滑圆柱体的公差与配合为基础，阐述了各种零件公差与配合的特点及实际应用，介绍了测量技术的基本知识及误差检测的原则与方法。本书在力求用浅显易懂的方式阐明基本概念和原理的同时，突出实用性，尽量做到重点突出。本书各章均设有适量的习题，以培养学生的实际应用能力。

本书可作为高职高专、高级技师学院机械类及机电类专业的教材，也可供从事机械设计与制造的工程技术人员和技术工人参考。

中国职业技术教育学会科研项目优秀成果

高等职业教育“双证课程”培养方案规划教材 · 机电基础课程系列

公差配合与测量技术

◆ 审　　定　高等职业技术教育研究会
主　　编　娄　琳
副 主 编　赵丽玮　李顺江
责任编辑　潘新文

◆ 人民邮电出版社出版发行　　北京市丰台区成寿寺路 11 号
邮编　100164　　电子邮件　315@ptpress.com.cn
网址　http://www.ptpress.com.cn
三河市海波印务有限公司印刷

◆ 开本：787×1092　1/16
印张：11.75　　2009 年 10 月第 1 版
字数：283 千字　　2015 年 1 月河北第 8 次印刷

ISBN 978-7-115-20604-6/TN

定价：22.00 元

读者服务热线：(010)81055256　印装质量热线：(010)81055316
反盗版热线：(010)81055315

职业教育与职业资格证书推进策略与“双证课程”的研究与实践课题组

组　长：

俞克新

副组长：

李维利　张宝忠　许　远　潘春燕

成　员：

李秀忠　周明虎　林　平　韩志国　顾　晔　吴晓苏　周　虹　钟　健
赵　宇　冯建东　散晓燕　安宗权　黄军辉　赵　波　邓晓阳　牛宝林
吴新佳　赵慧君　潘新文　李育民

课题鉴定专家：

李怀康　邓泽民　吕景泉　陈　敏　于洪文

高等职业教育机电一体化技术专业“双证课程”培养方案规划教材编委会

丛书出版前言

职业教育是现代国民教育体系的重要组成部分，在实施科教兴国战略和人才强国战略中具有特殊的重要地位。党中央、国务院高度重视发展职业教育，提出要全面贯彻党的教育方针，以服务为宗旨，以就业为导向，走产学结合的发展道路，为社会主义现代化建设培养千百万高素质技能型专门人才。因此，以就业为导向是我国职业教育今后发展的主旋律。推行“双证制度”是落实职业教育“就业导向”的一个重要措施，教育部《关于全面提高高等职业教育教学质量的若干意见》（教高［2006］16 号）中也明确提出，要推行“双证书”制度，强化学生职业能力的培养，使有职业资格证书专业的毕业生取得“双证书”。但是，由于基于双证书的专业解决方案、课程资源匮乏，双证书课程不能融入教学计划，或者现有的教学计划还不能按照职业能力形成系统化的课程，因此，“双证书”制度的推行遇到了一定的困难。

为配合各高职院校积极实施双证书制度工作，推进示范校建设，中国高等职业技术教育研究会和人民邮电出版社在广泛调研的基础上，联合向中国职业技术教育学会申报了职业教育与职业资格证书推进策略与“双证课程”的研究与实践课题（中国职业技术教育学会科研规划项目，立项编号 225753）。此课题拟将职业教育的专业人才培养方案与职业资格认证紧密结合起来，使每个专业课程设置嵌入一个对应的证书，拟为一般高职院校提供一个可以参照的“双证课程”专业人才培养方案。该课题研究的对象包括数控加工操作、数控设备维修、模具设计与制造、机电一体化技术、汽车制造与装配技术、汽车检测与维修技术等多个专业。

该课题由教育部的权威专家牵头，邀请了中国职教界、人力资源和社会保障部及有关行业的专家，以及全国 50 多所高职高专机电类专业教学改革领先的学校，一起进行课题研究，目前已召开多次研讨会，将课题涉及的每个专业的人才培养方案按照“专业人才定位—对应职业资格证书—职业标准解读与工作过程分析—专业核心技能—专业人才培养方案—课程开发方案”的过程开发。即首先对各专业的工作岗位进行分析和分类，按照相应岗位职业资格证书的要求提取典型工作任务、典型产品或服务，进而分析得出专业核心技能、岗位核心技能，再将这些核心技能进行分解，进而推出各专业的专业核心课程与双证课程，最后开发出各专业的人才培养方案。

根据以上研究成果，课题组对专业课程对应的教材也做了全面系统的研究，拟开发的教材具有以下鲜明特色。

1. 注重专业整体策划。本套教材是根据课题的研究成果——专业人才培养方案开发的，每个专业各门课程的教材内容既相互独立，又有机衔接，整套教材具有一定的系统性与完整性。

2. 融通学历证书与职业资格证书。本套教材将各专业对应的职业资格证书的知识和能力要求都嵌入到各双证教材中，使学生在获得学历文凭的同时获得相关的国家职业资格证书。

3. 紧密结合当前教学改革趋势。本套教材紧扣教学改革的最新趋势，专业核心课程、双证课程按照工作过程导向及项目教学的思路编写，较好地满足了当前各高职高专院校的需求。

为方便教学，我们免费为选用本套教材的老师提供相关专业的整体教学方案及相关教学资源。

经过近两年的课题研究与探索，本套教材终于正式出版了，我们希望通过本套教材，为各高职高专院校提供一个可实施的基于双证书的专业教学方案。也热切盼望各位关心高等职业教育的读者能够对本套教材的不当之处给予批评指正，提出修改意见，并积极与我们联系，共同探讨教学改革和教材编写等相关问题。来信请发至 panchunyan@ptpress.com.cn。

前言

“公差配合与测量技术”与机械设计、机械制造、质量控制、生产组织管理等许多领域密切相关，是机械工程技术人员和管理人员必须掌握的基本知识和技能。因此，很多高职院校机械、机电类专业都将该课程列为一门重要的技术基础课。为了使高职院校的老师更好地讲授这门课程，我们几位长期在高职院校从事教学的教师，根据当前高职高专教学改革的精神，在总结多年来的教学心得，吸取多所兄弟院校的教学经验和成果的基础上，共同编写了本书。本书贯彻“理论够用、应用为主”的指导思想，大胆舍弃实用性较弱的内容，尽量做到理论叙述深入浅出，理论联系实际，重点加强常用几何量检测等方面基本技能的培养。本书采用目前较新的国家标准，各章之间既有联系，又保持内容上的相对独立性，以适应不同专业教学的需求。

本教材的参考学时为30学时，各章的学时分配可参考下表。

章　号	章　名	讲　课	实　验	合　计
	绪论	1		1
1	极限、配合与检测	4	1	5
2	形状和位置公差及其检测	5	1	6
3	表面粗糙度及评定	2		2
4	测量技术基础	3	1	4
5	量块与量规	2		2
6	键与花键的公差配合及检测	2		2
7	普通螺纹的公差及检测	3	1	4
8	滚动轴承的公差与配合	2		2
9	直齿圆柱齿轮的公差配合与检测	2		2
	合　计	26	4	30

本书由漯河职业技术学院娄琳任主编，赵丽玮、李顺江任副主编，张景耀和高荣林任主审。其中第1、3、6章由娄琳编写，第2、4章由沈阳理工大学赵丽玮编写，第5章由漯河银鸽周文晋编写，第7、8章由漯河职业技术学院李顺江编写，绪论和第9章由吉林工业职业技术学院王茂辉编写。漯河职业技术学院数控实训中心的王海江和曾庆华参加了本书的资料整理工作，在此表示衷心的感谢！

由于编者水平所限，书中难免存在错误与疏漏之处，恳请广大读者批评指正。

编　者

2009年7月

目 录

绪论

"公差配合与测量技术"是职业技术院校机械类各专业的一门专业基础课。它比较全面地讲述了机械加工中有关尺寸公差、形状公差、位置公差和表面粗糙度等技术要求，以及有关各种测量技术的基础知识。

1. 互换性及其意义

互换性是指同一规格的同一批零部件，任取其一，不需要任何挑选和修配就能装在机器上，并能满足使用要求。也就是说，零部件所具有的不经任何挑选和修配便能在同一规格范围内互相替换使用的特性即为互换性。在日常生活中有不少这样的例子，如自行车或电视机的某个零件损坏之后，买个相同规格的零件，装好后就能照常使用。

互换性在制造业中具有以下几方面的意义。

（1）在设计方面，零部件具有互换性，就可以最大限度地采用标准件、通用件，大大简化了绘图和计算工作，缩短了设计周期，有利于计算机辅助设计和产品品种的多样化。

（2）在制造方面，有利于组织专业化生产，有利于采用先进的工艺和高效率的专用设备，有利于计算机辅助制造和实现加工过程及装配过程的自动化、机械化，提高劳动生产率和产品质量，降低生产成本。

（3）在使用和维修方面，具有互换性的零部件，在磨损及损坏后可及时更换，因而减少了机器的维修时间和费用，保证了机器的连续运转，提高机器的使用价值。

2. 互换性的分类

互换性按互换程度可分为完全互换和不完全互换。完全互换是指对同一规格的零件，不加挑选和修配就能满足使用要求的互换性。不完全互换是指同一规格的零件在装配时，需要进行挑选或调整才能满足使用要求。

完全互换多用于大量、成批生产的标准零件，如齿轮、滚动轴承、普通紧固螺纹制件等。这种生产方式效率高，也有利于各生产单位和部门之间的协作。

不完全互换多用于生产批量小和要求精度高的零件。当装配精度要求很高时，每个零件的精度要求也相对较高，这样会给零件的制造带来一定的困难。为了解决这一矛盾，在生产中经常采用分组装配法和修配法，以保证装配精度的要求。这种生产方式效率低，但能获得高精度的产品，因此这种生产方式在精密仪器和精密机床的生产中被广泛应用。

对标准部件，互换性还分为内互换和外互换。组成标准部件的零件的互换称内互换；标准部件与其他零部件的互换称外互换。例如，滚动轴承的外圈内滚道、内圈外滚道与滚动体的互换称为内互换；滚动轴承的外圈外径、内圈内径及轴承宽度和它们相配的机壳孔、轴颈和轴承端盖的互换称为外互换。

3. 加工误差

加工误差是指零件加工后的实际几何参数（几何尺寸、几何形状和相互位置）与理想几何参数之间偏差的程度。零件加工后，实际几何参数与理想几何参数之间的符合程度即为加工精度。加工误差越小，符合程度越高，加工精度就越高。加工精度与加工误差是一个问题的两种说法。所以，加工误差的大小反映了加工精度的高低。

研究加工误差的目的，就是要分析影响加工误差的各种因素及其存在的规律，从而找出减小加工误差、提高加工精度的合理途径。

零件的机械加工是在由机床、刀具、夹具和工件组成的工艺系统内完成的。零件加工表面的几何尺寸、几何形状和加工表面之间的相互位置关系，取决于工艺系统间的相对运动关系。工件和刀具分别安装在机床和刀架上，在机床的带动下实现运动，并受机床和刀具的约束。因此，工艺系统中各种误差就会以不同的程度和方式反映为零件的加工误差。在完成任意一个加工过程中，由于工艺系统各种原始误差的存在，如机床、夹具、刀具的制造误差及磨损，工件的装夹误差、测量误差，工艺系统的调整误差及加工中的各种力和热所引起的误差等，使工艺系统间正确的几何关系遭到破坏而产生了加工误差。

4. 公差

允许零件几何参数的变化量称为公差，工件的误差只要在公差范围内，就为合格件；超出公差范围就为不合格件。误差是在加工过程中产生的，而公差是设计人员给定的。设计者的任务就在于正确地确定公差，并把它在图样上明确地表示出来，即互换性要用公差来保证。显然在满足功能要求的前提下，公差应尽量规定得大些，以获得最佳的技术经济效益。

5. 检测

完工后的零件是否满足公差要求，要通过检测加以判断。检测包括检验与测量。几何量的检验是指确定零件的几何参数是否在规定的极限范围内，并作出合格性判断，而不必得出被测量的具体数值；测量是将被测量与作为计量单位的标准量具进行比较，以确定被测量的具体数值的过程。检测不仅用来评定产品质量，而且用于分析产生不合格品的原因，从而及时调整生产，监督工艺过程，预防废品产生。检测是机械制造的眼睛，产品质量的提高，除设计和加工精度的提高外，往往更有赖于检测精度的提高。

6. 标准化

制定公差标准及设计零件的结构参数时，都需要通过数值表示。任何产品的参数值不仅与自身的技术特性有关，还直接、间接地影响与其配套系列产品的参数值。例如，螺母的直径数值，影响并决定螺钉的直径数值及丝锥、螺纹塞规、钻头等系列产品的直径数值。由于参数值间的关联产生的扩散称为数值扩散。

为满足不同的需求，产品必然会出现不同的规格，形成系列产品。产品数值的杂乱无章会给组织生产、协作配套、使用维修带来困难。所以，需要对数值进行标准化。

标准的范围很广，涉及人们生活的各个方面。按照针对的对象，可以分为基础标准、产品标准、方法标准和安全与环境保护标准等。人们讨论的制造精度标准属于基础标准。

标准化是制定、贯彻标准的过程。标准化的工作过程如下：

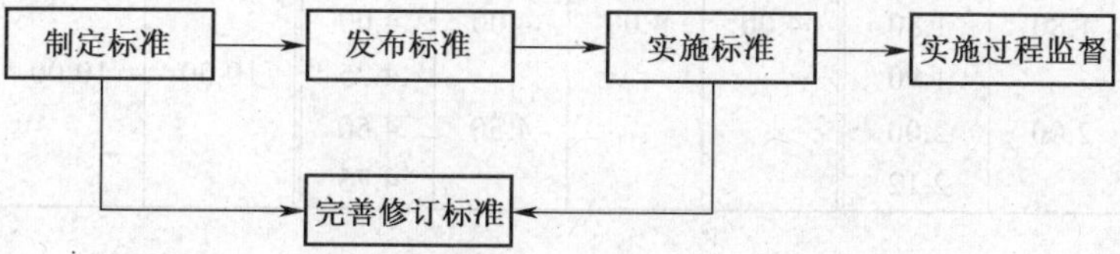

7．优先数

在产品设计和制定技术标准时，涉及很多技术参数，这些技术参数在生产的各环节中不是孤立的。当选定一个数值作为某种产品的参数指标后，这个数值就会按一定的规律向一切相关的制品、材料等的有关参数指标扩散。例如，螺栓的尺寸一旦确定，将会影响螺母的尺寸、丝锥和板牙的尺寸、螺栓孔的尺寸及加工螺栓孔的钻头的尺寸等。工程技术上的参数数值即使只有很小的差别，经多次传播后，也会造成尺寸规格的繁多和杂乱。

为使产品的参数选择能遵守同一的规律，必须对各种技术参数值作出同一规定。国家标准GB/T321—2005《优先数和优先数系》就是其中的一个重要标准，使参数的选择从一开始就纳入了标准化轨道。

优先数系是一种十进制的几何级数。我国标准（以下简称国标）与国际标准ISO推荐R5、R10、R20、R40、R80系列，前四项为基本系列，R80为补充系列。其公比如下。

R5系列：$q5 \approx 1.60$

R20系列：$q20 \approx 1.12$

R80系列：$q80 \approx 1.03$

R10系列：$q10 \approx 1.25$

R40系列：$q40 \approx 1.06$

R5系列相值包含在R10中，R10系列相值包含在R20中，R20系列相值包含在R40中，R40系列相值包含在R80中。范围为1～10的优先数的基本系列见表0-1，所有大于10的优先数均可按表中所列数乘以10、100等求得，所有小于1的优先数均可按表中所列数乘以0.1、0.01等求得。

表0-1　　1～10的优先数的基本系列（摘自GB/T321—2005）

R5	R10	R20	R40	R5	R10	R20	R40	R5	R10	R20	R40
1.00	1.00	1.00	1.00			2.24	2.24		5.00	5.00	5.00
			1.06				2.36				5.30
		1.12	1.12	2.50	2.50	2.50	2.50			5.60	5.60
			1.18				2.65				6.00
	1.25	1.25	1.25			2.80	2.80	6.30	6.30	6.30	6.30

续表

R5	R10	R20	R40	R5	R10	R20	R40	R5	R10	R20	R40
			1.32				3.00				6.70
		1.40	1.40		3.15	3.15	3.15			7.10	7.10
			1.50				3.35				7.50
1.60	1.60	1.60	1.60			3.55	3.55		8.00	8.00	8.00
			1.70				3.75				8.50
		1.80	1.80	4.00	4.00	4.00	4.00			9.00	9.00
			1.90				4.25	10.00	10.00	10.00	10.00
	2.00	2.00	2.00			4.50	4.50				
			2.12				4.75				

8. 本课程的研究对象及任务

本课程是工科机械类专业的一门重要技术基础课程，上承机械制图、机械设计基础等课程，下启机械制造技术、制造工艺、夹具等课程，对工程识图、领会产品设计理念、确定零件加工制造方法和保证产品制造质量尤为重要。本课程由几何量公差与几何量检测两部分组成。前一部分的内容主要通过课堂教学和课外作业来完成，后一部分的内容主要通过实验课来完成。

学生在学完本课程后应达到下列要求。

（1）掌握标准化和互换性的基本概念及有关的基本术语和定义。

（2）基本掌握本课程中几何量公差标准的主要内容、特点和应用原则。

（3）初步学会根据机器和零件的功能要求，识读零件的几何量公差与配合。

（4）能够查用本课程介绍的公差表格，正确识读各种图样。

（5）掌握常用测量仪器的使用方法，能对典型零件的几何参数进行简单测量。

（6）了解常用量规的设计原理。

练习与思考

（1）什么是互换性？互换性的优越性有哪些？

（2）互换性的分类有哪些？完全互换和不完全互换有什么不同？

（3）误差、公差、检测、标准化与互换性有什么关系？

（4）什么是标准和标准化？

（5）为什么要采用优先数系？R5、R10、R20、R40 系列各代表什么？

第1章 极限、配合与检测

现代化的机械工业，要求机械零件具有互换性。为了使零件具有互换性，必须保证零件的尺寸、几何形状和相互位置以及表面粗糙度等的一致性。既要保证互相结合的尺寸之间形成一定的关系，以满足不同的使用要求，又要在制造上经济合理，因此就形成了“极限与配合”的概念。

极限与配合是机械工程方面的基础标准，它不仅用于圆柱体外表面的结合，也用于其他结合中由单一尺寸确定的部分，如键结合中键宽与槽宽，花键结合中的外径、内径及键齿宽与键槽宽等。

尺寸公差与配合的标准化是一项综合性的技术基础工作，是推行科学管理，推动企业技术进步和提高企业管理水平的重要手段。

1.1 极限与配合的基本概念

1.1.1 孔和轴

孔是指零件的圆柱形内表面，也包括其他形式的内表面。孔径用大写字母 D 表示。

轴是指零件的圆柱形外表面，也包括其他形式的外表面。轴径用小写字母 d 表示。

从装配关系来看，孔是包容面，轴是被包容面，如图 1-1 所示。从加工过程来看，随着余量的切除，孔的尺寸由小变大，轴的尺寸由大变小。被加工出来的孔和轴装配在一起叫做孔和轴的配合。

1.1.2 有关尺寸的术语

尺寸是用特定单位表示线形几何量大小的数值。机械加工中一般常用 mm 作为特定单位，在图样上标注尺寸时可将单位省略，只标注数值。当以其他单位标注时，则应注明相应的尺寸单位。

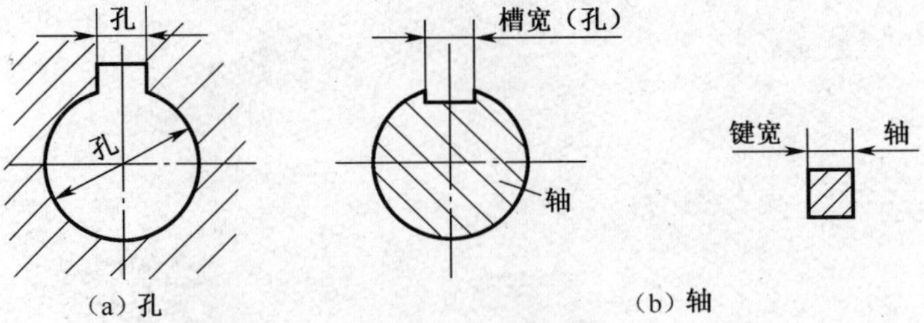

图 1-1　孔和轴

1. 基本尺寸（D，d）

基本尺寸是由设计给定的，通过它应用上、下偏差可算出极限尺寸。孔的基本尺寸用 D 表示，轴的基本尺寸用 d 表示。基本尺寸是设计时根据零件使用要求，通过对刚度、强度计算及结构工艺等方面的考虑，并按标准值圆整后确定下来的尺寸，如图 1-2 中 D（d）所示。

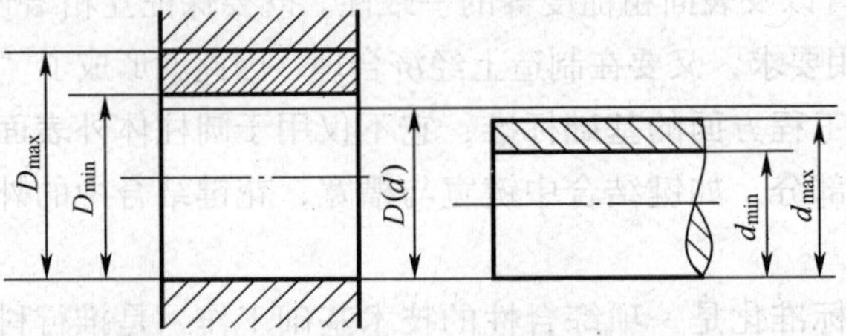

图 1-2　基本尺寸与极限尺寸

2. 实际尺寸（D_a，d_a）

实际尺寸是加工后通过测量所得的尺寸。孔的实际尺寸以 D_a 表示，轴的实际尺寸以 d_a 表示。由于存在误差，所以实际尺寸并非尺寸的真值。同时零件同一表面不同部位的实际尺寸也往往不等，称为局部实际尺寸。

3. 极限尺寸（D_{max}，d_{max}，D_{min}，d_{min}）

极限尺寸是允许尺寸变化的两个界限值。 两个极限尺寸中较大的一个称为最大极限尺寸（D_{max}，d_{max}），较小的一个称为最小极限尺寸（D_{min}，d_{min}），如图 1-2 所示。

4. 最大实体状态（MMC）

最大实体状态指孔和轴具有允许的材料量为最多时的状态。

5. 最大实体尺寸（MMS）

最大实体尺寸指在最大实体状态下的极限尺寸，又称最大实体极限，也是孔的最小极限尺寸和轴的最大极限尺寸的统称。

6. 最小实体状态（LMC）

最小实体状态指孔和轴具有允许材料量为最少时的状态。

7. 最小实体尺寸（LMS）

最小实体尺寸指在最小实体状态下的极限尺寸，又称为最小实体极限，也是孔的最大极限尺寸和轴的最小极限尺寸的统称。

1.1.3 尺寸偏差与公差

1. 尺寸偏差

某一尺寸减去其基本尺寸所得的代数差称为尺寸偏差（简称偏差）。偏差可能为正或负，也可为零。

2. 实际偏差

实际尺寸减去其基本尺寸所得的代数差称为实际偏差。

孔的实际偏差：$E_a=D_a-D$

轴的实际偏差：$e_a=d_a-d$　　（1-1）

3. 极限偏差

极限尺寸减去其基本尺寸所得的代数差，称为极限偏差。

（1）上偏差　最大极限尺寸减去其基本尺寸所得的代数差称为上偏差。孔的上偏差用 ES 表示；轴的上偏差用 es 表示。

（2）下偏差　最小极限尺寸减去其基本尺寸所得的代数差称为下偏差。孔的下偏差用 EI 表示；轴的下偏差用 ei 表示。

极限偏差计算公式如下。

$$ES=D_{max}-D;\ es=d_{max}-d$$

$$EI=D_{min}-D;\ ei=d_{min}-d \quad (1-2)$$

注意：偏差值除零外，前面必须标有正号或负号。上偏差总是大于下偏差。

极限偏差用于控制实际偏差。完工后零件尺寸的合格条件常用偏差关系表示如下。

孔合格的条件：　$D_{min}\leqslant D_a\leqslant D_{max}$；$EI\leqslant E_a\leqslant ES$

轴合格的条件：　$d_{min}\leqslant d_a\leqslant d_{max}$；$ei\leqslant e_a\leqslant es$

4. 尺寸公差（T_h，T_s）

允许尺寸的变动量称为尺寸公差，简称公差。它是上偏差与下偏差代数差的绝对值。孔的公差用 T_h 表示；轴的公差用 T_s 表示。公差与配合的示意图，如图 1-3 所示。

公差是用来限制误差的，工件的误差在公差范围内即为合格；反之，则不合格。

公差的计算公式如下。

$$孔公差：T_h=D_{max}-D_{min}=ES-EI$$

$$轴公差：T_s=d_{max}-d_{min}=es-ei \quad (1-3)$$

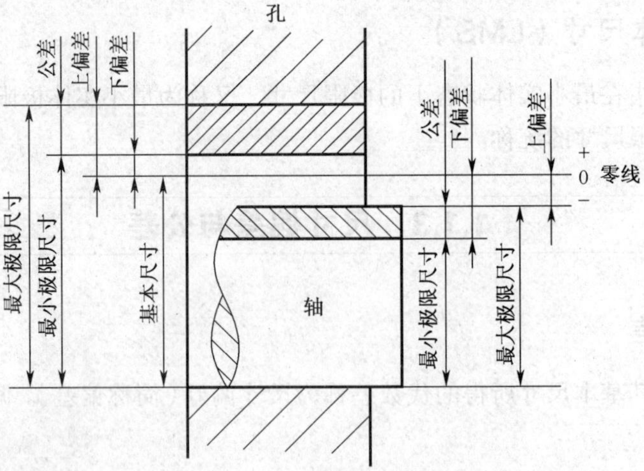

图 1-3　公差与配合的示意图

注意：公差与偏差是有区别的，公差的大小决定了尺寸变动范围的大小。公差值大，则允许变动的范围大，因而要求的加工精度低；相反，公差值小，则允许的变动范围小，因而要求的加工精度高。极限偏差表示每个零件尺寸允许变动的极限范围，是判断零件是否合格的依据。从作用上看，公差影响配合的精度；极限偏差用于控制实际偏差，影响配合的松紧程度。

1.1.4　公差带图

从图 1-3 中可见，公差的数值比基本尺寸的数值小很多，不能用同一比例绘制在同一张图样上，所以采用简明的极限与配合图解来表示，这种图解就叫做公差带图，如图 1-4 所示。

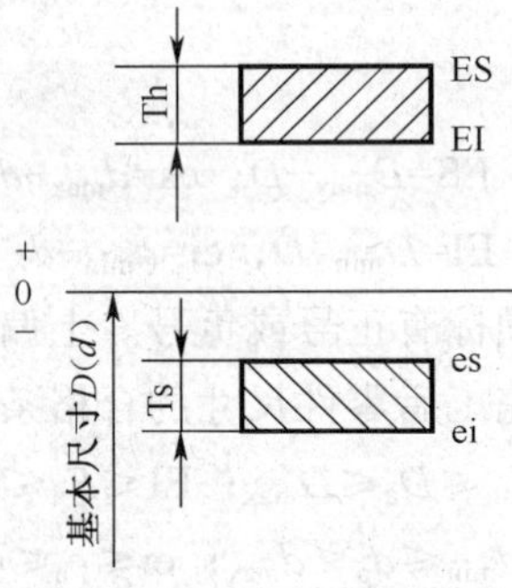

图 1-4　公差带图

1. 零线

在公差带图中，确定极限偏差的一条基准直线称为零线。零线表示基本尺寸，是偏差的起始线，零线上方表示正偏差；零线下方表示负偏差。

2. 公差带

在公差带图中，由代表上偏差和下偏差或最大极限尺寸和最小极限尺寸的两条直线所限定的一个区域，称为尺寸公差带。公差带的大小，由尺寸公差确定（此值由标准公差确定）；公差带的位置由极限偏差（上篇差或下偏差）相对于零线的位置确定。大小相同而位置不同的公差带，其精度要求是相同的。

1.1.5 配合与配合公差

1. 配合

配合是指基本尺寸相同的、相互结合的孔和轴的公差带之间的关系。

2. 配合的种类

在一批轴与孔的配合中，孔的尺寸减去轴的尺寸所得的代数差，当差值为正时称为间隙，用 X 表示；当差值为负时称为过盈，用 Y 表示。此外，孔和轴的配合还存在既有间隙又有过盈的情况，即为过渡。

标准规定：配合分为间隙配合、过盈配合和过渡配合。

（1）间隙配合　具有间隙（包括最小间隙等于零）的配合称为间隙配合。在间隙配合中，孔的公差带在轴的公差带之上，如图 1-5 所示。因为孔与轴的尺寸都有公差，所以，配合后的间隙也一定会在一定范围内变动，即存在着配合公差。

由于孔和轴的实际尺寸在各自的公差带内变动，因此装配后各对孔、轴间的间隙是变动的。当孔为最大极限尺寸，轴为最小极限尺寸时，装配后得到最大间隙（X_{max}）；反之，得到最小间隙（X_{min}）。最大间隙和最小间隙的计算公式如下。

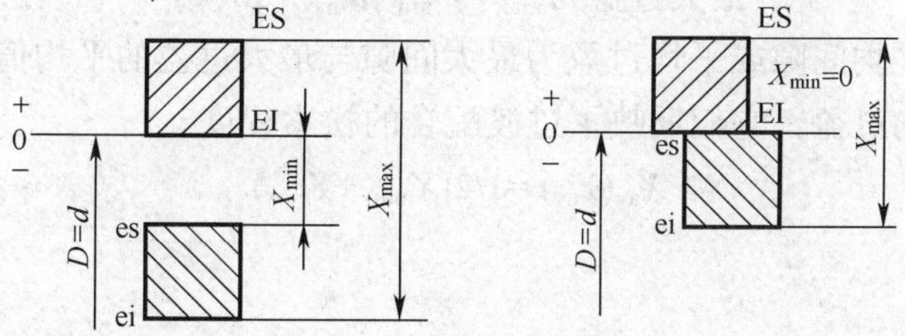

图 1-5　间隙配合图

$$最大间隙\ X_{max}=D_{max}-d_{min}=ES-ei$$

$$最小间隙\ X_{min}=D_{min}-d_{max}=EI-es \qquad (1\text{-}4)$$

间隙配合的平均松紧程度可用平均间隙（X_{av}）描述，它是最大间隙与最小间隙的平均值。

$$平均间隙\ X_{av}=1/2（X_{max}+X_{min}） \qquad (1\text{-}5)$$

（2）过盈配合　具有过盈（包括最小过盈等于零）的配合称为过盈配合。在过盈配合中，孔的公差带完全在轴的公差带之下，如图 1-6 所示。

当孔为最大极限尺寸，轴为最小极限尺寸时，装配后得到最小过盈（Y_{min}）；当孔为最小极限尺寸，轴为最大极限尺寸时，装配后得到最大过盈（Y_{max}），即

$$最大过盈\ Y_{max}=D_{min}-d_{max}=EI-es$$

$$最小过盈\ Y_{min}=D_{max}-d_{min}=ES-ei \qquad (1\text{-}6)$$

$$平均过盈\ Y_{av}=1/2（Y_{max}+Y_{min}）$$

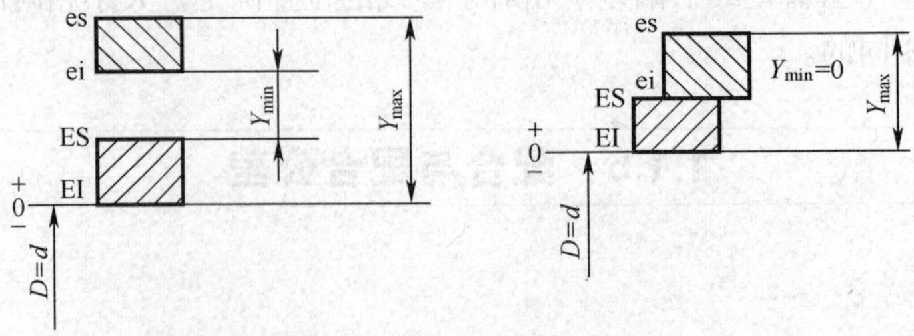

图 1-6　过盈配合图

（3）过渡配合　过渡配合指可能具有间隙或过盈的配合，此时孔的公差带与轴的公差带相互交叠。一般来讲，过渡配合的工件精度都较高。过渡配合中，各对孔、轴间的间隙或过盈也是变化的。当孔为最大极限尺寸，轴为最小极限尺寸时，装配后得到最大间隙；当孔为最小极限尺寸，轴为最大极限尺寸时，装配后得到最大过盈，如图 1-7 所示。

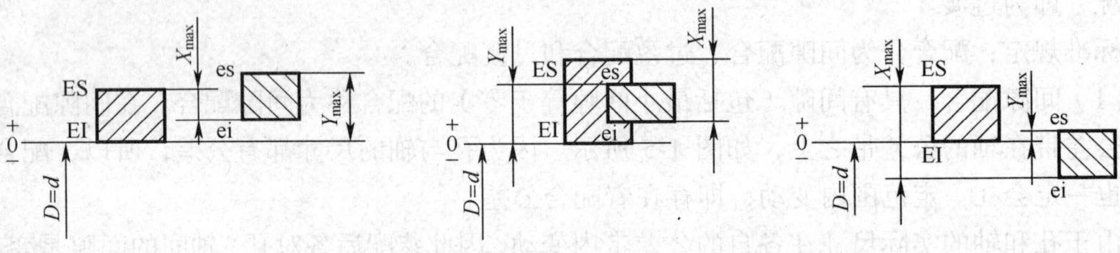

图 1-7　过渡配合图

$$最大间隙\ \ X_{max}=D_{max}-d_{min}=ES-ei$$

$$最大过盈\ \ Y_{max}=D_{min}-d_{max}=EI-es \tag{1-7}$$

在过渡配合中，平均间隙或平均过盈为最大间隙与最大过盈的平均值，所得值为正则为平均间隙，为负则为平均过盈，它们反映了过渡配合的松紧程度。

$$X_{av}(Y_{av})=1/2(X_{max}+Y_{max}) \tag{1-8}$$

3. 配合公差

允许间隙或过盈的变动量称为配合公差。配合公差用 T_f 表示，是一个没有符号的绝对值。T_f 表示了配合松紧程度的变化程度，即配合精度。配合精度（配合公差）取决于配合的孔和轴的尺寸精度（尺寸公差）。

计算公式如下。

$$对间隙配合\ \ T_f=X_{max}-X_{min}$$

$$对过盈配合\ \ T_f=Y_{min}-Y_{max} \tag{1-9}$$

$$对过渡配合\ \ T_f=X_{max}-Y_{max}$$

3 种配合的配合公差也可为

$$T_f=T_h+T_s$$

这一结论说明：配合件的装配精度与零件的加工精度有关，若要提高加工精度，使装配后间隙或过盈的变化范围小，则应减小零件的公差，即需要提高零件的加工精度。

在配合公差带图中，零线以上的为正值，零线以下的为负值；正值代表间隙，负值代表过盈；配合公差带完全处于零线以上为间隙配合，完全处于零线以下为过盈配合；当公差带跨在零线两侧时则为过渡配合，如图 1-8 所示。

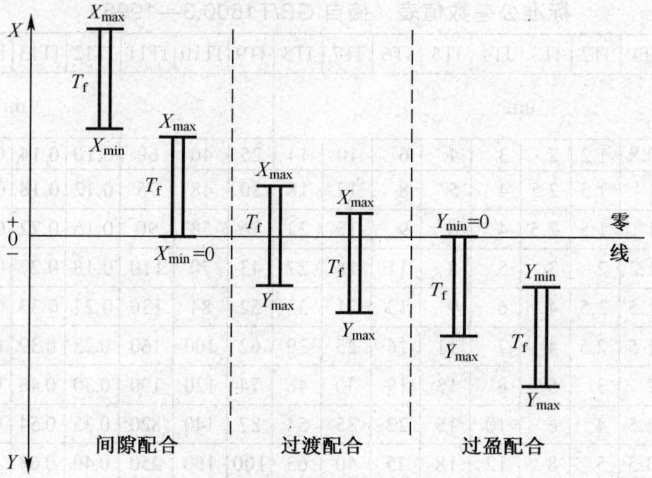

图 1-8　配合公差带图

配合公差带的大小取决于配合公差的大小，配合公差带相对于零线的位置取决于极限间隙或极限过盈的大小。配合公差带的大小表示配合精度，配合公差带相对于零线的位置表示配合的松紧程度。

1.2 尺寸公差与配合标准

公差带的大小是零件加工时对误差值的规定，公差带的位置是对装配时配合松紧程度的规定。国家标准 GB/T1800.3—1998 对形成各种配合的公差带进行了标准化。公差带的大小称为标准公差，公差带的位置称为基本偏差。

1.2.1　标准公差系列（公差带大小）

1. 标准公差等级

标准公差是国家标准中规定的用以确定公差带大小的标准公差数值，用代号 IT（ISO Tolerance）表示。

标准公差的大小反映了零件精度的高低，根据应用场合不同分为 20 个精度等级：IT01、IT0、IT1、IT2、IT3、IT4、IT5、…、IT12、…、IT18。

IT01 精度最高，其余依次降低，标准公差值依次增大。

2. 标准公差数值

在生产实际中，不同精度等级范围内对公差数值的影响因素较为复杂，为方便使用，经过大量的实验、实践并通过统计分析，总结出了标准公差数值表，如表 1-1 所示。

表 1-1　　标准公差数值表（摘自 GB/T1800.3—1998）

公差等级	IT01	IT0	IT1	IT2	IT3	IT4	IT5	IT6	IT7	IT8	IT9	IT10	IT11	IT12	IT13	IT14	IT15	IT16	IT17	IT18
基本尺寸 mm	um										mm									
≤3	0.3	0.5	0.8	1.2	2	3	4	6	10	14	25	40	60	0.10	0.14	0.25	0.40	0.60	1.0	1.4
＞3～6	0.4	0.6	1	1.5	2.5	4	5	8	12	18	30	48	75	0.12	0.18	0.30	0.48	0.75	1.2	1.8
＞6～10	0.4	0.6	1	1.5	2.5	4	6	9	15	22	36	58	90	0.15	0.22	0.36	0.58	0.90	1.5	2.2
＞10～18	0.5	0.8	1.2	2	3	5	8	11	18	27	43	70	110	0.18	0.27	0.43	0.70	1.10	1.8	2.7
＞18～30	0.6	1	1.5	2.5	4	6	9	13	21	33	52	84	130	0.21	0.33	0.52	0.84	1.30	2.0	3.3
＞30～50	0.6	1	1.5	2.5	4	7	11	16	25	39	62	100	160	0.25	0.39	0.62	1.00	1.60	2.5	3.9
＞50～80	0.8	1.2	2	3	5	8	13	19	30	46	74	120	190	0.30	0.46	0.74	1.20	1.90	3.0	4.6
＞80～120	1	1.5	2.5	4	6	10	15	22	35	54	87	140	820	0.35	0.54	0.87	1.40	2.20	3.5	5.4
＞120～180	1.2	2	3.5	5	8	12	18	25	40	63	100	160	250	0.40	0.63	1.00	1.60	2.50	4.0	6.3
＞180～250	2	3	4.5	7	10	14	20	29	46	72	115	185	290	0.46	0.72	1.15	1.85	2.90	4.6	7.2
＞250～315	2.5	4	6	8	12	16	23	32	52	81	130	210	320	0.52	0.81	1.30	2.10	3.20	5.2	8.1
＞315～400	3	5	7	9	13	18	25	36	57	89	140	230	360	0.57	0.89	1.40	2.30	3.60	5.7	8.9
＞400～500	4	6	8	10	15	20	27	40	63	97	155	250	400	0.63	0.97	1.55	2.50	4.00	6.3	9.7

注：基本尺寸小于 1mm 时，无 IT4～IT8。

在实际应用中，只要选定了精度等级，就可用查表法确定出公差数值，步骤如下。

（1）根据基本尺寸找到所在尺寸段（左竖列）。

（2）根据精度等级，找到 IT 所在位置（上横行）。

（3）竖列与横行的交叉点数值即为所查公差数值。

1.2.2　基本偏差系列（公差带位置）

基本偏差是对公差带位置的标准化，用来确定公差带相对零线的位置，一般为靠近零线的那个极限偏差。

当公差带位于零线上方时，基本偏差为下偏差；当公差带位于零线以下时，基本偏差为上偏差，如图 1-9 所示。

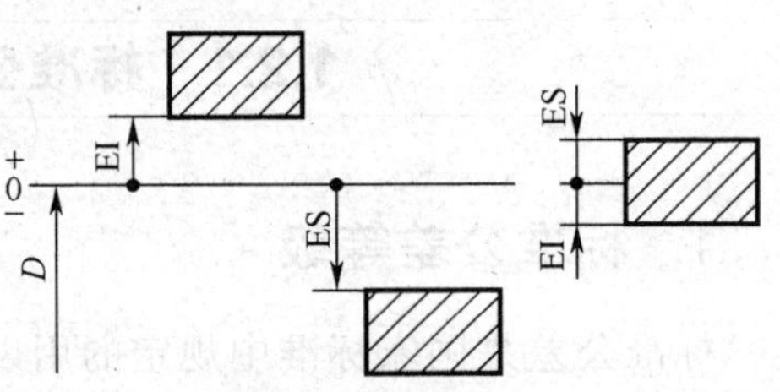

图 1-9　基本偏差

国家标准对孔和轴分别规定了 28 个公差带位置，分别由 28 个基本偏差来确定，如图 1-10 所示。基本偏差代号用拉丁字母表示，大写表示孔，小写表示轴，单写字母 21 个，双写字母 7 个。在 26 个字母中，I、Q、O、L、W（i、q、o、l、w）未用，以避免混淆。

在基本偏差系列中，H（h）的基本偏差等于零；而 J（j）与零线对称；JS（js）与零线完全对称，其上偏差 es=+IT/2 或下偏差 ei=−IT/2。

孔的基本偏差系列中，代号 A～H 的基本偏差为下偏差 EI，其绝对值逐渐减小，其中 A～G 的基本偏差 EI 为正值，H 的基本偏差 EI=0；代号 J～ZC 的基本偏差为上偏差 ES（除 J 外，一般为负值），其绝对值逐渐增大。

轴的基本偏差系列中，代号 a～h 的基本偏差为上偏差 es，其绝对值逐渐减小，其中 h 的基本偏差 es=0；代号 j～zc 的基本偏差为下偏差 ei（j、js 除外），其绝对值逐渐增大。

由图 1-10 可知，公差带一端是封闭的，由基本偏差决定；另一端是开口的，其长度由标准公差值的大小决定。因此，公差带代号都是由基本偏差代号和标准公差等级代号两部分组成的，在标注时必须标注公差带的两个组成部分。

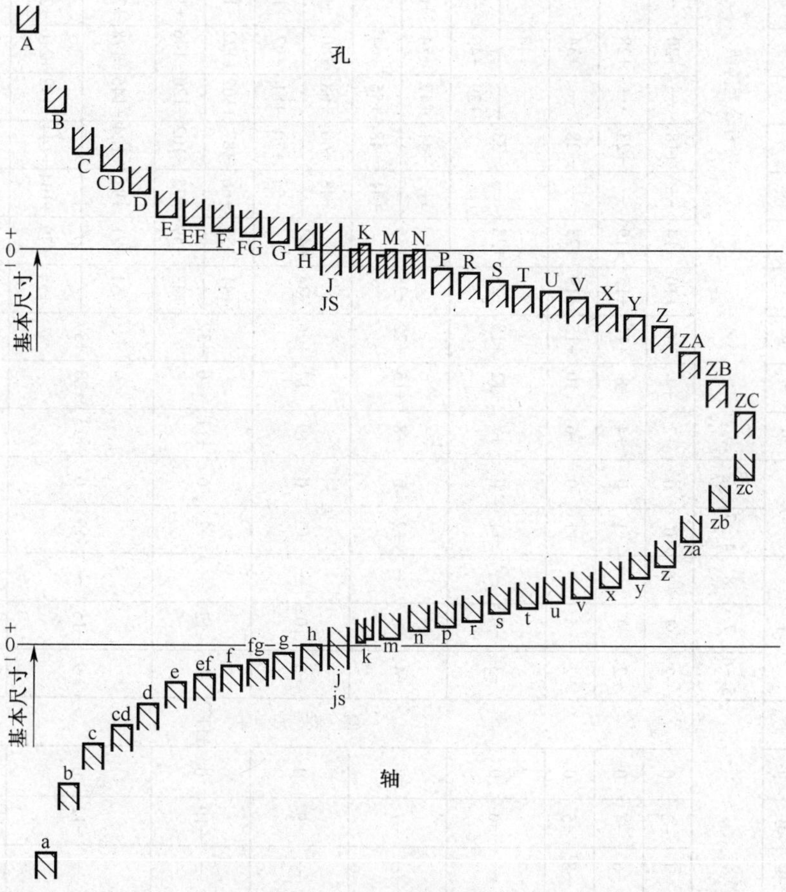

图 1-10　基本偏差系列

孔的公差带代号可表示为：$\phi45H7$或$\phi45^{+0.025}_{0}$ 或 $\phi45H7\left(^{+0.025}_{0}\right)$。

轴的公差带代号可表示为：$\phi56r6$或 $\phi56^{+0.060}_{+0.041}$ 或 $\phi56r6\left(^{+0.060}_{+0.041}\right)$。

配合代号的标注用孔、轴公差带代号的组合表示，写成分数形式，分子为孔的公差带代号，分母为轴的公差带代号。如下所示。

$$\phi45\frac{H7}{m6}\ 或\ \phi45H7/m6$$

$$\phi55\frac{H7}{j6}\ 或\ \phi55H7/j6$$

表 1-2 列出了基本尺寸 $d\leqslant500$mm 的轴的基本偏差数值。表 1-3 列出了基本尺寸 $d\leqslant500$mm 的孔的基本偏差数值。

表 1-2　尺寸≤500mm 的轴的基本偏差数值（GB/T 1800.3—1998）

基本尺寸/mm	基本偏差/μm																																				
	上偏差（es）												下偏差 ei																								
	a	b	c	cd	d	e	ef	f	fg	g	h	js	j			k		m	n	p	r	s	t	u	v	x	y	z	za	zb	zc
	所有公差等级												5～6	7	8	4～7	≤3 >7	所有公差等级													
≤3	−270	−140	−60	−34	−20	−14	−10	−6	−4	−2	0	偏差等于±IT/2	−2	−4	−6	0	0	+2	+4	+6	+10	+14	—	+18	—	+20	—	+26	+32	+40	+60
3～6	−270	−140	−70	−46	−30	−20	−14	−10	−6	−4	0		−2	−4	—	+1	0	+4	+8	+12	+15	+19	—	+23	—	+28	—	+35	+42	+50	+80
6～10	−280	−150	−80	−56	−40	−25	−18	−13	−8	−5	0		−2	−5	—	+1	0	+6	+10	+15	+19	+23	—	+28	—	+34	—	+42	+52	+67	+97
10～14	−290	−150	−95	—	−50	−32		−16	—	−6	0		−3	−6	—	+1	0	+7	+12	+18	+23	+28	—	+33	—	+40	—	+50	+64	+90	+130
14～18																									+39	+45	—	+60	+77	+108	+150
18～24	−300	−160	−110	—	−65	−40	—	−20	—	−7	0		−4	−8	—	+2	0	+8	+15	+22	+28	+35	—	+41	+47	+54	+63	+73	+98	+136	+188
24～30																							+41	+48	+55	+64	+75	+88	+118	+160	+218
30～40	−310	−170	−120	—	−80	−50		−25	—	−9	0		−5	10	—	+2	0	+9	+17	+26	+34	+43	+48	+60	+68	+80	+94	+112	+148	+200	+274
40～50	−320	−180	−130	—																			+54	+70	+81	+97	+114	+136	+180	+242	+325
50～65	−340	−190	−140	—	−100	−60	—	−30	—	−10	0		−7	−12	—	+2	0	+11	+20	+32	+41	+53	+66	+87	+102	+122	+144	+172	+226	+300	+405
65～80	−360	−200	−150																		+43	+59	+75	+102	+120	+146	+174	+210	+274	+360	+480
80～100	−380	−220	−170	—	−120	−72	—	−36	—	−12	0		−9	−15	—	+3	0	+13	+23	+37	+51	+71	+91	+124	+146	+178	+214	+258	+335	+445	+585
100～120	−410	−240	−180																		+54	+79	+104	+144	+172	+210	+256	+310	+400	+525	+690
120～140	−460	−260	−200	—	−145	−85	—	−43	—	−14	0		−11	−18	—	+3	0	+15	+27	+43	+63	+92	+122	+170	+202	+248	+300	+365	+470	+620	+800
140～160	−520	−280	−210																		+65	+100	+134	+190	+228	+280	+340	+415	+535	+700	+900

续表

基本尺寸/mm	基本偏差/μm																														
	上偏差（es）																				下偏差 ei										
	a	b	c	cd	d	e	ef	f	fg	g	h	js	j			k		m	n	p	r	s	t	u	v	x	y	z	za	zb	zc
	所有公差等级												5~6	7	8	4~7	≤3 >7	所有公差等级													
160~180	−580	−310	−230									偏差等于±IT/2									+68	+108	+146	+210	+252	+310	+380	+465	+600	+780	+1000
180~200	−660	−340	−240																		+77	+122	+166	+236	+284	+350	+425	+520	+670	+880	+1150
200~225	−740	−380	−260	—	−170	−100	—	−50	—	−15	0		−13	−21	—	+4	0	+17	+31	+50	+80	+130	+180	+258	+310	+385	+470	+575	+740	+960	+1250
225~250	−820	−420	−280																		+84	+140	+196	+284	+340	+425	+520	+640	+820	+1050	+1350
250~280	−920	−480	−300	—	−190	−110	—	−56	—	−17	0		−16	−26	—	+4	0	+20	+34	+56	+94	+158	+218	+315	+385	+475	+580	+710	+920	+1200	+1550
280~315	−1050	−540	−330																		+98	+170	+240	+350	+425	+525	+650	+790	+1000	+1300	+1700
315~355	−1200	−600	−360	—	−210	−125	—	−62	—	−18	0		−18	−38	—	+4	0	+21	+37	+62	+108	+190	+268	+390	+475	+590	+730	+900	+1150	+1500	+1900
355~400	−1350	−680	−400																		+114	+208	+294	+435	+530	+660	+820	+1000	+1300	+1650	+2100
400~450	−1500	−760	−440	—	−230	−135	—	−68	—	−20	0		−20	−32	—	+5	0	+23	+40	+68	+126	+232	+330	+490	+595	+740	+920	+1100	+1450	+1850	+2400
450~500	−1650	−840	−480																		+132	+252	+360	+540	+660	+820	+1000	+1250	+1600	+2100	+2600

注：1．基本尺寸小于 1mm 时，各级的 a 和 b 均不采用。

2．js 的数值：对 IT7～IT11，若 IT 的数值（μm）为奇数，则取 $js=\pm\frac{IT-1}{2}$。

表 1-3　尺寸≤500mm 的孔的基本偏差数值（GB/T 1800.3—1998）

基本尺寸/mm	基本偏差/μm																																		Δ/μm					
	下偏差 EI											上偏差 ES											上偏差 ES																	
	A	B	C	CD	D	E	EF	F	FG	G	H	JS	J			K		M		N		P~ZC	P	R	S	T	U	V	X	Y	Z	ZA	ZB	ZC						
	所有的公差等级												6	7	8	≤8	>8	≤8	>8	≤8	>8*	≤7													3	4	5	6	7	8
≤3	+270	+140	+60	+34	+20	+14	+10	+6	+4	+2	0	偏差等于±IT/2	+2	+4	+6	0	0	−2	−2	−4	−4	同一直径比大于7级的增加一个Δ值	−6	−10	−14	—	−18	—	−20	—	−26	−32	−40	−60	Δ=0					
3～6	+270	+140	+70	+46	+30	+20	+14	+10	+6	+4	0		+5	+6	+10	−1+Δ	—	−4+Δ	−4	−8+Δ	0		−12	−15	−19	—	−23	—	−28	—	−35	−42	−50	−80	1	1.5	1	3	4	6
6～10	+280	+150	+80	+56	+40	+25	+18	+13	+8	+5	0		+5	+8	+12	−1+Δ	—	−6+Δ	−6	−10+Δ	0		−15	−19	−23		−28	—	−34	—	−42	−52	−67	−97	1	1.5	2	3	6	7
10～14	+290	+150	+95	—	+50	+32	—	+16	—	+6	0		+6	+10	+15	−1+Δ	—	−7+Δ	−7	−12+Δ	0		−18	−23	−28	—	−33	—	−40	—	−50	−64	−90	−130	1	2	3	3	7	9
14～18																												−39	−45	—	−60	−77	−108	−150						
18～24	+300	+160	+110	—	+65	+40	—	+20	—	+7	0		+8	+12	+20	−2+Δ	—	−8+Δ	−8	−15+Δ	0		−22	−28	−35	—	−41	−47	−54	−65	−73	−98	−136	−188	1.5	2	3	4	8	12
24～30																										−41	−48	−55	−64	−75	−88	−118	−160	−218						
30～40	+310	+170	+120	—	+80	+50	—	+25	—	+9	0		+10	+14	+24	−2+Δ	—	−9+Δ	−9	−17+Δ	0		−26	−34	−43	−48	−60	−68	−80	−94	−112	−148	−200	−274	1.5	3	4	5	9	14
40～50	+320	+180	+130																							−54	−70	−81	−95	−114	−136	−180	−242	−325						
50～60	+340	+190	+140	—	+100	+60	—	+30	—	+10	0		+13	+18	+28	−2+Δ	—	−11+Δ	−11	−20+Δ	0		−32	−41	−53	−66	−87	−102	−122	−144	−172	−226	−300	−400	2	3	5	6	11	16
65～80	+360	+200	+150																					−43	−59	−75	−102	−120	−146	−174	−210	−274	−360	−480						
80～100	+380	+220	+170	—	+120	+72	—	+36	—	+12	0		+16	+22	+34	−3+Δ	—	−13+Δ	−13	−23+Δ	0		−37	−51	−71	−91	−124	−146	−178	−214	−258	−335	−445	−585	2	4	5	7	13	19
100～120	+410	+240	+180																					−54	−79	−104	−144	−172	−210	−254	−310	−400	−525	−690						

续表

基本尺寸/mm	基本偏差/μm																																		Δ/μm					
	下偏差 EI												上偏差 ES									上偏差 ES																		
	A	B	C	CD	D	E	EF	F	FG	G	H	JS	J			K		M		N		P~ZC	P	R	S	T	U	V	X	Y	Z	ZA	ZB	ZC						
	所有的公差等级												6	7	8	≤8	>8	≤8	>8	≤8	>8*	≤7													3	4	5	6	7	8
120~140	+460	+260	+200									偏差等于±IT/2										同一直径比大于7级的增加一个Δ值		−63	−92	−122	−170	−202	−248	−300	−365	−470	−620	−800						
140~160	+520	+280	+210	—	+145	+85	—	+43	—	+14	0		+18	+26	+41	−3+Δ	—	−15+Δ	−15	−27+Δ	0		−43	−65	−100	−134	−190	−228	−280	−340	−415	−535	−700	−900	3	4	6	7	15	23
160~180	+580	+310	+230																					−68	−108	−146	−210	−252	−310	−380	−465	−600	−770	−1000						
180~200	+660	+340	+240																					−77	−122	−166	−236	−284	−350	−425	−520	−670	−880	−1150						
200~225	+740	+380	+260	—	+170	+100	—	+50	—	+15	0		+22	+30	+47	−4+Δ	—	−17+Δ	−17	−31+Δ	0		−50	−80	−130	−180	−258	−310	−385	−470	−575	−740	−960	−1250	3	4	6	9	17	26
225~250	−820	+420	+280																					−84	−140	−196	−284	−340	−425	−520	−640	−820	−1050	−1350						
250~280	−920	+480	+300	—	+190	+110	—	+56	—	+17	0		+25	+36	+55	−4+Δ	—	−20+Δ	−20	−34+Δ	0		−56	−94	−158	−218	−315	−385	−475	−580	−710	−920	−1200	−1550	4	4	7	9	20	29
280~315	+1050	+540	+330																					−98	−170	−240	−350	−425	−525	−650	−790	−1000	−1300	−1700						
315~355	+1200	+600	+360	—	+210	+125	—	+62	—	+18	0		+29	+39	+60	−4+Δ	—	−21+Δ	−21	−37+Δ	0		−62	−108	−190	−268	−390	−475	−590	−730	−900	−1150	−1500	−1900	4	5	7	11	21	32
355~400	+1350	+680	+400																					−114	−208	−294	−435	−530	−660	−820	−1000	−1300	−1650	−2100						
400~450	+1500	+760	+440	—	+230	+135	—	+68	—	+20	0		+33	+43	+66	−5+Δ	—	−23+Δ	−23	−40+Δ	0		−68	−126	−232	−330	−490	−595	−740	−920	−1100	−1450	−1850	−2400	5	5	7	13	23	34
450~500	+1650	+840	+480																					−132	−252	−360	−540	−660	−820	−1000	−1250	−1600	−2100	−2600						

注：1. 基本尺寸小于 1mm 时，各级的 A 和 B 及大于 8 级的 N 均不采用。

2. 特殊情况，当基本尺寸大于 25（~315mm）时，M6 的 ES 等于−9（不等于−11）。

【例 1-1】 确定ϕ30f7 的基本偏差和另一个极限偏差。

解：根据基本尺寸ϕ30f7，查基本偏差表得轴的基本偏差为上偏差，es = −20μm。从标准公差表查得轴的标准公差 IT7 = 21μm。所以，轴的另一个极限偏差为下偏差：

ei = es−IT7 = −20μm −21μm = −41μm。

故： $\phi 30f7^{-0.020}_{-0.041}$

1.2.3 配合制

配合制是以两个相配合的零件中的一个零件为基准件，并对其选定标准公差带，将其公差带位置固定，而改变另一个零件的公差带位置，从而形成各种配合的一种制度。国家标准规定了两种配合制度：基孔制和基轴制。

1. 基孔制

基孔制是指基本偏差为一定的孔的公差带，与不同基本偏差的轴的公差带形成各种配合的一种制度，即基准孔 H 与非基准件轴（a～zc）形成各种配合的一种制度。基孔制的孔为基准孔，其代号为 H，它的基本偏差为下偏差，数值为零，上偏差为正值，即基准孔的公差带在零线上侧，如图 1-11（a）所示。

基准孔 H 与轴 a～h 形成间隙配合，标注为 H/(n～h)；与轴 j～n 一般形成过渡配合，配合的标注为 H/(j～n)；与轴 p～zc 通常形成过盈配合，其标注的形式为 H/(p～zc)。

2. 基轴制

基轴制是指基本偏差为一定的轴的公差带，与不同基本偏差的孔的公差带形成各种配合的一种制度，即基准轴 h 与非基准件孔（A～ZC）形成各种配合的一种制度。基轴制的轴为基准轴，其代号为 h，它的基本偏差为上偏差，数值为零，下偏差为负值，即基准轴的公差带在零线下侧，如图 1-11（b）所示。

基准轴 h 与孔 A～H 形成间隙配合，标注为(A～H)/h；与孔 J～N 一般形成过渡配合，配合的标注为(J~N)/h；与孔 P~ZC 通常形成过盈配合，其标注的形式为(P~ZC)/h。

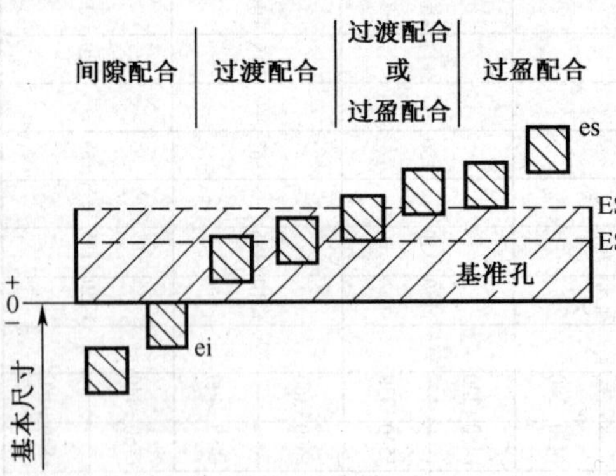

（a）基孔制

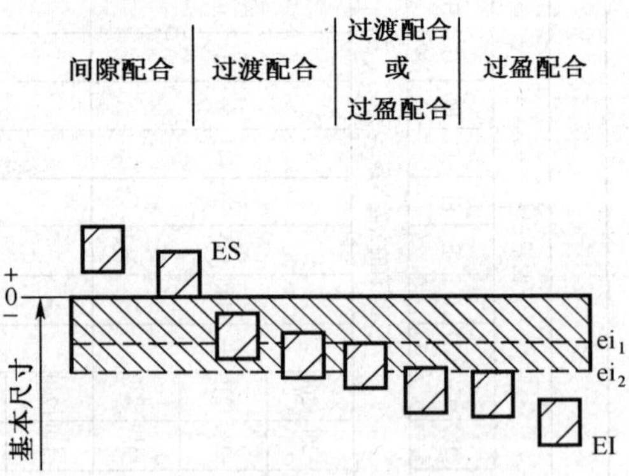

（b）基轴制

图 1-11 基准制

1.2.4 极限与配合在图样上的标注

1．公差带代号与配合代号

孔、轴的公差带代号由基本偏差代号和公差等级数字组成。例如：孔的公差带代号为 H7、F7、K7、P6；轴的公差带代号为 h7、g6、m6、r7。

当孔和轴组成配合时，配合代号写成分数形式，分子为孔的公差带代号，分母为轴的公差带代号。例如：H7/g6。如果指某基本尺寸的配合，则基本尺寸标在配合代号之前，如ϕ30H7/g6。

2．图样中尺寸公差的标注形式

零件图中尺寸公差的两种标注形式如图 1-12（a）所示。

孔、轴公差在零件图上主要标注基本尺寸和极限偏差数值，也可标注基本尺寸、公差带代号和极限偏差值。

在装配图上，主要标注配合代号，即标注孔、轴的基本偏差代号及公差等级，如图 1-12（b）所示。

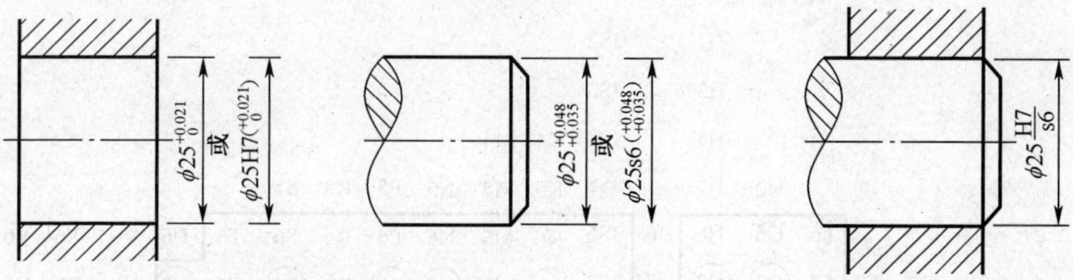

（a）零件图上的标注　（b）装配图上的标注

图 1-12　公差的标注

1.2.5 优先和常用的公差带与配合

国标 GB/T1800.3—1998 规定了 20 个公差等级和 28 种基本偏差，如将任意基本偏差与任意标准公差组合，在基本尺寸≤500mm 内范围，孔公差带有 20×27+3（J6、J7、J8）=543 个，轴公差带有 20×27+4（j5、j6、j7、j8）=544 个。这么多的公差带都使用显然是不经济的，因为它必然导致定值刀具和量具规格的繁多。

为此，国标规定了一般、常用和优先轴用公差带共 116 种，如图 1-13 所示。图中方框内的 59 种为常用公差带，圆圈内的 13 种为优先公差带。

同时，国标还规定了一般、常用和优先孔用公差带共 105 种，如图 1-14 所示。图中方框内的 44 种为常用公差带，圆圈内的 13 种为优先公差带。

在选用公差带时，应按优先、常用、一般公差带的顺序选取。若一般公差带中也没有满足要求的公差带，则按国标规定的标准公差和基本偏差组成的公差带来选取，还可考虑用延伸和插入的方法来确定新的公差带。

对于配合，国标规定基孔制常用配合 59 种，优先配合 13 种，见表 1-4。基轴制常用配合

47 种，优先配合 13 种，见表 1-5。

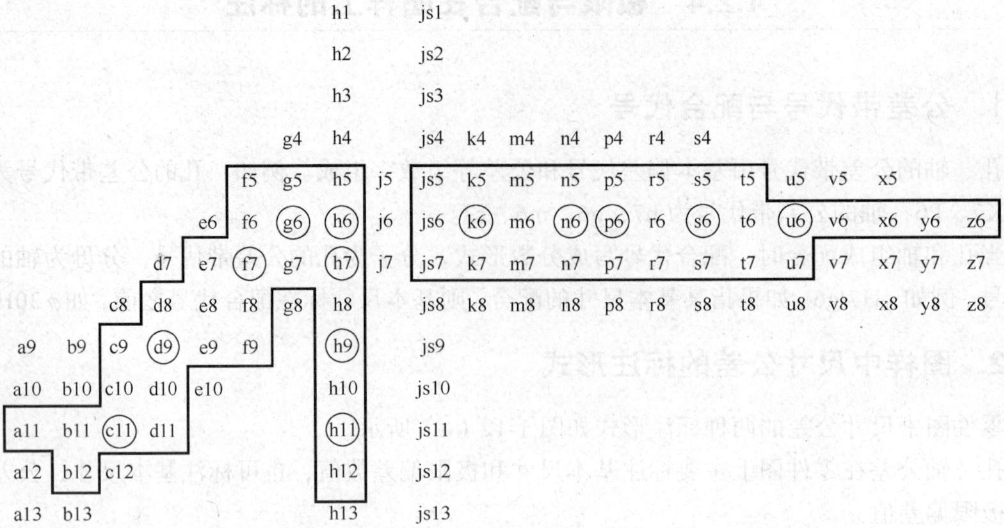

图 1-13　一般、常用和优先的轴公差带

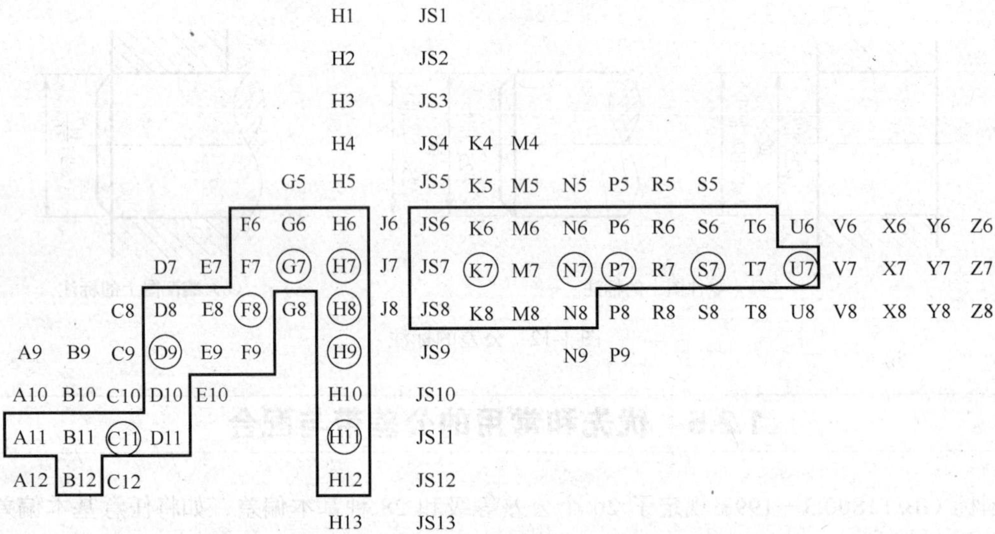

图 1-14　一般、常用和优先的孔公差带

表 1-4　　基孔制常用、优先配合（摘自 GB/T180—1999）

基准孔	轴																				
	a	b	c	d	e	f	g	h	js	k	m	n	p	r	s	t	u	v	x	y	z
	间隙配合								过渡配合				过盈配合								
H6						$\frac{H6}{f5}$	$\frac{H6}{g5}$	$\frac{H6}{h5}$	$\frac{H6}{js5}$	$\frac{H6}{k5}$	$\frac{H6}{m5}$	$\frac{H6}{n5}$	$\frac{H6}{p5}$	$\frac{H6}{r5}$	$\frac{H6}{s5}$	$\frac{H6}{t5}$					
H7						$\frac{H7}{f6}$	$\frac{H7}{g6}$	$\frac{H7}{h6}$	$\frac{H7}{js6}$	$\frac{H7}{k6}$	$\frac{H7}{m6}$	$\frac{H7}{n6}$	$\frac{H7}{p6}$	$\frac{H7}{r6}$	$\frac{H7}{s6}$	$\frac{H7}{t6}$	$\frac{H7}{u6}$	$\frac{H7}{v6}$	$\frac{H7}{x6}$	$\frac{H7}{y6}$	$\frac{H7}{z6}$
H8					$\frac{H8}{e7}$	$\frac{H8}{f7}$	$\frac{H8}{g7}$	$\frac{H8}{h7}$	$\frac{H8}{js7}$	$\frac{H8}{k7}$	$\frac{H8}{m7}$	$\frac{H8}{n7}$	$\frac{H8}{p7}$	$\frac{H8}{r7}$	$\frac{H8}{s7}$	$\frac{H8}{t7}$	$\frac{H8}{u7}$				

续表

基准孔	轴																				
	a	b	c	d	e	f	g	h	js	k	m	n	p	r	s	t	u	v	x	y	z
	间隙配合								过渡配合				过盈配合								
				H8/d8	H8/e8	H8/f8		H8/h8													
H9			H9/c9	◤H9/d9	H9/e9	H9/f9		◤H9/h9													
H10			H10/c10	H10/d10				H10/h10													
H11	H11/a11	H11/b11	◤H11/c11	H11/d11				◤H11/h11													
H12		H12/b12						H12/h12													

注：1. $\frac{H6}{n5}$、$\frac{H7}{p6}$ 在基本尺寸≤3 mm和 $\frac{H8}{r7}$ 在≤100 mm时，为过渡配合。

2. 标注"◤"的配合为优先配合。

表 1-5　　基轴制优先、常用配合（GB/T 1801—1999）

基准轴	孔																				
	A	B	C	D	E	F	G	H	JS	K	M	N	P	R	S	T	U	V	X	Y	Z
	间隙配合								过渡配合				过盈配合								
h5						F6/h5	G6/h5	H6/h5	JS6/h5	K6/h5	M6/h5	N6/h5	P6/h5	R6/h5	S6/h5	T6/h5					
h6						F7/h6	◤G7/h6	◤H7/h6	JS7/h6	◤K7/h6	M7/h6	◤N7/h6	◤P7/h6	R7/h6	◤S7/h6	T7/h6	◤U7/h6				
h7					E8/h7	◤F8/h7		◤H8/h7	JS8/h7	K8/h7	M8/h7	N8/h7									
h8				D8/h8	E8/h8	F8/h8		H8/h8													
h9				◤D10/h10	E9/h9	F9/h9		◤H9/h9													
h10				D10/h10				H10/h10													
h11	A11/h11	B11/h11	◤C11/h11	D11/h11				◤H11/h11													
h12		B12/h12						H12/h12													

注：标注"◤"的配合为优先配合。

1.2.6 线性尺寸的一般公差（国标 GB/T1804—2000）

线形尺寸的一般公差（未注公差）是指在车间一般工艺条件下可保证的公差，是机床设备一般加工能力在正常维护和操作情况下能达到的经济加工精度，主要用于低精度的非配合尺寸。

采用未注公差的尺寸不用标注极限偏差或其他代号。线性尺寸的一般公差也称为线性尺寸的未注公差。

国家标准 GB/T1804—2000 对线性尺寸的一般公差规定了 4 个公差等级，它们分别是精密级 f、中等级 m、粗糙级 c 和最粗级 v。国家标准对孔、轴及长度的极限偏差均采用与国际标准 ISO2768—1：1989 一致的双向对称分布偏差，其极限偏差值全部采用对称偏差值。线性尺寸的未注极限偏差的数值如表 1-6 所示。

表 1-6　　线性尺寸的未注极限偏差的数值　　（单位/mm）

公差等级	尺寸分段							
	0.5～3	＞3～6	＞6～30	＞30～120	＞120～400	＞400～1 000	＞1 000～2 000	＞2 000～4 000
f（精密级）	±0.05	±0.05	±0.1	±0.15	±0.2	±0.3	±0.5	—
m（中等级）	±0.1	±0.1	±0.2	±0.3	±0.5	±0.8	±1.2	±2
c（粗糙级）	±0.2	±0.3	±0.5	±1.2	±1.2	±2	±3	±4
V（最粗级）	—	±0.5	±1	±2.5	±2.5	±4	±6	±8

采用未注公差的尺寸，在图样上只注基本尺寸，不注极限尺寸，而在图样或技术文件上标注时，用国家标准号和公差等级代号并在两者之间用一短划线隔开表示。例如，选用 m（中等级）时，则表示为：GB/T1804—2000—m。这表明图样上凡未注公差的现行尺寸（包含倒圆半径与倒角高度），均按 m（中等级）加工和检验。

采用未注公差的线性尺寸是在车间加工精度保证的情况下加工出来的，一般可以不用检验。

国家标准同时也规定了倒圆半径与倒角高度尺寸的极限偏差数值，如表 1-7 所示。

表 1-7　　倒圆半径与倒角高度尺寸的极限偏差数值　　（单位/mm）

<table>
<tr><th rowspan="2">公 差 等 级</th><th colspan="4">尺 寸 分 段</th></tr>
<tr><th>0.5～3</th><th>＞3～6</th><th>＞6～30</th><th>＞30</th></tr>
<tr><td>f（精密级）</td><td rowspan="2">±0.2</td><td rowspan="2">±0.5</td><td rowspan="2">±1</td><td rowspan="2">±2</td></tr>
<tr><td>m（中等级）</td></tr>
<tr><td>c（粗糙级）</td><td rowspan="2">±0.4</td><td rowspan="2">±1</td><td rowspan="2">±2</td><td rowspan="2">±4</td></tr>
<tr><td>V（最粗级）</td></tr>
</table>

1.3 公差的选用

极限与配合的选择是否恰当，对产品的性能、质量、互换性及经济性有着重要的影响。机械设计与制造中，一个重要环节就是极限与配合的选择，其内容包括基准选择、公差等级选择和配合种类选择。极限与配合选择的原则是在满足使用要求的前提下能获得最佳的经济效益，即它是在基本尺寸已经确定的情况下进行的尺寸精度计算。

1.3.1 基准制的选择原则

基准制的选择与零件的使用要求无关，主要考虑零件的结构、工艺、装配和经济等方面的因素。

1. 优先选用基孔制

从零件的加工工艺方面考虑，中等尺寸、精度较高的孔的加工和检验常采用钻头、绞刀、量规等定值刀具和量具。如果孔的公差带位置固定，则可减少刀具和量具的规格和数量，有利于降低生产成本，并且轴类零件的测量比较方便，因此应优先选用基孔制。

2. 在下列情况下，应选用基轴制

虽然选用基孔制配合存在许多优点，但是在某些特殊场合，选用基轴制配合会更加合理。

（1）当在机械制造中采用具有一定公差等级的冷拉钢材，其外径不经切削加工即能满足使用要求，此时就应选择基轴制，再按配合要求选用适当的孔公差带加工孔就可以了。

（2）有些零件由于结构上的需要，宜采用基轴制。如图 1-15（a）所示为发动机的活塞销轴与连杆铜套孔和活塞孔之间的配合，根据工作要求，活塞销轴与活塞孔应为过渡配合，而活塞销与连杆之间由于有相对运动应为间隙配合。所以在同一基本尺寸的轴上装配有不同配合要求的几个孔件时应采用基轴制。若采用基孔制配合，如图 1-15（b）所示活塞销需要做成中间小两头大的形状，这不仅对加工不利，同时装配也有困难，易拉毛连杆孔。改用基轴制配合，如图 1-15（c）所示，活塞销可尺寸不变，而连杆孔、支撑孔分别按不同要求加工，比较经济合理且便于安装。

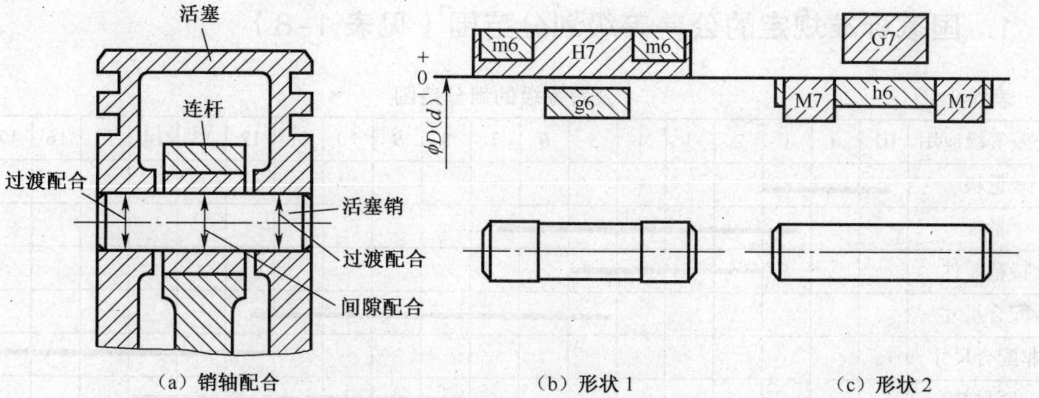

图 1-15　基准制选择示例之一

（3）在仪表制造、钟表生产、无线电工程中，常使用经过光轧成形的钢丝直接做轴。其加工尺寸应小于 1mm 的精密轴，这时采用基轴制比较经济。

3. 与标准件配合时，应以标准件为基准件来确定配合制

标准件通常由专业工厂大量生产，在制造时其配合部位的配合制已确定。所以与其配合的轴和孔一定要服从标准件既定的配合制。

4. 在有特殊需要时可采用非配合制配合

非配合制配合是指由不包含基本偏差 H 和 h 的任一孔、轴公差带组成的配合。如图 1-16 所示，为轴承座孔同时与滚动轴承外径和端盖的配合。滚动轴承是标准件，它与轴承座孔的配合应为基轴制过渡配合，选轴承孔公差带为ϕ52J7，而轴承座孔与端盖的配合应为较低精度的间隙配合，座孔公差带已定为 J7，现在只能对端盖选定一个位于 J7 下方的公差带，以形成所要求的间隙配合。考虑到端盖的性能要求和加工的经济性，采用 f9 的公差带，最后确定端盖与轴承孔的配合为ϕ52J7/f9。

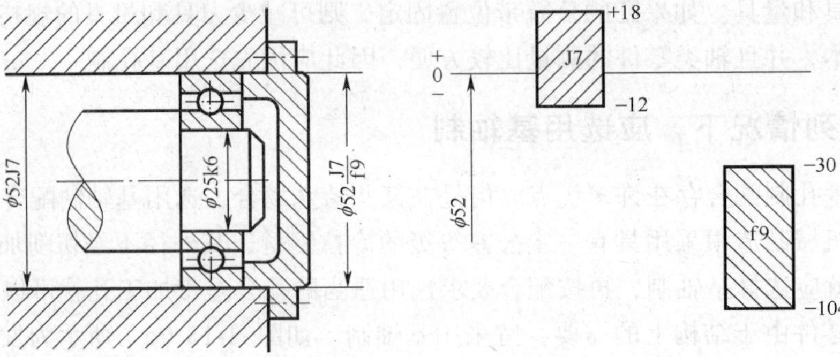

图 1-16 非基准制配合

1.3.2 公差等级的选用

为较好地解决机械产品的使用要求与制造工艺及成本之间的矛盾，最大限度地提高经济性，在满足零件使用要求的前提下，应尽量选取较低的公差等级。

1. 国家标准规定的公差等级划分范围（见表 1–8）

表 1-8 公差等级的划分范围

公差等级应用	01	0	1	2	3	4	5	6	7	8	9	10	11	12	13	14	15	16	17	18
量块	—	—	—																	
量规			—	—	—	—	—	—	—											
特精零件				—	—	—	—													
配合尺寸							—	—	—	—	—	—	—	—						
非配合尺寸														—	—	—	—	—	—	—
原材料										—	—	—	—	—	—	—				

2. 国家标准推荐的个公差等级的应用范围（见表 1–9）

表 1-9 公差等级的应用范围

精 度 范 围	公 差 等 级	应 用 范 围
高精级	IT01～IT1	用于量块，大致相当于量块的 1、2、3 级精度
精密级	IT12～IT5	用于精密零件的配合，如用于检验精度 IT2～IT16 零件的量规、圆度仪主轴颈与轴承等

续表

精度范围	公差等级	应用范围
普精级	轴 IT5 孔 IT6	用于高精度的重要配合，如精密机床中主轴颈与轴承，发动机中活塞销与活塞孔，车床尾座孔与顶尖套筒的配合等 其配合公差很小，加工要求很高，故应用很少
	轴 IT6 孔 IT7	用于较高精度的配合，如普通机床和仪表的重要配合，机床传动机构中齿轮与轴、轴与轴承的配合，内燃机中曲柄与套筒的配合等 其配合公差较小，一般精密加工能够实现，在精密机械中广泛应用
低精级	IT7～IT8	用于中等精度的配合，如一般机械中速度不高的配合（如轴与轴承），重型机械中精度要求稍高的配合（如发动机活塞环与活塞环槽），农业机械中较重要的配合（如拖拉机上齿轮与轴）等 其配合公差中等，加工易于实现，在一般机械中广泛使用
	IT9～IT10	用于一般要求的配合，如键宽与键槽宽的配合；某些非配合尺寸的特殊需要，如飞机机身外壳的尺寸，根据其质量标准，要求达到此等级 配合公差稍大，加工易于实现，在一般机械中广泛使用
	IT11～IT12	用于不重要或只要求便于连接的配合，如螺栓和螺孔、铆钉和孔等
	IT12～IT18	用于非配合尺寸或粗加工的工序尺寸上，如箱体的外形、手柄的直径等，以及冲压件、铸锻件等

3. 各种加工方法所能达到的精度等级范围

在基本尺寸相同时，精度等级越高，对生产技术条件和机床精度等级要求越高，生产成本就越高。因此，只有了解各种加工方法所能达到的等级范围，才能做到合理地确定公差等级。

常用加工方法所能达到的公差等级，如表 1-10 所示。

表 1-10 各种加工方法所能达到的公差等级

加工方法	01	0	1	2	3	4	5	6	7	8	9	10	11	12	13	14	15	16	17	18
研磨	—	—	—	—	—	—	—													
珩磨						—	—	—	—											
圆磨							—	—	—	—										
平磨							—	—	—	—										
金刚石车							—	—	—											
金刚石镗							—	—	—											
拉削							—	—	—	—										
绞孔								—	—	—	—	—								
车									—	—	—	—	—							
镗									—	—	—	—	—							
铣									—	—	—	—	—							
刨、插												—	—							
钻孔												—	—	—	—					
滚压、挤压												—	—							
冲压												—	—	—	—	—				

续表

加工方法	01	0	1	2	3	4	5	6	7	8	9	10	11	12	13	14	15	16	17	18
压铸													——	——	——					
粉末冶金成型								——	——	——										
粉末冶金烧结									——	——	——									
砂型铸造、气割																——	——			
锻造																	——	——		

4. 选择公差等级应注意的问题

工艺等价性　根据加工工艺等价性原则，对于常用尺寸段较高的精度等级（≤IT8）的配合，由于孔比轴难加工，应使孔比轴低一级，从而使孔、轴加工难易程度相当、成本相当，如孔 IT8/轴 IT7、孔 IT7/轴 IT6 等；低精度的孔和轴或者基本尺寸大于 500mm 时可采用同级配合，如 H8/s8。

在某些特殊情况下，如仪表业中小尺寸（≤3mm）的公差等级，由于孔比轴易加工，可以有孔比轴高一级或高两级组成配合的情况。

公差等级与配合性质的一致性　一般来说，配合越紧精度越高、配合越松精度越低。例如，对同一零件选择 H10/a10 和 H8/g7 合理，但选择 H8/g7 和 H6/a5 就不合理了。

相互配合零件精度的一致性　与滚动轴承相配合的轴颈和箱体孔的精度选择应与给定轴承一致，与齿轮相配合的轴应与齿轮精度一致。

与精度设计原则的一致性　精度设计的基本原则是在满足使用要求的前提下，尽量选用较低的精度等级。尤其在非基准制配合中，精度要求不高的零件，可选择与配合件零件差 2～3 级。

常用公差等级应用实例如表 1-11 所示。

表 1-11　　常用公差等级的应用实例

公差等级	实用
IT5 （孔为 IT6）	主要用在配合公差、形状公差要求很小的地方，其配合性质稳定，一般在机床、发动机、仪表等重要部位应用。例如，与 5 级精度滚动轴承配合的外壳孔，与 6 级精度滚动轴承配合的机床主轴，机床尾架与套筒，精密机械及高速机械中轴颈，精密丝杠轴颈等
IT6 （孔为 IT7）	配合性质能达到较高的均匀性。例如，与 6 级精度滚动轴承相配合的孔、轴颈；与齿轮、蜗轮、联轴器、带轮、凸轮等连接的轴颈，机床丝杠轴颈，摇臂钻立柱，机床夹具中导向件外径尺寸，6 级精度齿轮的基准孔，7、8 级精度齿轮基准轴
IT7	7 级精度比 6 级精度稍低，应用条件与 6 级精度基本相似，在一般机械制造中应用较为普遍。例如，联轴器、带轮、凸轮等孔径，机床夹盘座孔，夹具中固定钻套，7、8 级精度的齿轮基准孔，9、10 级精度的齿轮基准轴
IT8	在机械制造中属于中等精度。例如，轴承座衬套沿宽度方向尺寸，9～12 级精度的齿轮基准孔，11～12 级精度的齿轮基准轴
IT9、IT10	主要用于机械制造中轴套外径与孔，操纵件与轴，带轮与轴，单键与花键
IT11、IT12	配合精度很低，装配后可能产生很大间隙，适用于基本上没有什么配合要求的场合。例如，机床上法兰盘与止口，滑块与滑移齿轮，加工中工序间尺寸，冲压加工的配合件，机床制造中的扳手孔与扳手座的连接

1.3.3 配合的选择原则

配合的选择是在基准孔（轴）和公差等级确定后，对基准孔或基准轴的公差带的位置，以及相应的非基准件的基本偏差代号的选择。正确选择配合对保证机器正常工作、延长机器使用寿命和降低造价，都起着非常重要的作用。

配合的选择包括：配合类别的选择和非基准件基本偏差的选择。

1．配合类别的选择

选择配合的主要依据是使用要求和工作条件。对于初学者来说，首先要确定配合的类别，选定是间际配合、过渡配合还是过盈配合。如表 1-12 所示，提供了配合类别选择的一般方法。

表 1-12　　配合类别选择的一般方法

<table>
<tr><td rowspan="4">无相对运动</td><td rowspan="3">传递转矩</td><td rowspan="2">精确同轴</td><td>永久结合</td><td>过 盈 配 合</td></tr>
<tr><td>可拆结合</td><td>过渡配合或基本偏差为 H（h）的间隙配合加紧固件</td></tr>
<tr><td colspan="2">不要精确同轴</td><td>键等间隙配合加紧固件</td></tr>
<tr><td colspan="3">不需要传递转矩</td><td>过渡配合或轻的过盈配合</td></tr>
<tr><td rowspan="2"></td><td colspan="3">只有移动</td><td>基本偏差为 H（h）、G（g）等间隙配合</td></tr>
<tr><td colspan="3">转动或转动和移动符合运动</td><td>基本偏差 A～ F（a～f）等间隙配合</td></tr>
</table>

确定配合类别后，应尽可能选用优先配合，其次是常用配合，再次是一般配合，如果仍不能满足要求，也可以按孔轴公差带组成相应的配合。

2．非基准件基本偏差的选择

（1）计算法　计算法是按照一定的理论和公式，根据零件的材料和结构计算出所需的间隙或过盈，根据计算结果，对照国标选择合适的配合。当用计算法选择配合时，由于影响间隙和过盈的因素很多，理论计算也是近似的，因此在实际应用中还需要进过试验来确定，一般情况下很少使用计算法。

（2）试验法　试验法是通过模拟试验和分析的方法来确定满足产品工作性能的间隙或过盈范围的方法。按试验法选取配合最为可靠，但成本较高，一般只用于特别重要的、关键性的配合，应用比较少。

（3）类比法　类比法是参考现有同类机器或类似结构中经生产实践验证过的配合情况，与所设计零件的使用要求相比较，经修正后确定配合的一种方法。在实际工作中，大多采用类比法来选择配合，该方法应用最广。

3．用类比法选择配合

用类比法选择配合时，首先要熟悉并掌握各个基本偏差在配合方面的特征和应用，尽量采用国家标准规定的优先和常用配合。

如表 1-13 所示为尺寸至 500mm 基孔制常用和优先配合的特征及应用，如表 1-14 所示为轴的基本偏差选用说明。

表 1-13　　尺寸至 500 mm 基孔制常用和优先配合的特征及应用

配合类别	配合特征	配合代号	应　用
间隙配合	特大间隙	$\frac{H11}{a11}$，$\frac{H11}{a11}$，$\frac{H11}{a11}$	用于高温或工作时要求大间隙的配合
	很大间隙	$\left(\frac{H11}{c11}\right)$，$\frac{H11}{d11}$	用于工作条件较差、受力变形或为了便于装配而需要大间隙的配合和高温工作的配合
	较大间隙	$\frac{H9}{c9}$，$\frac{H10}{c10}$，$\frac{H8}{d8}$，$\left(\frac{H9}{d9}\right)$ $\frac{H10}{d10}$，$\frac{H8}{e7}$，$\frac{H8}{e8}$，$\frac{H9}{e9}$	用于高速重型的滑动轴承或大直径的滑动轴承，也可以用于大跨距或多点支承的配合
过渡配合	一般间隙	$\frac{H6}{f5}$，$\frac{F7}{f6}$，$\left(\frac{H8}{f7}\right)$，$\frac{H8}{f8}$，$\frac{H9}{f9}$	用于一般转速的配合。当温度影响不大时，广泛应用于普通润滑油润滑的支承处
	较小间隙	$\left(\frac{H7}{g6}\right)$ $\frac{H8}{g7}$	用于精密滑动零件或缓慢间隙回转的零件的配合部位
	很小间隙和零间隙	$\frac{H6}{g5}$，$\frac{H6}{h5}$，$\left(\frac{H7}{h6}\right)$， $\left(\frac{H8}{h7}\right)$，$\frac{H8}{h8}$，$\left(\frac{H9}{h9}\right)$ $\frac{H10}{h10}$，$\left(\frac{H11}{h11}\right)$ $\frac{H12}{h12}$	用于不同精度要求的一般定位件的配合和缓慢移动及摆动零件的配合
	绝大部分有微小间隙	$\frac{H6}{js5}$ $\frac{H7}{js6}$ $\frac{H8}{js7}$	用于易于装拆的定位配合或加上紧固件后可传递一定静载荷的配合
	大部分有微小间隙	$\frac{H6}{k5}$，$\left(\frac{H7}{k6}\right)$，$\frac{H8}{k7}$	用于稍有震动的定位配合，加上紧固件可传递一定载荷，装拆方便，可用木锤敲入
	大部分有微小过盈	$\frac{H6}{m5}$，$\frac{H7}{m6}$，$\frac{H8}{m7}$	用于定位精度较高而且能够抗震的定位配合。加上键可传递较大载荷，可用铜锤敲入或小压力压入
	绝大部分有微小过盈	$\left(\frac{H7}{n6}\right)$，$\frac{H8}{n7}$	用于精确定位或紧密组合件的配合。加上键能传递大力矩或冲击性载荷，只在大修时拆卸
	绝大部分有较小过盈	$\frac{H8}{p7}$	加上键后能传递很大力矩，且能承受震动和冲击的配合，装配后不再拆卸
过盈配合	轻型	$\frac{H6}{n5}$，$\frac{H6}{p5}$，$\left(\frac{H7}{p6}\right)$，$\frac{H6}{r5}$， $\frac{H7}{r6}$，$\frac{H8}{r7}$	用于精确的定位配合。一般不能靠过盈传递力矩，要传递力矩尚需要加紧固件
	中型	$\frac{H6}{s5}$，$\left(\frac{H7}{s6}\right)$，$\frac{H8}{s7}$，$\frac{H6}{t5}$ $\frac{H7}{t6}$，$\frac{H8}{t7}$	不需要加紧固件就能传递较小力矩和轴向力。加上紧固件后能承受较大载荷和动载荷
	重型	$\left(\frac{H7}{u6}\right)$，$\frac{H8}{u7}$，$\frac{H7}{v6}$	不需要加紧固件就可传递和承受大的力矩和动载荷的配合，要求零件材料有高强度
	特重型	$\frac{H7}{x6}$，$\frac{H7}{y6}$，$\frac{H7}{z6}$	能传递与承受很大力矩和动载荷的配合，需要经过试验后方可应用

注：1. 括号内的配合为优先配合。

2. 国家标准规定的 44 种基轴制配合的应用与本表中的同名配合相同。

表 1-14 轴的基本偏差选用说明

配 合	基 本 偏 差	特性及应用
间隙配合	a、b	可得到特别大的间隙，应用很少
	c	可得到很大的间隙，一般用于缓慢、轻松的动配合。用于工作条件较差（如农业机械），受力变形或为了便于装配，而必须保证有较大的间隙。推荐配合为 $\frac{H11}{c11}$，其较高等级的 $\frac{H8}{c7}$ 配合，适用于轴在高温工作的紧密动配合，如内燃机排气阀和导管
	d	一般用于 IT7～IT11 级，适用于松的转动配合，如密封盖、滑轮、空转皮带轮等与轴的配合；也适用于大直径滑动轴承配合，如透平机、球磨机、砸滚成型机和重型弯曲机及其他重型机械中的一些滑动轴承
	e	多用于 IT7、IT8、IT9 级，具有明显的间隙，用于大跨距及多支点的转轴与轴承的配合，以及高速重载的大尺寸轴与轴承的配合，如大型电机、内燃机的主要轴承处的配合 $\frac{H8}{e7}$
	f	多用于 IT6、IT7、IT8 级的一般转动配合。当温度影响不大时，广泛用于普通润滑油（或润滑脂）润滑的支承，如齿轮箱、小电动机、泵等的转轴与滑动轴承的配合
	g	配合间隙很小，制造成本高，除很轻负荷的精密装置外，不推荐用于转动配合。多用于 IT5、IT6、IT7 级，最适合不回转的精密滑动配合，也用于插销等定位配合，如精密连杆轴承、活塞及滑阀、连杆销等
	h	多用于 IT4～IT11 级。广泛用于无相对转动的零件，作为一般的定位配合。若没有温度、变形影响，也用于精密滑动配合
过渡配合	js	偏差完全对称（±IT/2），平均间隙较小的配合，多用于 IT4～IT7 级，要求间隙比 h 级小，并允许略有过盈的定位配合，如联轴节、齿圈与钢制轮毂。可用木锤装配
	k	平均间隙接近于零的配合，适用于 IT4～IT7 级，推荐用于稍有过盈的定位配合。例如，为了消除震动用的定位配合。一般用木锤装配
	m	平均过盈较小的配合，适用于 IT4～IT7 级，一般可用木锤装配，但在最大过盈时，要求相当的压入力
	n	平均过盈比 m 级稍大，很少得到间隙，适用于 IT4～IT7 级，用锤或压入机装配，通常推荐用于紧密的组件配合。$\frac{H6}{n5}$ 配合时为过盈配合
过盈配合	p	与 H6 或 H7 配合时是过盈配合，与 H8 孔配合时则为过渡配合。对于非铁类零件，为较轻的压入配合，当需要时易于拆卸；对于钢、铸铁或铜、钢组件装配，是标准压入配合
	r	对于铁类零件为中等打入配合，对于非铁类零件，为轻打入配合，当需要时可以拆卸。与 H8 孔配合，直径在 100 mm 以上时为过盈配合，直径小时为过渡配合
	s	用于钢和铁制零件的永久性和半永久性装配，可产生相当大的结合力。当用弹性材料，如轻合金时，配合性质与铁类零件的 p 级相当。例如，套环压装在轴上、阀座等的配合。尺寸较大时，为了避免损伤配合表面，需用热胀或冷缩法装配
	t	过盈较大的配合。对钢和铸铁零件适于作永久性结合，不用键可传递力矩，需用热胀或冷缩法装配，如联轴器与轴的配合
	u	这种配合过盈大，一般应验算在最大过盈时工件材料是否损坏，要用热胀或冷缩法装配，如火车轮毂和轴的配合
	v、x、y、z	这些基本偏差所组成配合的过盈量更大，目前使用的经验和资料还很少，需经试验后才应用。一般不推荐

此外，用类比法选择配合时还要考虑以下因素：承受载荷情况，工作时结合件间是否有相对运动、温度变化、润滑条件、装配变形、装拆情况、生产类型及材料的物理、化学、机械性能等对间隙或过盈的影响。根据不同的工作条件，结合配合的间隙量或过盈量必须作相应的改变。工作情况对间隙量或过盈量的影响如表 1-15 所示。

表 1-15　　工作情况对间隙量或过盈量的影响

具体工作情况	过盈的变化	间隙的变化
材料许用应力小	减小	—
经常拆卸	减小	—
有冲击负荷	增大	减小
工作时，孔温高于轴温	增大	减小
工作时，孔温低于轴温	减小	增大
配合长度较大	减小	增大
配合面形位误差较大	减小	增大
装配时可能歪斜	减小	增大
旋转速度高	增大	增大
有轴向运动	—	增大
润滑油黏度增大	—	增大
装配精度高	减小	减小
表面粗糙度低	增大	减小

【例 1-2】　有一孔轴配合，基本尺寸为ϕ40 配合间隙有 0.025～0.066，试确定基孔制配合孔轴的公差等级和配合种类。

解：T_f=0.066mm−0.025mm=0.041mm

又因为 $T_f=T_h+T_S$=0.041mm

试选 IT6=0.016mm，IT7=0.025mm

选基准孔 H7

再确定：X_{min}=EI-es

es=EI-X_{min}=0−0.025mm=−0.025mm

再查轴的基本偏差表知 f 为−0.025mm 轴为ϕ40f6

ei=−0.025mm−0.016mm=−0.041mm

校对：X_{max}=0.025mm+0.041mm=0.066mm

X_{min}=0−(0.025)=+0.025mm

结果：ϕ40H7/f6。

1.4 尺寸检测

在各种几何量的测量中，尺寸测量是最基础的。几何量中形状、位置、表面粗糙度等误差的测量大多是以长度值来表示的，它们的测量实质上仍然是以尺寸测量为基础的。因此，许多通用性的尺寸测量器具并不只限于测量简单的尺寸，它们也常在形状和位置误差等的测量中使用。

在进行检测时，要针对零件不同的结构特点和精度要求采用不同的计量器具。对于大批量生产，多采用专用量具检验，以提高检测效率。对于单件小批量生产，则常采用通用计量器具进行检测。

1.4.1 普通计量器具的选择

在单件小批量生产中，常用游标卡尺、千分尺、指示表等通用量具来进行零件加工检验。

1. 误收和误废

在实际生产中进行检测时，一般只按一次测量来判定零件是否合格，对于温度、压陷效应以及测量器具系统误差等引起测量误差的因素均不作修正。因此，测得值得实际范围应该是：测得值±测量误差，即

$$X=X_i\pm\delta_{\text{lin}}=X_i\pm3\sigma \qquad (1\text{-}10)$$

在进行检测时，把超出公差界限的废品误判为合格品而接收称为误收；将接近公差界限的合格品误判为废品称为误废。在实际生产当中，误废会造成经济损失，误收则影响产品质量，因此应尽量减少误判率。

2. 尺寸验收极限

（1）验收原则　误收和误废都不利于提高产品质量和降低成本。为保证产品质量，国家标准 GB/T3177—1997（代替 GB/T3177—1982）《光滑工件尺寸的检验》对验收原则作出了规定：应只接收位于极限内的工件，即只允许出现误废不允许出现误收。

（2）尺寸验收公差带——生产公差　为确保只接收位于尺寸极限之内的工件，将原极限尺寸公差带内缩一个数值，此数值称为安全裕度 A。新的极限值称为验收极限，形成一个新的验收公差带，成为生产公差。

安全裕度 A 由被测工件的尺寸公差来确定，（数值取工件公差的 1/10），其数值见表 1-16。验收极限与安全裕度如图 1-17 所示。

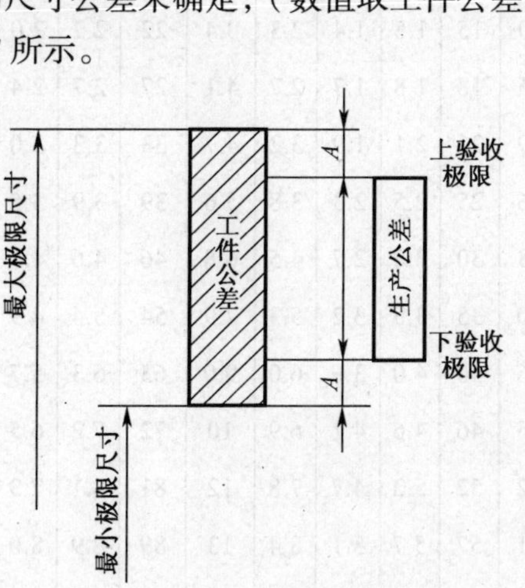

图 1-17　验收极限与安全裕度

孔和轴的验收极限计算如下：

上验收极限=最大极限尺寸−A

下验收极限=最小极限尺寸+A

【例 1-3】 $\phi 50h(^{0}_{-0.062})$，查表 1-16 得安全裕度 A=0.006 2mm，计算得：

上验收极限=$d_{max}-A=50mm-0.0062mm=49.9938mm$

下验收极限=$d_{min}+A=49.938mm+0.0062mm=49.9442mm$

结果如图 1-18 所示。

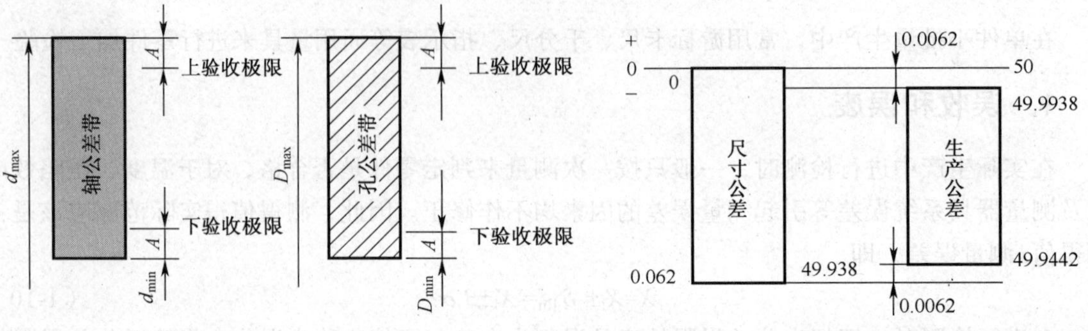

（a）安全裕度 A 与验收极限　　（b）尺寸验收极限示例

图 1-18　尺寸公差带与生产公差带

表 1-16　　安全裕度 A 与计量器具的测量不确定度允许值 u_1（μm）

基本尺寸/mm		公差等级																			
		IT6					IT7					IT8					IT9				
		T	A	u_1			T	A	u_1			T	A	u_1			T	A	u_1		
大于	至			Ⅰ	Ⅱ	Ⅲ			Ⅰ	Ⅱ	Ⅲ			Ⅰ	Ⅱ	Ⅲ			Ⅰ	Ⅱ	Ⅲ
−	3	6	0.6	0.54	0.9	1.4	10	1.0	0.9	1.5	2.3	14	1.4	1.3	2.1	3.2	25	2.5	2.3	3.8	5.6
3	6	8	0.8	0.72	1.2	1.8	12	1.2	1.1	1.8	2.7	18	1.8	1.6	2.7	4.1	30	3.0	2.7	4.5	6.8
6	10	9	0.9	0.81	1.4	2.0	15	1.5	1.4	2.3	3.4	22	2.2	2.0	3.3	5.0	36	3.6	3.3	5.4	8.1
10	18	11	1.1	1.0	1.7	2.5	18	1.8	1.7	2.7	4.1	27	2.7	2.4	4.1	6.1	43	4.3	3.9	6.5	9.7
18	30	13	1.3	1.2	2.0	2.9	21	2.1	1.9	3.2	4.7	33	3.3	3.0	5.0	7.4	52	5.2	4.7	7.8	12
30	50	16	1.6	1.4	2.4	3.6	25	2.5	2.3	3.8	5.6	39	3.9	3.5	5.9	8.8	62	6.2	5.6	9.3	14
50	80	19	1.9	1.7	2.9	4.3	30	3.0	2.7	4.5	6.8	46	4.6	4.1	6.9	10	74	7.4	6.7	11	17
80	120	22	2.2	2.0	3.3	5.0	35	3.5	3.2	5.3	7.9	54	5.4	4.9	8.1	12	87	8.7	7.8	13	20
120	180	25	2.5	2.3	3.8	5.6	40	4.0	3.6	6.0	9.0	63	6.3	5.7	9.5	14	100	10	9.0	15	23
180	250	29	2.9	2.6	4.4	6.5	46	4.6	4.1	6.9	10	72	7.2	6.5	11	16	115	12	10	17	26
250	315	32	3.2	2.9	4.8	7.2	52	5.2	4.7	7.8	12	81	8.1	7.3	12	18	130	13	12	19	29
315	400	36	3.6	3.2	5.4	8.1	57	5.7	5.1	8.4	13	89	8.9	8.0	13	20	140	14	13	21	32
400	500	40	4.0	3.6	6.0	9.0	63	6.3	5.7	9.5	14	97	9.7	8.7	15	22	155	16	14	23	35

续表

基本尺寸（mm）		公差等级																	
		IT10					IT11					IT12				IT13			
		T	A	u_1			T	A	u_1			T	A	u_1		T	A	u_1	
大于	至			Ⅰ	Ⅱ	Ⅲ			Ⅰ	Ⅱ	Ⅲ			Ⅰ	Ⅱ			Ⅰ	Ⅱ
−	3	40	4.0	3.6	6.0	9.0	60	6.0	5.4	9.0	14	100	10	9.0	15	140	14	13	21
3	6	48	4.8	4.3	7.2	11	75	7.5	6.8	11	17	120	12	11	18	180	18	16	27
6	10	58	5.8	5.2	8.7	13	90	9.0	8.1	14	20	150	15	14	23	220	22	20	33
10	18	70	7.0	6.3	11	16	110	11	10	17	25	180	18	16	27	270	27	24	41
18	30	84	8.4	7.6	13	19	130	13	12	20	29	210	21	19	32	330	33	30	50
30	50	100	10	9.0	15	23	160	16	14	24	36	250	25	23	38	390	39	35	59
50	80	120	12	11	18	27	190	19	17	29	43	300	30	27	45	460	46	41	69
80	120	140	14	13	21	32	220	22	20	33	50	350	35	32	53	540	54	49	81
120	180	160	16	15	24	36	250	25	23	38	56	400	40	36	60	630	63	57	95
180	250	185	18	17	28	42	290	29	26	44	65	460	46	41	69	720	72	65	110
250	315	210	21	19	32	47	320	32	29	48	72	520	52	47	78	810	81	73	120
315	400	230	23	21	35	52	360	36	32	54	81	570	57	51	80	890	89	80	130
400	500	250	25	23	38	56	400	40	36	60	90	630	63	57	95	970	97	87	150

（3）生产公差的适用范围　规定验收极限的出发点是要保证产品质量，在此前提下考虑产品生产的经济性，故对于精度不高的非配合尺寸、未注公差尺寸等，通常不采用此公差带。

一般来说，验收公差带的适用范围如下。

a. 有包容要求的尺寸。

b. 工艺能力指数 $c_p < 1$ 的尺寸（工艺能力指数 $c_p = T/6\sigma$，式中：T 为工件偏差；σ 为加工设备标准偏差，6σ 为加工设备工艺能力）。

c. 偏态分布的尺寸，在偏态分布一端应用（如单件小批量生产，出于恐出废品的心理，一般情况下轴加工容易偏大，孔加工容易偏小），如图 1-19 所示。

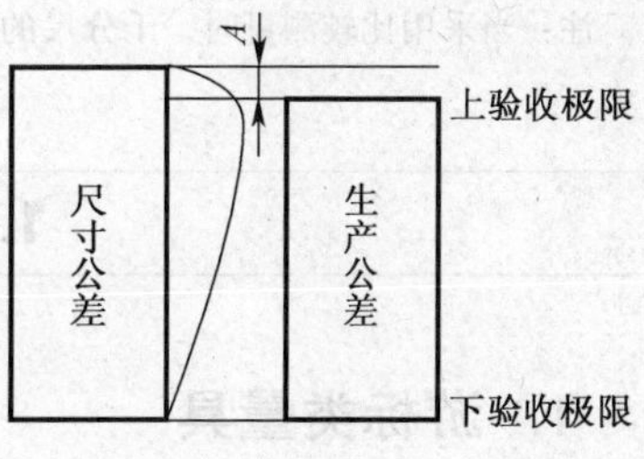

图 1-19　偏态分布尺寸

3．测量器具的选择原则

（1）选择计量器具应与被测工件的外形、位置、尺寸的大小及被测参数特性相适应，使所选计量器具的测量范围能满足工件的要求。

（2）选择计量器具应考虑工件的尺寸公差，使所选计量器具的不确定度值既要保证测量精度要求，又要符合经济性要求。

在车间条件下测量并验收工件，必须考虑测量误差的影响。测量误差的主要来源是测量器

具的不确定度 $u_1^{'}$。因此验收零件时，选择量具根据的依据就是量具的不确定度 $u_1^{'}$，量具的不确定度数值见表 1 -17。优先选用表中的Ⅰ挡，其次选用Ⅱ、Ⅲ挡。

由工件精度决定的量具不确定度允许值由表 1-16 确定。

选择量具根据的条件是：量具根据的不确定度允许值 $u_1^{'}$ ≤工件允许的量具不确定度 u_1，如上例 $\phi 50h(^{\ 0}_{-0.062})$，查表 1-16 得工件与选择的量具不确定度 $u_1 = 0.0062$，查表 1-17 确定得分度值为 0.004mm 的外径千分尺， 满足 0.004mm≤0.0062mm，$u_1^{'} \leqslant u_1$，适合作该轴量具。

表 1-17　　游标卡尺、千分尺不确定度数值　　(mm)

<table>
<tr><th colspan="2" rowspan="2">尺 寸 范 围</th><th colspan="4">计量器具类型</th></tr>
<tr><th>分度值 0.01 外径千分尺</th><th>分度值 0.01 内径千分尺</th><th>分度值 0.02 游标卡尺</th><th>分度值 0.05 游标卡尺</th></tr>
<tr><th>大　于</th><th>至</th><th colspan="4">不 确 定 度</th></tr>
<tr><td>0</td><td>50</td><td>0.004</td><td rowspan="3">0.008</td><td rowspan="6">0.020</td><td rowspan="3">0.05</td></tr>
<tr><td>50</td><td>100</td><td>0.005</td></tr>
<tr><td>100</td><td>150</td><td>0.006</td></tr>
<tr><td>150</td><td>200</td><td>0.007</td><td rowspan="3">0.013</td><td rowspan="9">0.100</td></tr>
<tr><td>200</td><td>250</td><td>0.008</td></tr>
<tr><td>250</td><td>300</td><td>0.009</td></tr>
<tr><td>300</td><td>350</td><td>0.010</td><td rowspan="3">0.020</td><td rowspan="7"></td></tr>
<tr><td>350</td><td>400</td><td>0.011</td></tr>
<tr><td>400</td><td>450</td><td>0.012</td></tr>
<tr><td>450</td><td>500</td><td>0.013</td><td>0.025</td></tr>
<tr><td>500</td><td>600</td><td rowspan="3"></td><td rowspan="3">0.030</td></tr>
<tr><td>600</td><td>700</td></tr>
<tr><td>700</td><td>1 000</td><td>0.150</td></tr>
</table>

注：当采用比较测量时，千分尺的不确定度可小于本表规定的数值，一般可减小 40%

1.4.2　常用计量器具的使用

1. 游标类量具

游标类量具是利用游标读数原理制成的一种常用量具，它具有结构简单、使用方便、测量范围大等特点。

游标量具的读数值有 0.1mm、0.05mm、0.02mm 3 种。

游标读数值为 0.05mm 的游标卡尺上，游标零线的位置在尺身刻线“14”与“15”之间，且游标上第 8 根刻线与尺身刻线对准，则被测尺寸为 14mm+8×0.05mm=14.4mm。

常用的游标量具有游标卡尺、深度游标尺、高度游标尺，它们的读数原理相同，所不同的主要是测量面的位置不同，如图 1-20 所示。

为了读数方便，有的游标卡尺上装有测微表头，如图 1-21 所示。它是通过机械传动装置，将两测量爪相对移动转变为指示表的回转运动，并借助尺身刻度和指示表，对两测量爪相对移动所分隔的距离进行读数。

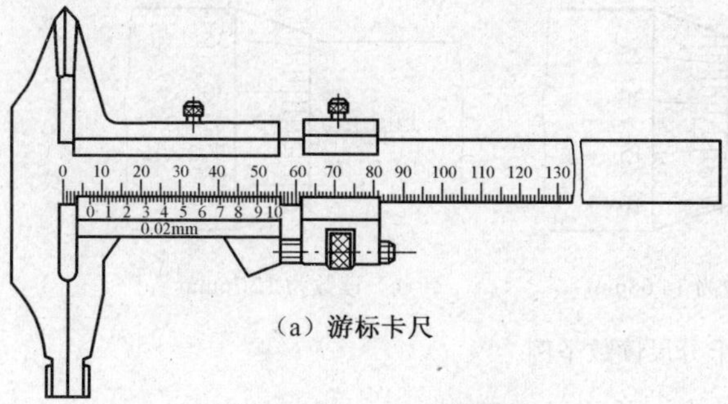

（a）游标卡尺

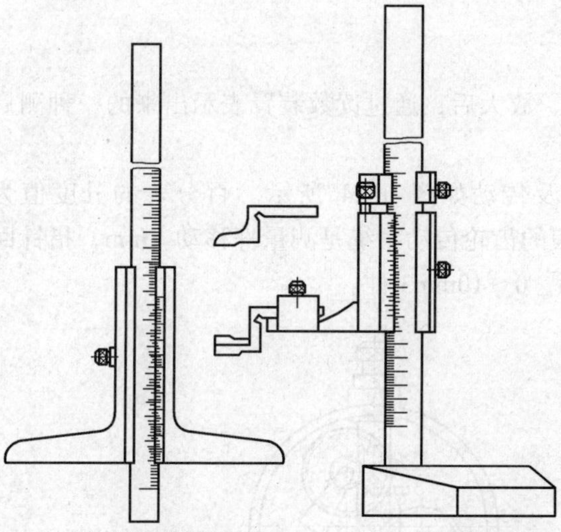

（b）深度游标尺　　（c）高度游标尺

图 1-20　游标量具

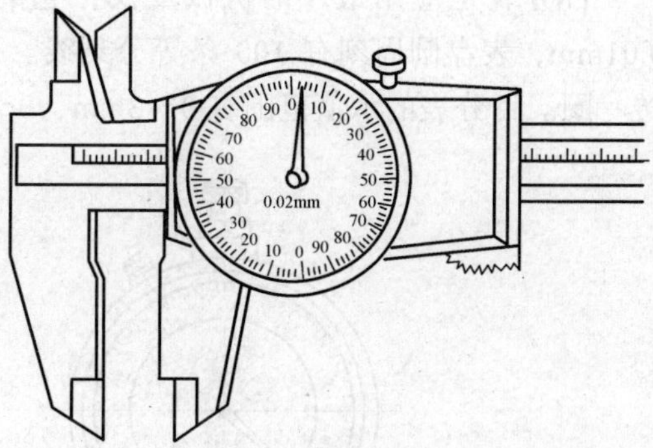

图 1-21　带表游标卡尺

如图 1-22 所示为电子数显卡尺，它具有非接触性电容式测量系统，由液晶显示器显示。电子数显卡尺测量方便可靠。

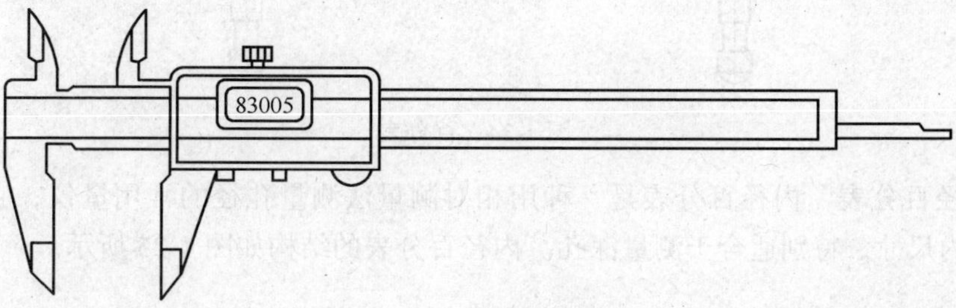

图 1-22　电子数显卡尺

2．螺旋测微类量具

螺旋测微类量具是利用螺旋副运动原理进行测量和读数的一种测微量具，可分为外径千分尺、内径千分尺和深度千分尺。

千分尺是应用螺旋副的传动原理，将角位移转变为直线位移。常用外径千分尺的测量范围有 0～25mm、25～50mm、50～75mm 以至几米以上，但测微螺杆的测量位移一般均为 25mm。外径千分尺的读数如图 1-23 所示。

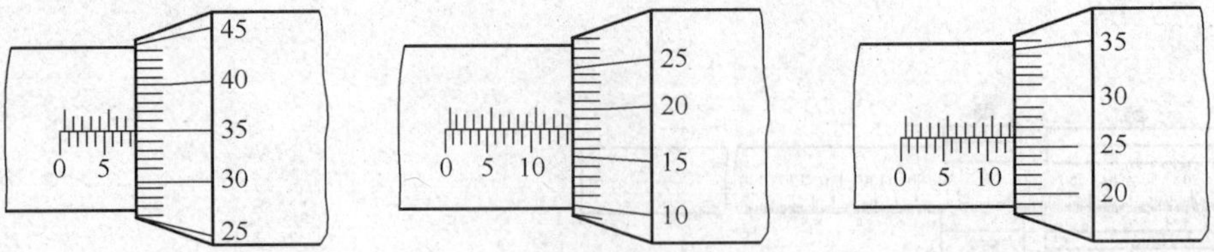

（a）读数为 8.35mm　（b）读数为 14.68mm　（c）读数为 12.76mm

图 1-23　千分尺读数举例

3. 机械量仪

机械量仪是利用机械结构将直线位移经传动、放大后，通过读数装置表示出来的一种测量器具。

百分表是应用最广的机械量仪，它的外形及传动如图 1-24 所示。百分表的分度值为 0.01mm，表盘圆周刻有 100 条等分刻线。百分表的齿轮传动系统是测量杆移动 1mm，指针回转一圈。百分表的示值范围有 0～3mm、0～5mm、0～10mm3 种。

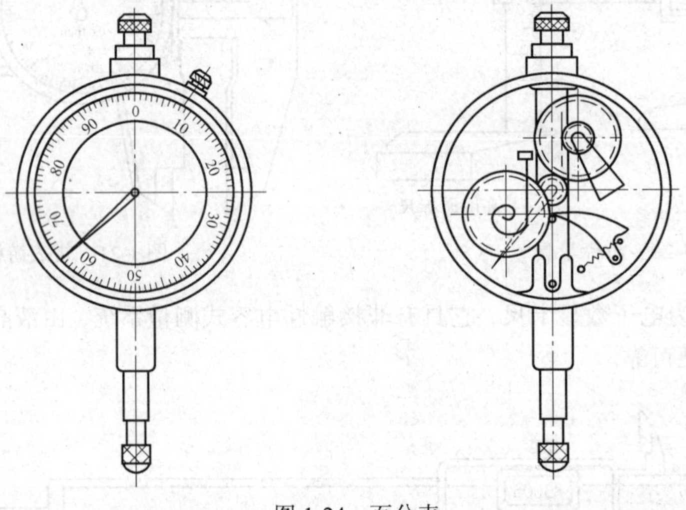

图 1-24　百分表

（1）内径百分表　内径百分表是一种用相对测量法测量孔径的常用量仪，它可测量 6～1 000mm 的内尺寸，特别适合于测量深孔。内径百分表的结构如图 1-25 所示。

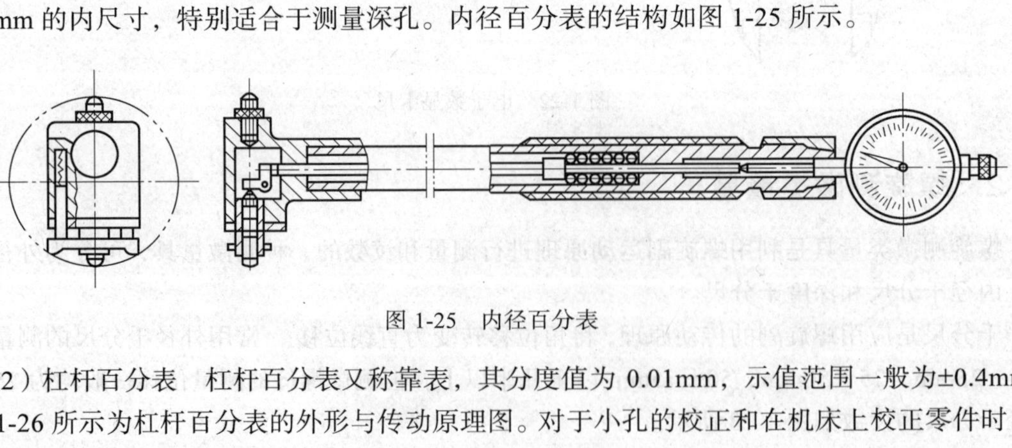

图 1-25　内径百分表

（2）杠杆百分表　杠杆百分表又称靠表，其分度值为 0.01mm，示值范围一般为±0.4mm。如图 1-26 所示为杠杆百分表的外形与传动原理图。对于小孔的校正和在机床上校正零件时，由于空间限制，百分表放不进去，这时使用杠杆百分表就显得比较方便了。

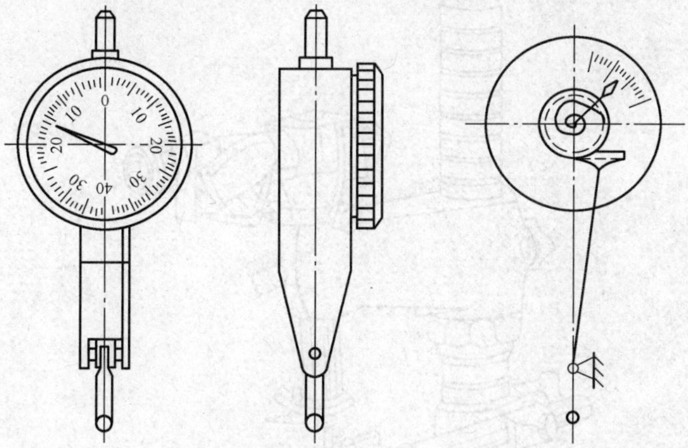

图 1-26　杠杆百分表

（3）扭簧比较仪　扭簧比较仪是利用扭簧作为传动放大机构，将测量杆的直线位移转变为指针的角位移，其外形与传动原理示意图如图 1-27 所示。

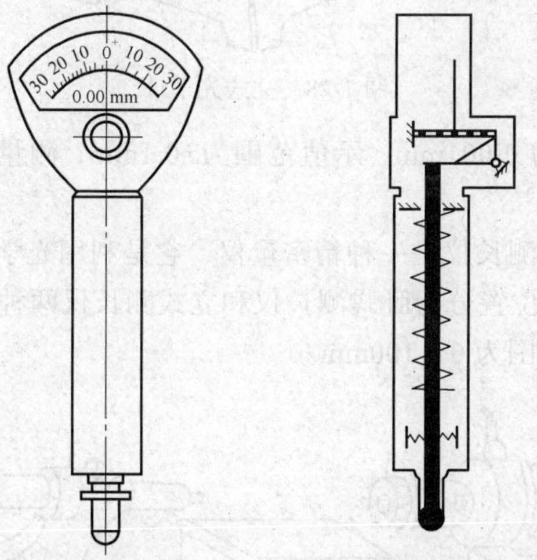

（a）外形图　　（b）传动原理示意图

图 1-27　扭簧比较仪

扭簧比较仪的分度值有 0.001mm、0.000 5mm、0.000 2mm、0.000 1mm 四种，其标尺的示值范围分别为±0.03mm、±0.015mm、±0.006mm 和±0.003mm。

扭簧比较仪的结构简单，它的内部没有相互摩擦的零件，因此灵敏度极高，可用作精密测量。

4. 光学量仪

光学量仪是利用光学原理制成的量仪，在长度测量中应用比较广泛的有光学计、测长仪等。

（1）立式光学计　立式光学计是利用光学杠杆放大作用将测量杆的直线位移转换为反射镜的偏转，使反射光线也发生偏转，从而得到标尺影像的一种光学量仪。

立式光学计的外形结构如图 1-28 所示。测量时，先将量块置于于工作台上，调整仪器使反射镜与主光轴垂直，然后换上被测工件。

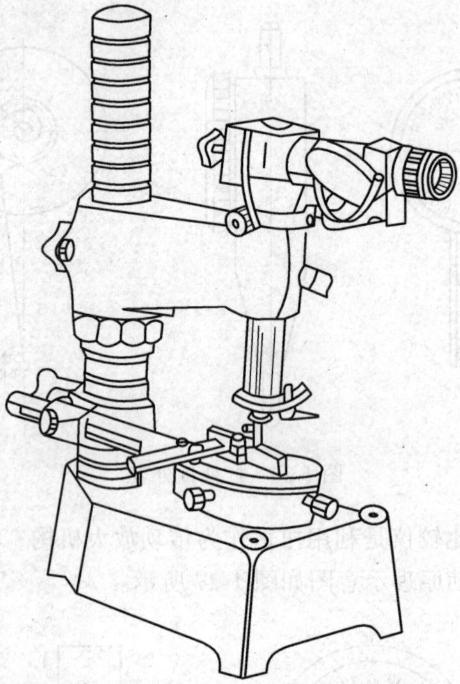

图 1-28　立式光学计

立式光学计的分度值为 0.001mm，示值范围为±0.1mm，测量范围为高 0～180mm、直径 0～150mm。

（2）万能测长仪　万能测长仪是一种精密量仪，它是利用光学系统和电气部分相结合的长度测量仪器，可按测量轴的位置分为卧式测长仪和立式测长仪两种。其结构如图 1-29 所示。其分度值为 0.001mm，测量范围为 0～100mm。

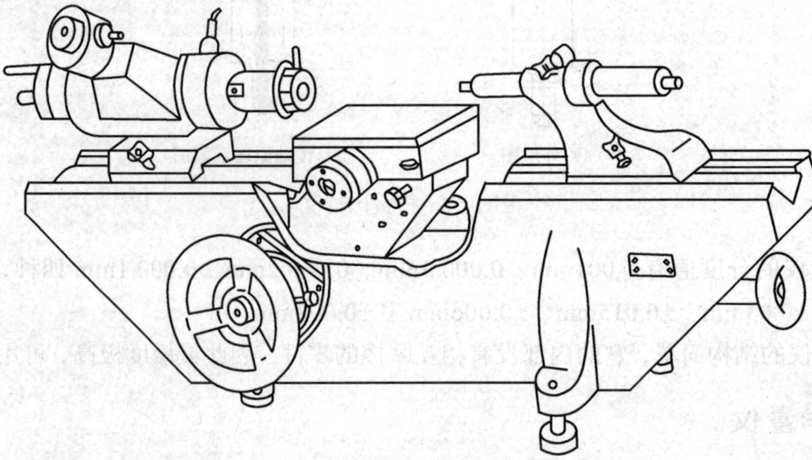

图 1-29　万能测长仪

5. 电动量仪

电感测微仪是一种常用的电动量仪。它是利用磁路中气隙的改变，引起电感量相应改变的一种量仪，如图 1-30 所示。

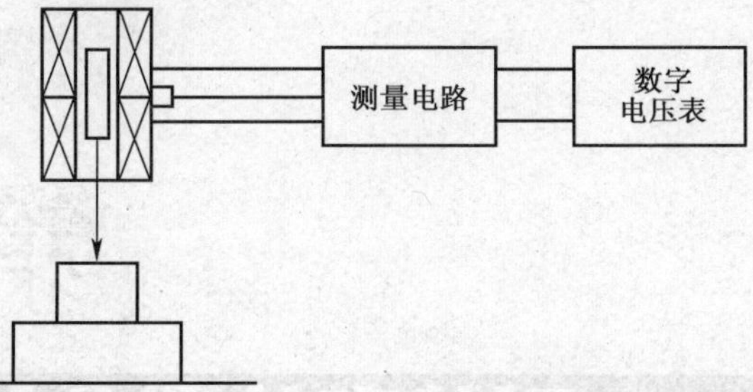

图 1-30　数字式电感测微仪工作原理

练习与思考

（1）什么是公差带？公差带由哪两个基本要素组成？

（2）尺寸误差与尺寸公差有何区别？是否零件的尺寸偏差越大精度越低？请举例说明。

（3）什么是基孔制、基轴制配合？

（4）国家标准规定了几种配合？

（5）查表确定下列公差带的极限偏差。

ϕ30JS7；ϕ70T5；ϕ50P6；ϕ30S6；ϕ50js5；ϕ40U7

（6）设有一配合，孔、轴的基本尺寸为ϕ40，要求配合间隙为+0.025～+0.066mm。试确定公差等级和选取适当的配合。

（7）有一对配合的孔、轴，设基本尺寸为ϕ60，配合公差为 0.049mm，最大间隙为 0.01mm，按国家标准选择规则求出孔、轴的最佳公差带。

（8）设有一配合，基本尺寸为ϕ25，按设计要求：配合过盈为−0.014mm～−0.048mm。试确定孔、轴的公差等级，按基孔制选定适当的配合，并绘出公差带图。

第2章 形状和位置公差及其检测

2.1 概述

设计时在图样上给出的零件都是由没有误差的理想几何体构成的。在加工过程中，由于机床、夹具、刀具和零件所组成的工艺系统本身具有一定的误差，以及受力变形、热变形、震动、磨损等各种因素的影响，使加工后零件各几何体的形状及其相对位置偏离理想状态而产生误差，这种误差称为形状和位置误差，简称形位误差。这些误差直接影响零件（机械产品）的使用功能和互换性。例如，若车床导轨表面的直线度、平面度不好，将影响刀具的运动精度，从而影响零件的车削质量，如图 2-1 所示；另外，如果导轨表面与底面平行度误差过大、床头箱与导轨表面垂直度误差过大等，也会对车削造成影响。因此，必须规定形状和位置公差（简称形位公差）加以限制。

机械零件上几何要素的形状和位置精度也是重要的质量指标，正确给定形状和位置公差也是机械精度设计的重要内容。

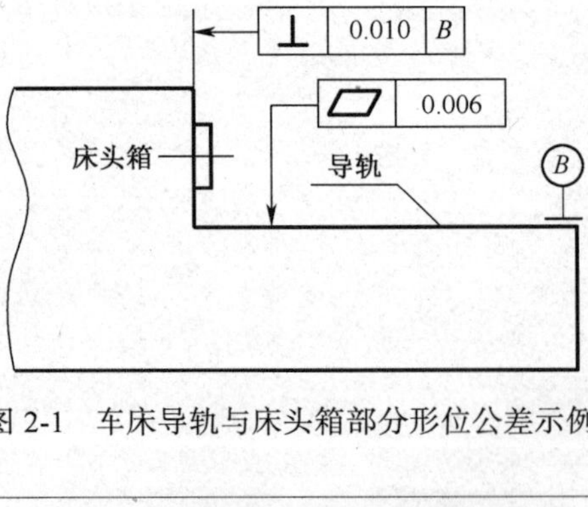

图 2-1　车床导轨与床头箱部分形位公差示例

2.1.1　形位公差的研究对象

任何机械零件，就其几何特征而言，都是由若干点、线或面所构成的，如图 2-2 所示。对零件的形位误差进行控制，就是对构成零件的这些几何要素的形状和位置的控制。

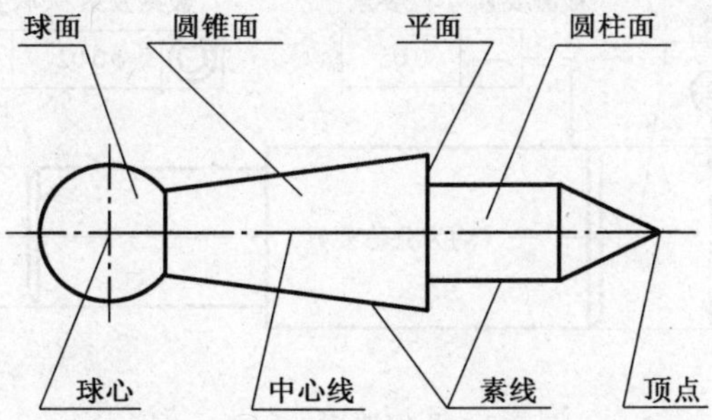

图 2-2　零件的几何要素

1. 形位公差的具体研究对象

形位公差的具体研究对象就是构成零件几何特征的点、线或面，它们统称为几何要素，简称要素。

2. 几何要素的分类

按结构特征、存在的状态、所处的地位、功能关系等的不同，要素可以分为以下几类。

（1）组成要素　组成要素指面或面上的线。例如，平面、球面、圆柱面、圆锥面、素线等都属于组成要素。

（2）导出要素　导出要素指由一个或几个组成要素得到的中心点、中心线或中心面。例如，球心是由球面得到的导出要素，该球面为组成要素；圆柱面的中心线（轴线）是由圆柱面得到的导出要素，该圆柱面为组成要素。

（3）公称要素　公称要素又分为公称组成要素和公称导出要素。

① 公称组成要素指由技术制图或其他方法确定的理论正确组成要素。例如，具有理想形状的直线、平面、圆、圆柱面等。

② 公称导出要素指由一个或几个公称组成要素导出的中心点、轴线或中心平面。

（4）实际组成要素　实际组成要素指由接近实际组成要素所限定的工件实际表面的组成要素部分，即实际零件上的线、表面等。

需要注意的是，没有实际导出要素的概念。

（5）被测要素　被测要素指给出了形状或位置公差的要素。加工时需进行检测。例如，如图 2-3 所示中对$\phi 25_{-0.013}^{\ 0}$轴的素线给出了直线度公差，对$\phi 20_{-0.013}^{\ 0}$轴的轴线规定了同轴度公差，所以这些要素是被测要素。

（6）基准要素　基准要素指用于确定被测要素的理想方向或位置的要素。具有理想形状的基准要素简称为基准，如直线、平面、轴线等。基准可以由零件上一个或多个要素构成，它是确定被测要素的理想方向或位置的依据。例如，图 2-3 中，$\phi 20_{-0.013}^{\ 0}$轴的轴线的理想位置应与$\phi 25_{-0.013}^{\ 0}$轴的轴线重合，因此$\phi 25_{-0.013}^{\ 0}$轴的轴线为基准要素。

（7）单一要素　单一要素指被测要素中仅对其本身给出形状公差要求的要素。单一要素是仅对其本身提出功能要求，而对其他要素没有功能关系的要素。例如，图 2-3 中，对$\phi 25_{-0.013}^{\ 0}$轴的素线只规定了直线度公差要求，该要素是单一要素。

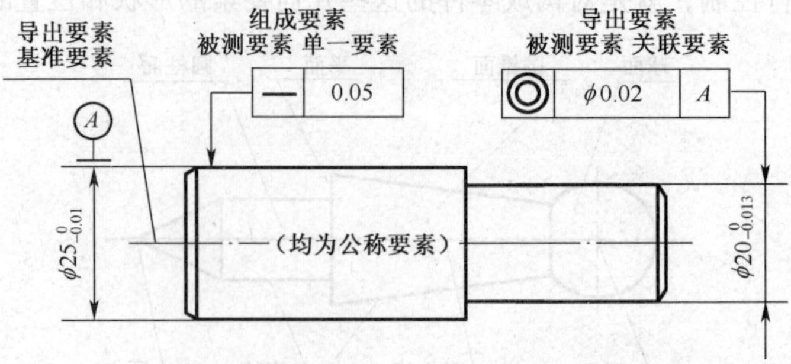

图 2-3 几何要素的归类示例

（8）关联要素 关联要素指被测要素中给出位置公差要求，对其他要素有功能关系的要素。这里的功能关系是指要求被测要素相对于基准要素保持一定的方向或位置。例如，图 2-3 中，$\phi 20_{-0.013}^{\ 0}$ 轴的轴线（相对于基准轴线有同轴度要求，即要求位置重合）就是关联要素。

（9）提取要素 提取要素又分为提取组成要素和提取导出要素。

① 提取组成要素指按规定的方法，由实际组成要素提取有限数目的点所形成的实际组成要素的近似替代，即测量时得到的测得要素。由于存在测量误差，提取组成要素并非实际组成要素的真实情况。获得提取组成要素时，所采用的替代方法由要素的功能要求确定。每个实际组成要素可以有几个这种替代。

② 提取导出要素指由一个或几个提取组成要素得到的中心点、中心线或中心面。为方便起见，提取圆柱面的导出中心线称为提取中心线；两相对提取平面的导出中心面称为提取中心面。

（10）拟合要素 拟合要素又分为拟合组成要素和拟合导出要素。

① 拟合组成要素指按规定的方法由提取组成要素形成的具有理想形状的组成要素。拟合组成要素的获得取决于形位误差的评定方法。评定方法不同，同一提取组成要素可以有不同的拟合组成要素。

② 拟合导出要素指由一个或几个拟合组成要素导出的中心点、轴线或中心平面。

（11）工件实际表面 工件实际表面指实际存在并将整个工件与周围介质分隔的一组要素。

公称要素、实际要素、提取要素以及拟合要素之间的关系，如图 2-4 所示。

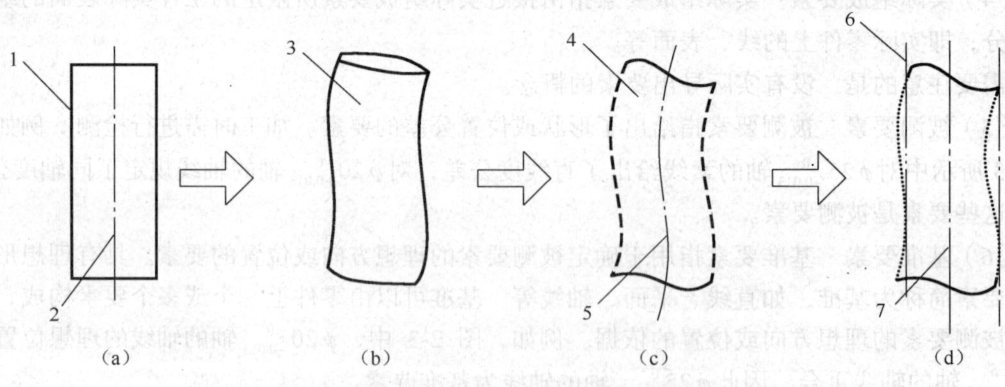

1. 公称组成要素 2. 公称导出要素 3. 实际要素
4. 提取组成要素 5. 提取导出要素 6. 拟合组成要素 7. 拟合导出要素

图 2-4 几何要素定义之间的关系

2.1.2 形位公差的特征项目和符号

形位公差的国家标准（GB/T 1182—1996）规定了 14 项形位公差，各项目的名称及符号见表 2-1。各形位公差项目总体上划分为形状公差和位置公差两大类。前者均无基准要求，后者一般都有基准要求。根据功能特点，位置公差又进一步划分为定向公差、定位公差与跳动公差 3 类。线、面轮廓度公差单独划分成一个类别，分类为形状或位置公差。在线、面轮廓度中，无基准要求的视为形状公差，有基准要求的视为位置公差。

表 2-1 形位公差特征项目和符号

公差类型	特征项目	符号	有无基准要求
形状公差	直线度	—	无
	平面度	▱	
	圆度	○	
	圆柱度	⌭	
形状或位置公差	线轮廓度	⌒	有或无
	面轮廓度	⌓	

公差类型		特征项目	符号	有无基准要求
位置公差	定向	平行度	∥	有
		垂直度	⊥	
		倾斜度	∠	
	定位	位置度	⌖	有或无
		同轴度	◎	有
		对称度	⌯	
	跳动	圆跳动	↗	
		全跳动	⌰	

2.2 形位公差及形位公差带

2.2.1 形状公差

1. 形状公差的概念

形状公差是指单一要素的形状所允许的变动全量，即允许的最大形状误差值。形状公差项目包括直线度、平面度、圆度和圆柱度 4 类。

2. 形状公差控制功能简介

直线度公差用于限制给定平面内或空间直线的形状误差；平面度公差用以限制平面的形状

误差；圆度公差用于限制回转体表面正截面内轮廓的形状误差；圆柱度公差则用以限制圆柱面整体的形状误差。

3. 形状或位置公差控制功能简介

线轮廓度公差用于限制平面内曲线（或曲面的截面轮廓线）的形状（无基准）或位置误差（有基准）。面轮廓度公差用以限制一般（非圆）曲面的形状或位置误差。

2.2.2 位置公差

位置公差是指关联要素的方向或位置对基准所允许的变动全量，即允许的最大位置误差值。根据功能关系不同，位置公差又分为定向位置公差、定位位置公差（简称定向公差、定位公差）和跳动公差 3 类。

1. 定向公差

（1）定向公差的概念　定向公差是指关联要素对基准在方向上允许的变动全量。它包括平行度、垂直度和倾斜度三类，它们都有面对面、线对面、面对线和线对线几种情况。

（2）定向公差控制功能简介　平行度公差用于控制被测要素相对于基准要素的方向偏离 0° 的变动；垂直度公差用于控制被测要素相对于基准要素的方向偏离 90° 的变动；而倾斜度公差用于控制被测要素相对于基准要素的方向偏离某一给定角度（0°～90°）的变动。

2. 定位公差

（1）定位公差的概念　定位公差是指关联要素对基准在位置上允许的变动全量。它包括位置度、同轴（同心）度和对称度三类。

（2）定位公差控制功能简介　位置度公差用于控制被测点、线、面的实际位置对其公称位置的变动量；同轴（同心）度公差用于控制被测轴线（圆心）对基准轴线（圆心）的变动量；而对称度公差用于控制被测中心平面（或轴线、中心线）对基准中心平面（或轴线、中心线）的变动量。

3. 跳动公差

跳动是以测量方法定义的公差项目。跳动公差是指关联要素绕基准回转一周或连续回转时所允许的最大跳动量，即允许的测得最大值与最小值之间的最大差值。跳动公差包括圆跳动和全跳动两类。圆跳动又分为径向圆跳动、端面圆跳动及斜向圆跳动 3 种；全跳动又分为径向全跳动及端面全跳动两种。圆跳动和全跳动的测量方法和方向如图 2-5 所示。

2.2.3 形位公差带

1. 形位公差对被测要素的限制及形位公差带的 4 要素

形位公差对被测要素的限制采用包容制，各项目公差对被测要素的限制可用形位公差带直观、形象地表示，形位公差带就是限制被测要素变动的一个包容区域。被测提取要素若全部位于给定的公差带内（被公差带所包容），就表示被测要素符合设计要求，反之则不合格。因此，控制对象为几何要素的形位公差带具有形状、大小、方向和位置4个要素。

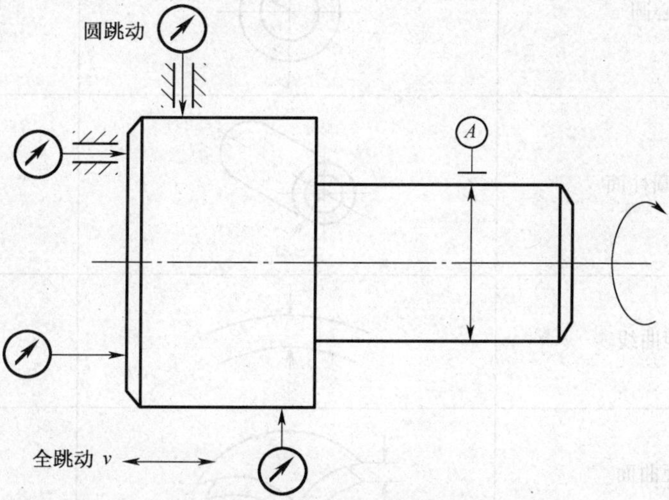

图 2-5 跳动公差的测量方法和测量方向

（1）公差带的形状 公差带的形状取决于被测要素的公称要素的形状和设计功能要求。为满足不同的要求，国家标准规定了9种主要的公差带形状，见表2-2。

表 2-2 形位公差带的主要形状

公差带的构成要素	图 示	所控制的实际要素
一个圆	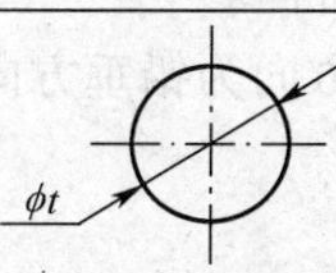	平面内点
一个球面	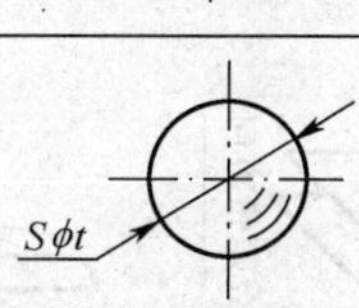	空间内点
两平行直线	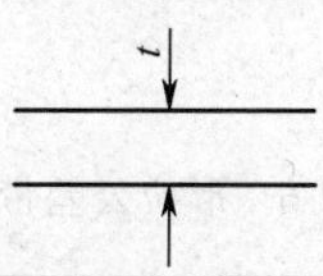	平面内直线
一个圆柱面	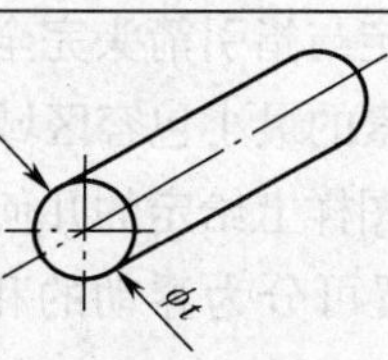	空间直线
两平行平面	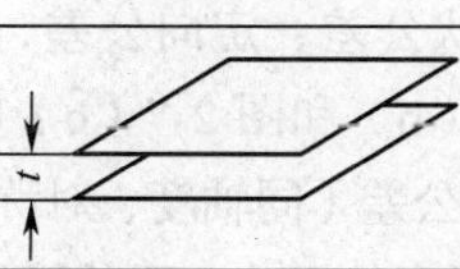	平面

续表

公差带的构成要素	图　示	所控制的实际要素
两同心圆	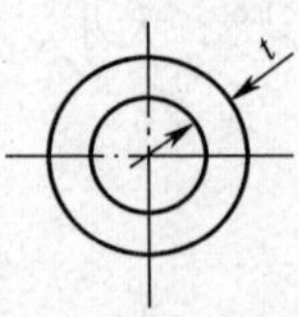	截面圆表面
两同轴圆柱面	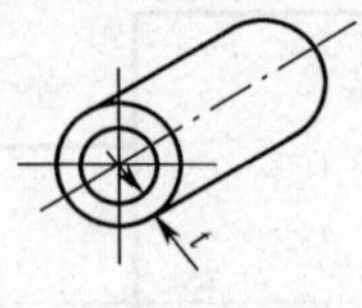	圆柱表面
两等距曲线	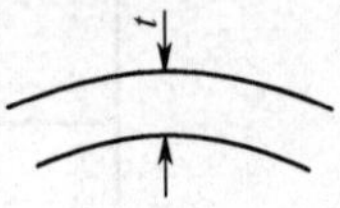	曲线
两等距曲面		曲面

（2）公差带的大小　公差带的大小一般是指公差带的宽度或直径。它们取决于图样上给定的形位公差值，体现被测要素的形状和位置精度的高低。当形位公差值为公差带的直径时，应在公差值的数字前加注ϕ或$S\phi$（公差值为球径）。

（3）公差带的方向　公差带的方向是指与公差带延伸方向相垂直的方向，即误差变动的方向。通常为被测要素指引线箭头所指的方向。

如图 2-6（a）所示中平面度公差带方向为铅垂方向，图 2-6（b）中垂直度公差带方向为水平方向。

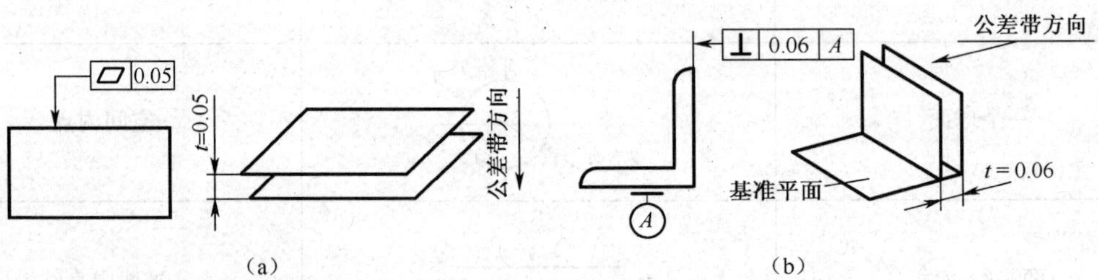

图 2-6　形位公差带方向

注意：形状公差带的实际方向不一定与指引箭头完全一致，要由最小条件决定。因此，形状公差带的方向是浮动的，应与被测提取要素的最小包容区域（后叙）一致，如图 2-7（b）所示。对于位置公差带，其方向应与基准一致保持图样上给定的几何关系，如图 2-7（c）和图 2-7（d）所示。

（4）公差带的位置　公差带的位置可分为浮动的和固定的两种。

① 位置浮动的公差带：对于形状公差、定向公差，公差带的位置随被测要素的有关尺寸、形状及位置的改变而变动，如图 2-7（b）和图 2-7（c）所示。

② 位置固定的公差带：对于定位公差（同轴度、对称度和位置度公差），其公差带的位置相对于基准要素是完全确定的，不随被测要素的尺寸、形状及位置的改变而变动，如图 2-7（d）所示。

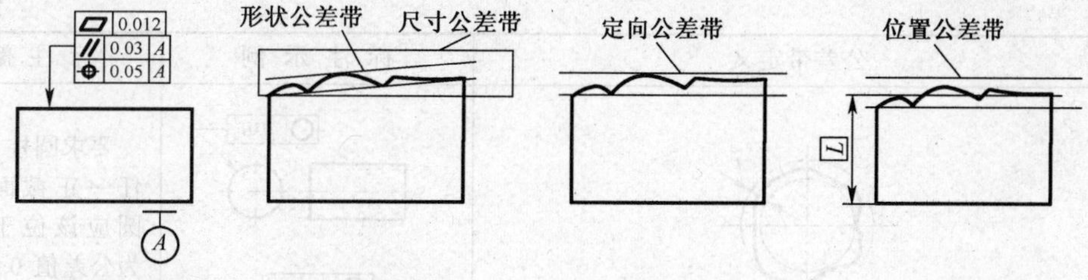

（a）形位公差要求　（b）形状公差带　（c）定向公差带　（d）位置公差带

图 2-7　形状、定向、位置公差带的浮动与固定

2. 形位公差带定义及解释

（1）形状公差　形状公差带是限制单一实际被测要素形状变动的一个区域。如表 2-3 所示给出了各项目典型形状公差带的定义、标注示例和解释。

表 2-3　　形状公差项目的公差带定义、标注示例和解释

项目	公差带定义	标 注 示 例	标 注 解 释
直线度	给定平面内的直线度 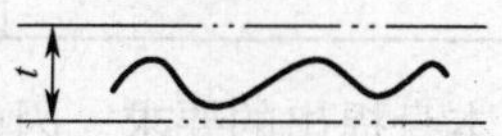 公差带是给定平面内距离为公差值 t 的两平行直线之间区域	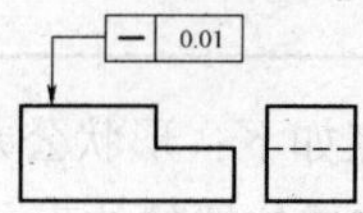	要求上表面的素线必须位于平行于图样所示投影面且距离为公差值 0.01mm 的两平行直线内
	给定方向上的直线度 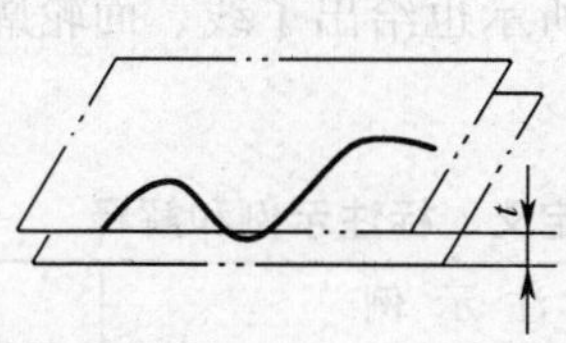 公差带是距离为公差值 t 的两平行平面之间的区域	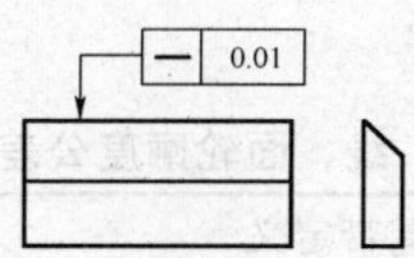	要求被测棱线必须位于在给定方向上（箭头所指方向上）距离为公差值 0.01mm 的两平行平面区域内
	任意方向的直线度 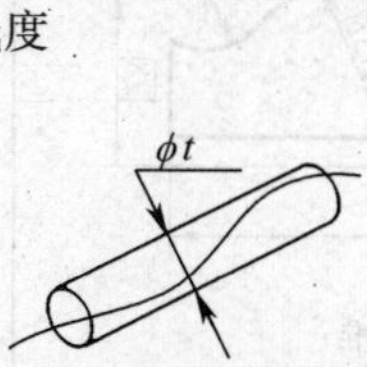 公差带是直径为ϕt的圆柱面内的区域	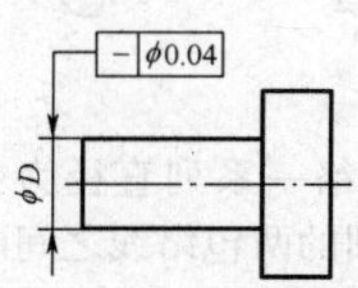	要求圆柱体的轴线必须位于直径为公差值$\phi 0.04$mm 的圆柱面内
平面度	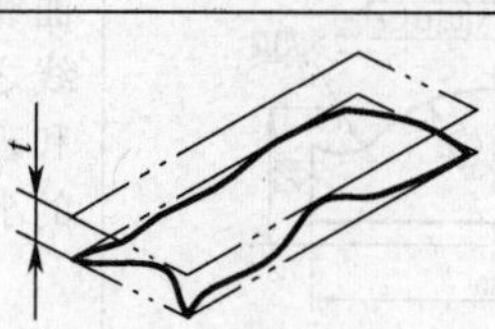 公差带是距离为公差值 t 的两平行平面之间的区域	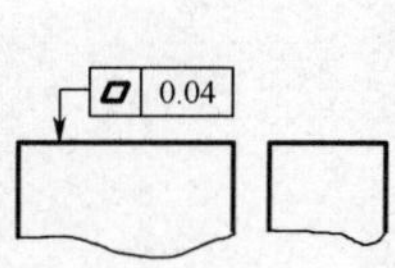	要求上表面必须位于距离为公差值 0.04mm 的两平行平面之间

续表

项目	公差带定义	标注示例	标注解释
圆度	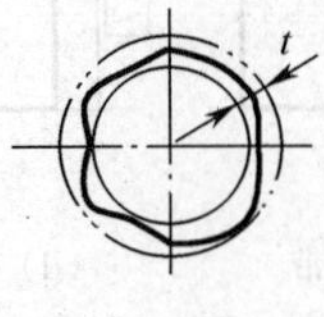 公差带为正截面内半径差为公差值 t 的两同心圆形成的环形区域	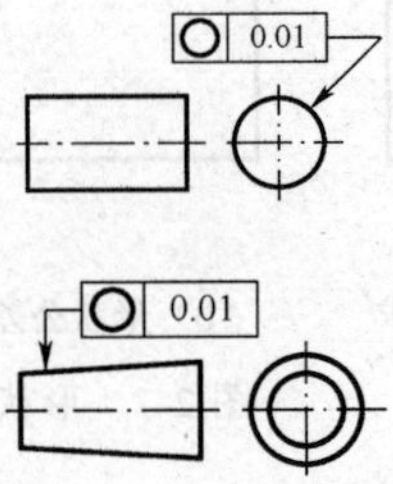	要求圆柱（圆锥）任一正截面的轮廓圆应该位于半径差为公差值 0.01mm 的两同心圆形成的环形区域内
圆柱度	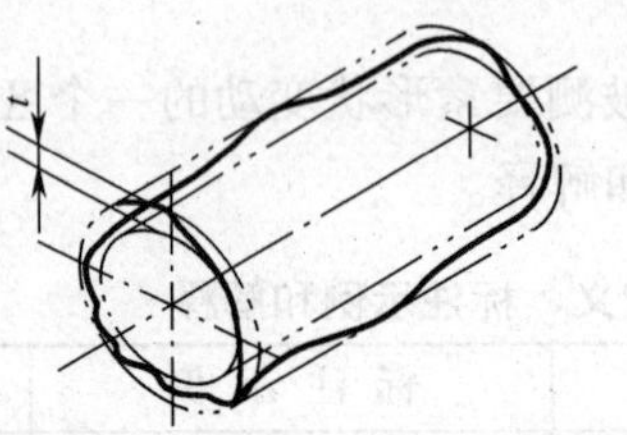 公差带为半径差为公差值 t 的两同轴圆柱面形成的管状区域	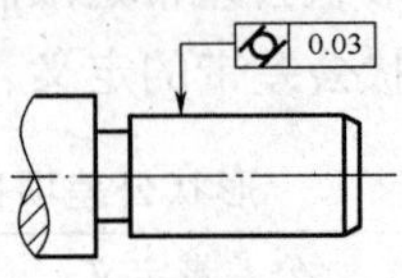	要求被测圆柱面必须位于半径差为公差值 0.03mm 的两同轴圆柱面之间

形状公差带的特点如下：形状公差都是对单一要素本身提出的要求。因此，形状公差带都不涉及基准，且没有方向或位置的约束，可以随被测要素的有关尺寸、形状及位置的改变而浮动。

（2）线、面轮廓度公差带　线、面轮廓度仅用于限制被测要素的形状，可视为形状公差（无基准，公差带位置可在尺寸公差带内浮动）；若用于同时限制被测要素的形状和位置，则视为位置公差（有基准，公差带位置固定）。如表 2-4 所示也给出了线、面轮廓度公差带的定义、标注示例及解释。

表 2-4　　线、面轮廓度公差项目的公差带定义、标注示例和解释

项目	公差带定义	标注示例	标注解释
线轮廓度	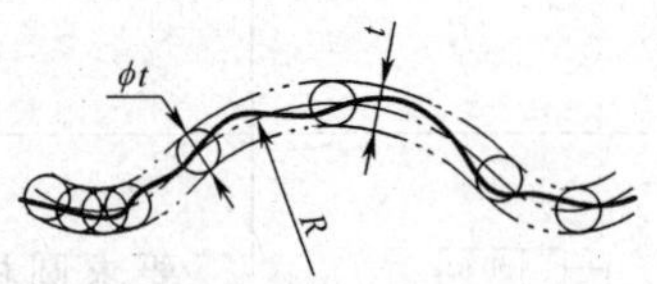 公差带是包络一系列直径为公差值ϕt 的小圆的两包络线之间的区域（形状为两等距曲线），各圆的圆心应位于具有理论正确几何形状（和位置）的曲线上	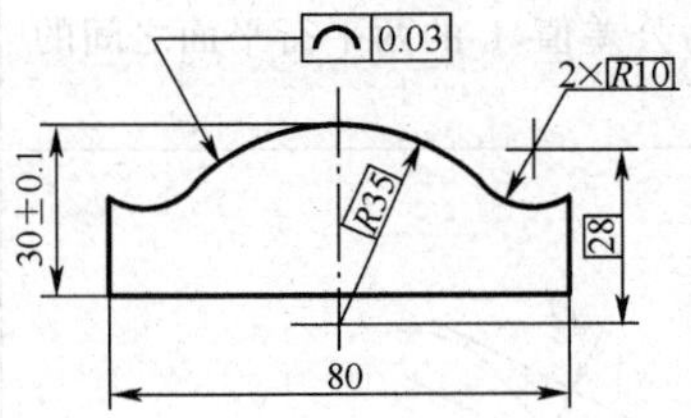 （a）无基准 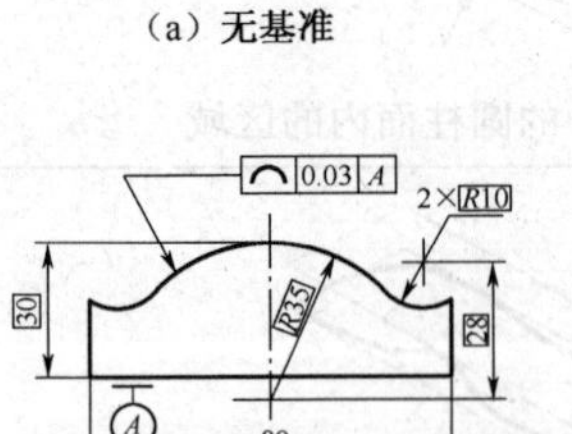 （b）有基准	要求在平行于图样所示投影面的任一截面上，被测曲线必须位于包络一系列直径为公差值ϕ0.03mm，且圆心位于具有：理论正确形状曲线上的小圆的两包络线之间；理论正确形状和理论正确位置曲线上的小圆的两包络线之间

续表

项目	公差带定义	标注示例	标注解释
面轮廓度	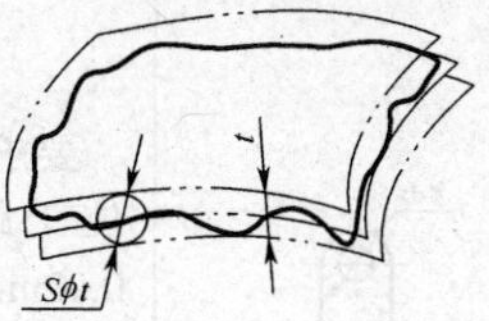 公差带是包络一系列直径为公差值$S\phi t$的小球的两包络面之间的区域（形状为两等距球面），各球的球心应位于具有理论正确几何形状（和位置）的曲面上	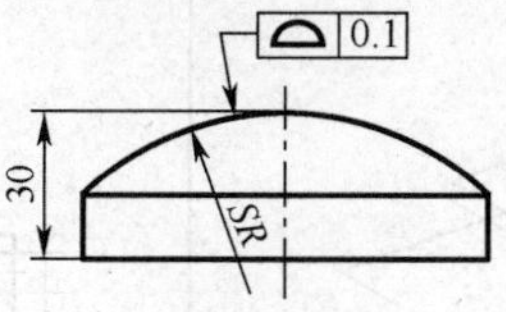 （a）无基准 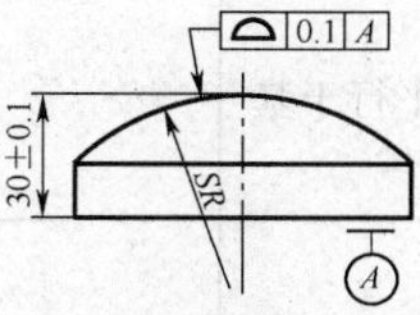 （b）有基准	要求被测实际曲面必须位于包络一系列直径为公差值 $S\phi0.1$mm，且球心位于具有理论正确几何形状（和理论正确位置）曲面上的小球的两包络面之间

线、面轮廓度公差中公称被测要素的形状或相对于基准的位置由理论正确尺寸决定。

理论正确尺寸是指不带公差的理想尺寸。在图样上，理论正确尺寸应围以方框，如表中的 R10 ， 28 ， 60° 等。

（3）位置公差带　位置公差带的定义及解释如下。

① 定向公差带：如表 2-5 所示，列出了典型定向公差带的定义、标注示例和解释。由于定向公差仅是对关联要素相对于基准要素的方向偏离的控制，因此定向公差带的特点为相对基准有确定的方向；具有综合控制被测要素方向和形状的功能。

表 2-5　　定向公差项目的公差带定义、标注示例和解释

项目	公差带定义	标注示例	标注解释
平行度	面对面 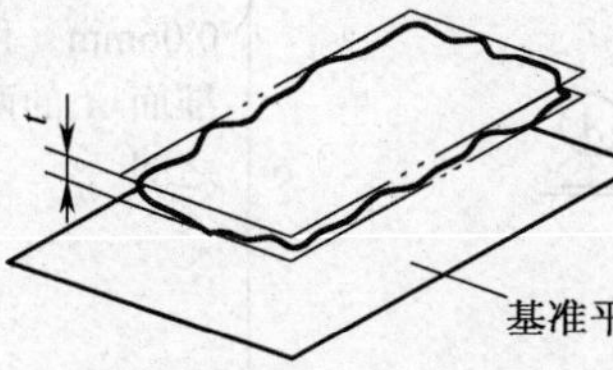 公差带是距离为公差值t且平行于基准面的两平行平面之间的区域	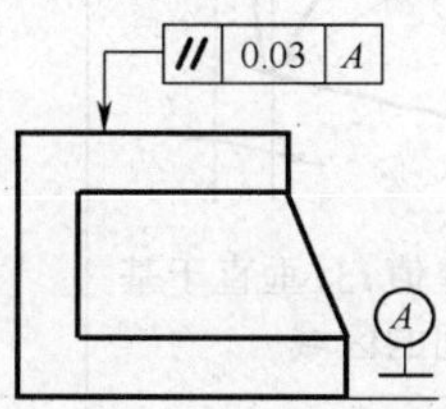	要求上表面必须位于距离为公差值 0.03mm，且平行于基准面 A 的两平行平面之间
	面对线 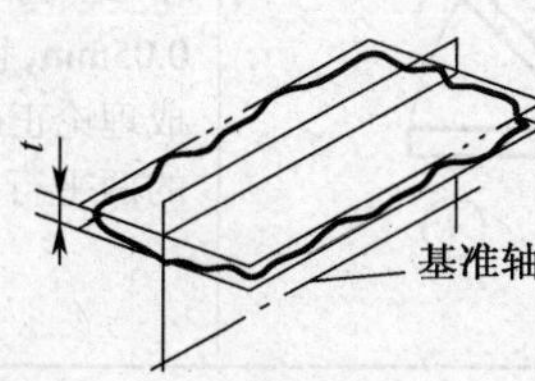 公差带是距离为公差值t且平行于基准轴线的两平行平面之间的区域	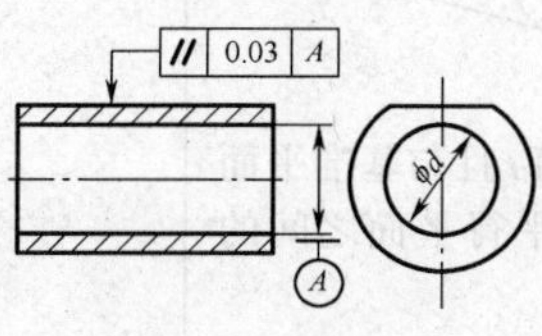	要求上表面必须位于距离为公差值 0.03mm，且平行于基准轴线 A 的两平行平面之间

续表

项目	公差带定义	标注示例	标注解释
平行度	线对面（一个方向） 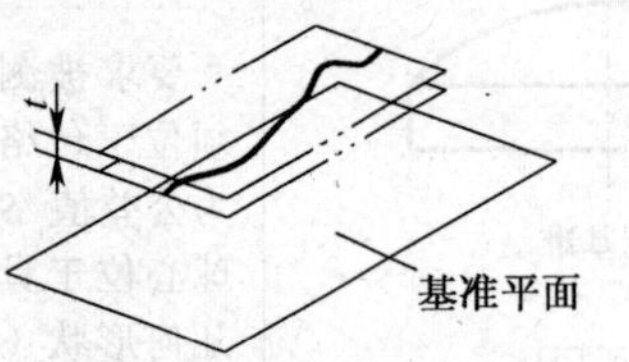 公差带是距离为公差值t且平行于基准平面的两平行平面之间的区域	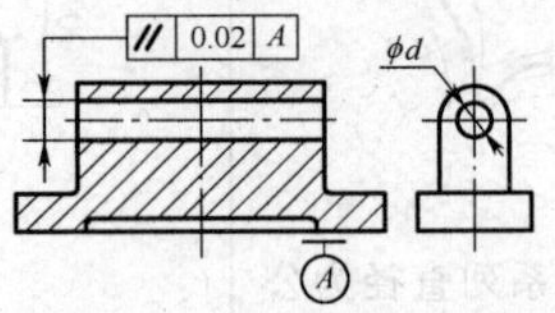	要求ϕd孔轴线必须位于距离为公差值0.02mm，且平行于基准面 A 的两平行平面之间
	线对线（任意方向） 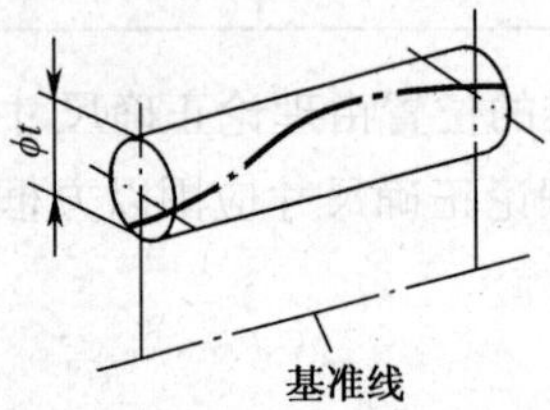 公差带是直径为公差值ϕt 且平行于基准轴线的圆柱面内的区域	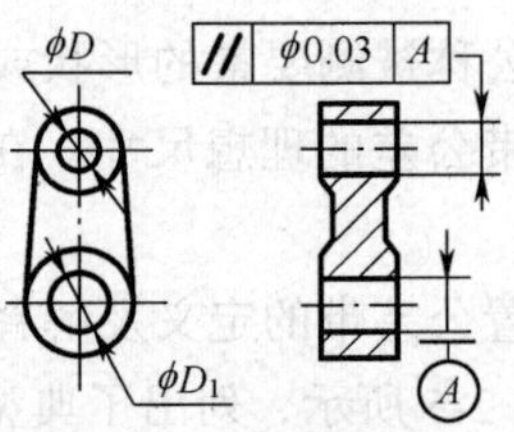	被测轴线必须位于直径为公差值ϕ0.03mm，且平行于基准轴线 A 的圆柱面内
垂直度	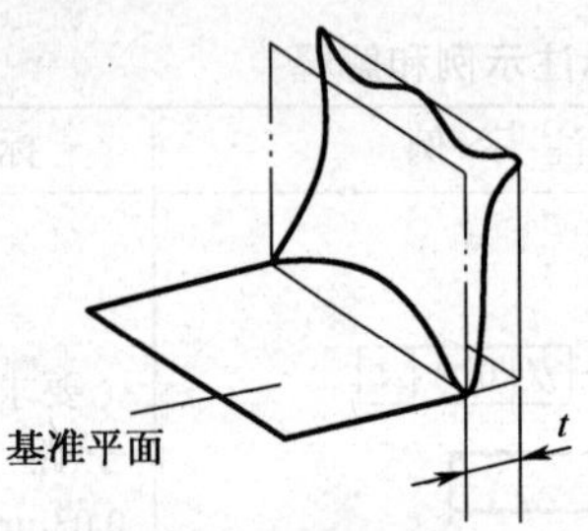 公差带是距离为公差值t且垂直于基准平面的两平行面之间的区域	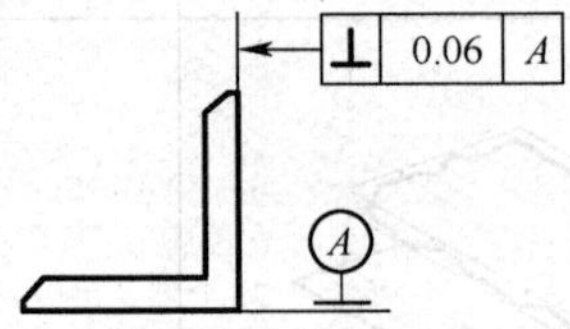	要求右侧面必须位于距离为公差值0.06mm，且垂直于基准面 A 的两平行平面之间
倾斜度	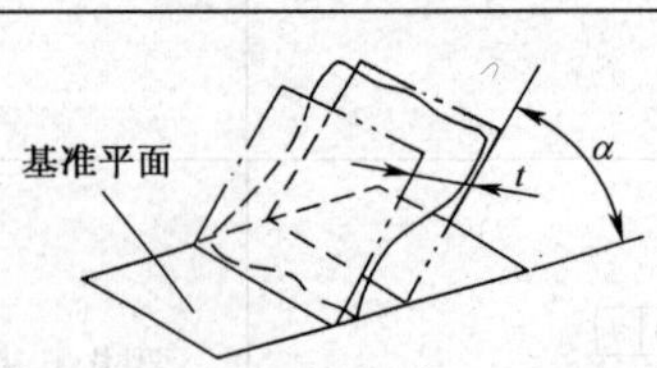 公差带是距离为公差值t且与基准平面成理论正确角度的两平行平面之间的区域	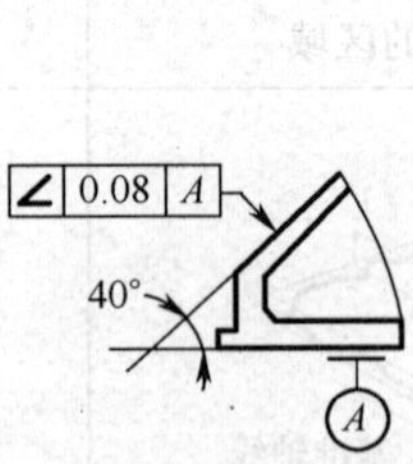	要求斜表面必须位于距离为公差值0.05mm，且与基准面 A 成理论正确角度 40°的两平行平面之间

② 定位公差带：如表 2-6 所示列出了典型定位公差带的定义、标注示例和解释。

表 2-6 定位公差项目的公差带定义、标注示例和解释

项目	公差带定义	标 注 示 例	标 注 解 释
同轴度	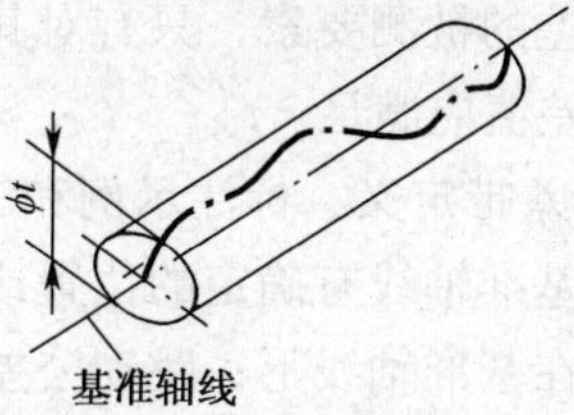 公差带是直径等于公差值ϕt 的圆柱面内区域，该圆柱面轴线与基准轴线同轴	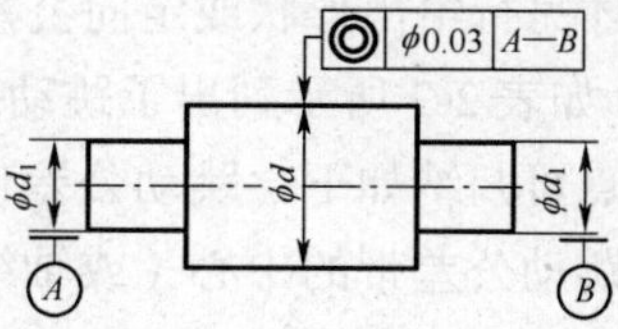	要求ϕd 圆柱的轴线必须位于直径为公差值ϕ 0.03mm，且与 2 个ϕd_1 的公共基准轴线 A—B 同轴的圆柱面内
对称度	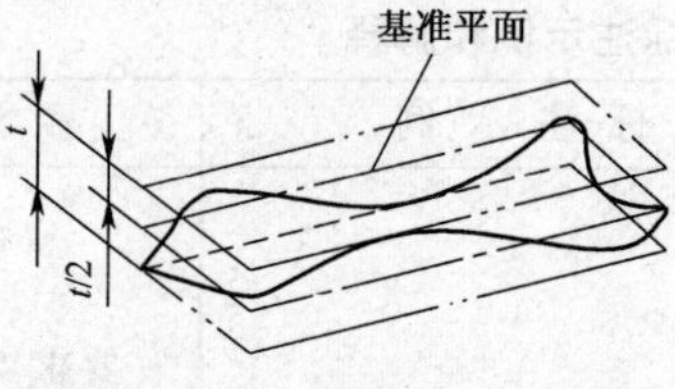 公差带是距离为公差值 t 且相对基准中心平面对称配置的两平行平面之间的区域	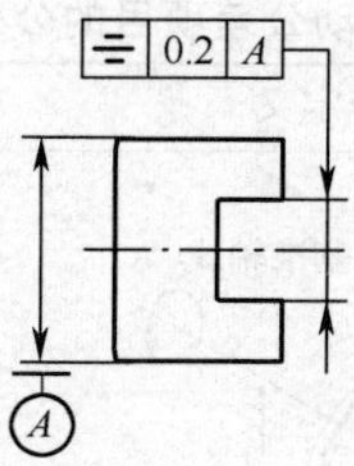	要求槽的中心平面必须位于距离为公差值 0.2mm，且相对基准中心平面 A 对称配置的两平行平面之间
位置度	点的位置度 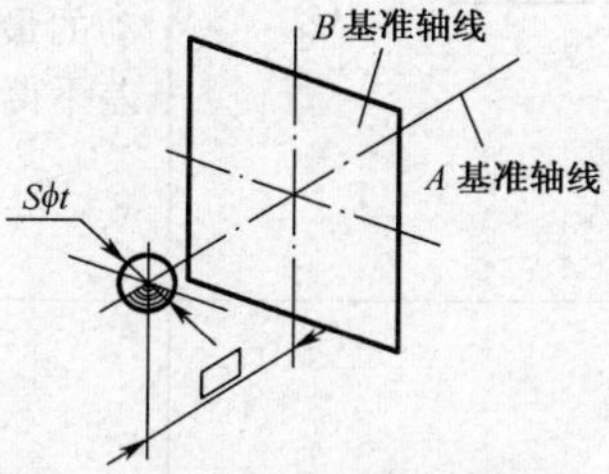 公差带是直径为公差值ϕ t 的球面内区域，球面公差带中心点的位置由基准 A 和 B 以及理论正确尺寸确定	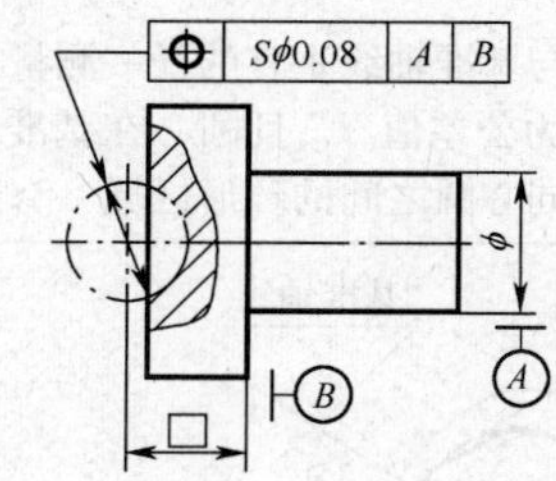	要求被测凹形球面的球心必须位于直径为公差值 $S\phi$0.08mm 的球内，该球的球心位于相对基准A和B及理论正确尺寸所确定的理想位置上
	直线的位置度 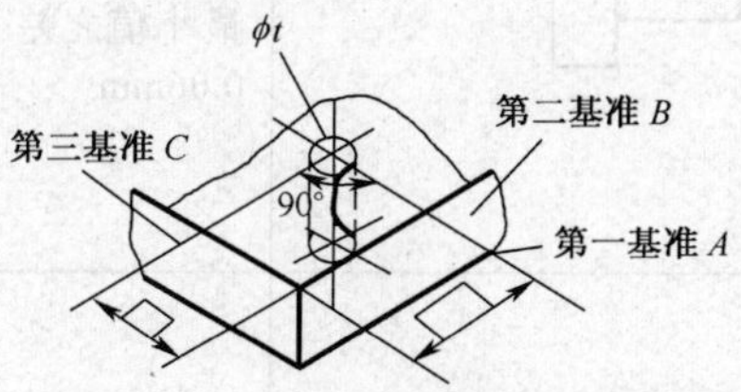 公差带是直径为公差值ϕt 的圆柱面内的区域，圆柱面的轴线位置由三基面体系及理论正确尺寸确定	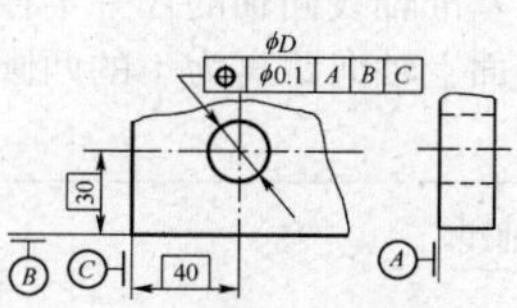	要求被测轴线必须位于直径为公差值ϕ 0.1mm 的圆柱面内,圆柱面的轴线位置由 A、B、C 基准平面及理论正确尺寸 [30] 和 [40] 确定

注：带方框的尺寸称为理论正确尺寸，是用来确定被测要素的理想形状和位置的尺寸（该尺寸不存在误差，因此理论正确尺寸不带公差）。

定位公差带的特点可归纳如下：定位公差带具有确定的位置，不能浮动，其位置是由基准及相对于基准的理论正确尺寸所决定的。同轴度和对称度公差带的特点是公称被测要素与基准

要素重合，因此用于确定公差带相对于基准位置的理论正确尺寸为零；定位公差带具有综合控制被测要素的位置、方向和形状的作用，即定位公差带不仅能控制被测要素的位置误差，对其方向和形状误差也有控制作用。因此，对于给出定位公差的被测要素，只有对其形状和方向精度有更高的要求时，才另行给出形状或定向公差，且公差值应满足：$t_{定位} > t_{定向} > t_{形状}$。

③ 跳动公差带：如表 2-7 所示列出了跳动公差的公差带定义、标注示例和解释。

跳动公差带的特点可归纳如下 跳动公差带相对于基准轴线有确定的位置或方向。例如，径向圆跳动和径向全跳动公差带的中心（或轴线）必须在基准轴线上；跳动公差带具有综合控制被测要素的位置、方向和形状误差的作用。径向圆跳动公差带能综合控制同轴度和圆度误差，径向全跳动公差带能综合控制同轴度、圆度、圆柱度、素线直线度等误差。

表 2-7　　跳动公差项目的公差带定义、标注示例和解释

项目		公差带定义	标注示例	标注解释
	径向圆跳动	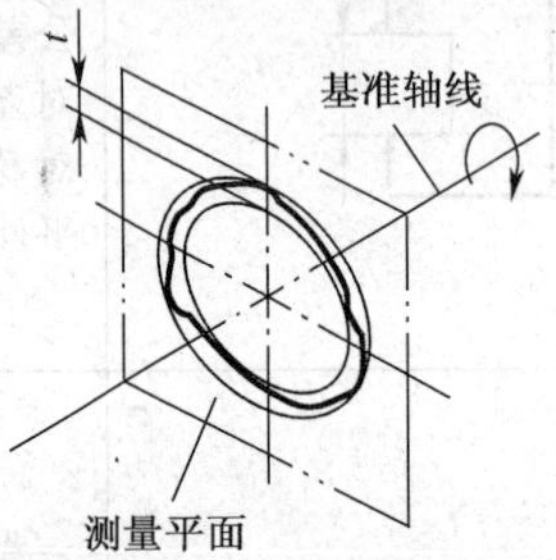公差带是在与基准轴线垂直的任一测量平面内半径差为公差值 t，且圆心在基准轴线上的两个同心圆之间的环形区域	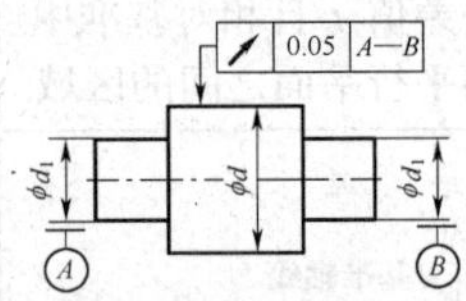	要求当被测圆柱 ϕd 绕 2 个 $\phi d1$ 的公共轴线 A—B 作无轴向移动旋转一周时，圆周上各点在半径方向跳动的最大与最小值之差不得大于 0.05mm
圆跳动	端面圆跳动	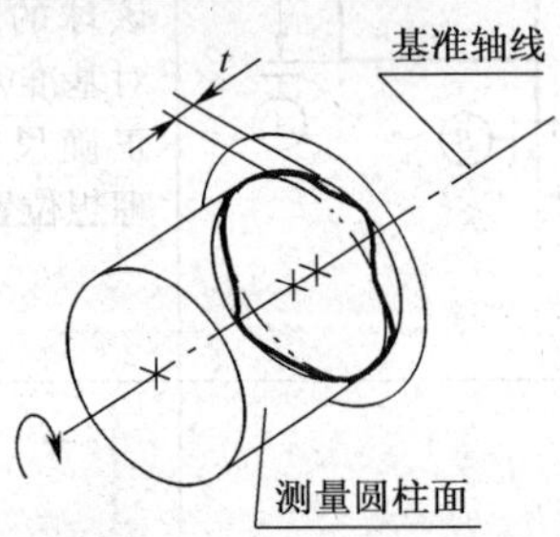公差带是在与基准轴线同轴的任一半径位置的测量圆柱面上轴向距离为 t 的两圆之间的区域	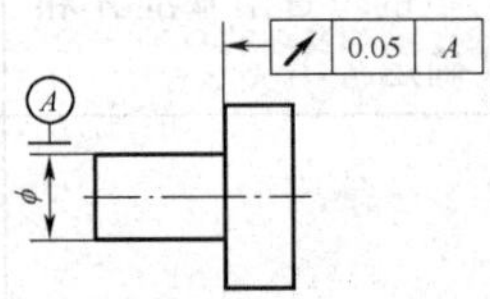	要求被测圆柱绕基准轴线 A 作无轴向移动旋转一周时，指示表在与轴线平行方向上跳动的最大与最小值之差不得大于 0.06mm
	斜向圆跳动	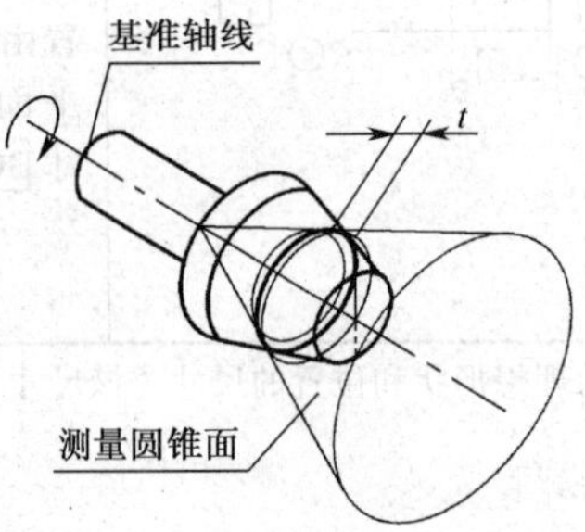公差带是在与基准轴线同轴的任一测量圆锥面上垂直距离为 t 的两圆之间的区域	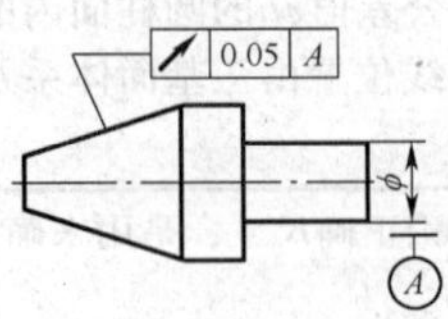	要求被测圆锥面绕 A 作无轴向移动旋转一周时，在垂直圆锥表面方向跳动的最大与最小值之差不得大于 0.05mm

续表

项目		公差带定义	标注示例	标注解释
全跳动	径向全跳动	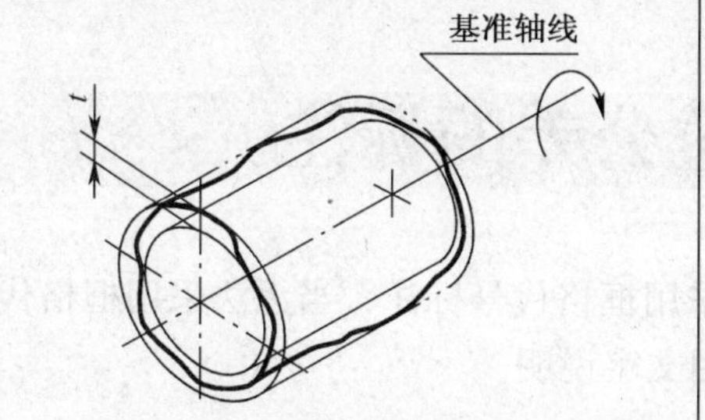 公差带是半径差为公差值 t 且与基准轴线同轴的两圆柱面之间的区域	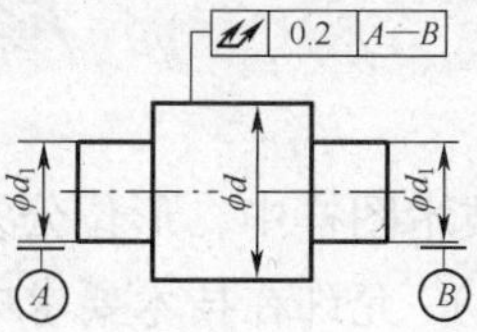	要求当被测圆柱面 ϕd 绕 2 个 ϕd_1 的公共轴线 $A—B$ 作连续旋转、同时指示表作平行于基准轴线的直线移动时，表面上各点在半径方向跳动的最大与最小值之差不得大于公差值 0.2mm
全跳动	端面全跳动	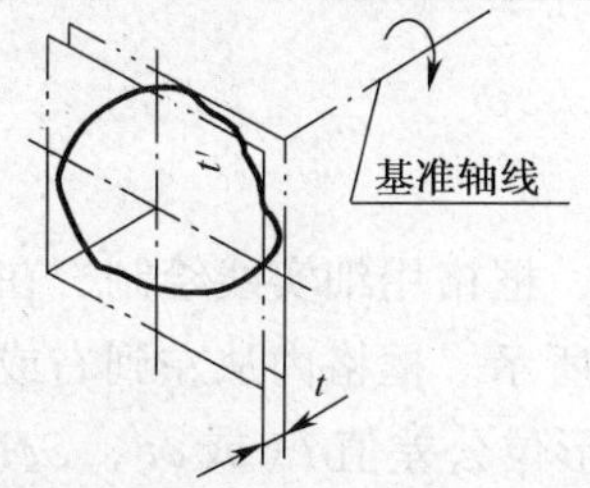 公差带是距离为公差值 t，且与基准轴线垂直的两平行平面之间的区域	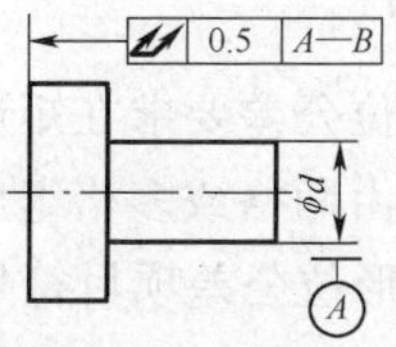	要求当被测圆柱绕基准轴线 A 作连续旋转，同时指示表在圆柱端面上作径向移动时，端面上各点在与轴线平行方向上跳动的最大与最小值之差不得大于 0.05mm

3. 基准要素的种类

设计时，图样上标注的基准要素通常有以下 3 种。

（1）单一基准要素　作为单一基准使用的单个要素称为单一基准要素。例如，表 2-7 中端面圆跳动的基准轴线 A。

（2）组合基准要素　为了满足功能要求，有时需由两个要素构成一个独立的基准要素，这种基准要素称为组合基准（或称公共基准）要素。例如，表 2-7 中径向全跳动标注示例中两段 ϕd_1 轴线 A 和 B 的公共轴线 $A—B$ 就是组合基准要素。

（3）三基面体系　确定某些被测要素的理想方向或位置，常常需要一个以上的一组基准要素，最常用的是三基面体系。三基面体系是为了与空间直角坐标系相一致而规定的，以 3 个互相垂直的平面构成的一个基准体系，其 3 个平面是确定和测量零件上各要素几何关系的起点。在建立基准体系时，基准有顺序之分。在图样上，基准要按先后顺序，用基准代号字母顺序注写在公差框格的基准格内，如图 2-8 所示。

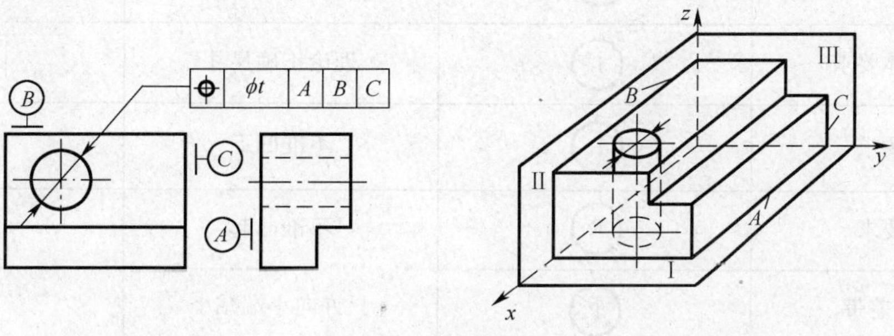

图 2-8　三基面体系

2.3 形位公差的标注

国家标准规定，在技术图样中，形位公差采用框格代号标注，当无法采用框格代号标注时（表达不清楚或过于复杂），允许在技术要求中用文字说明。

2.3.1 被测要素的标注

1. 形位公差框格

对被测要素提出的形位公差要求在矩形框格中给出，框格用细实线绘制，在图样上可沿水平或垂直方向放置。框格由两格或多格组成，如图 2-9 所示。框格内从左到右或从下到上顺序注出以下内容：第 1 格为形位公差项目符号；第 2 格为形位公差值 t（或 ϕt，$S\phi t$）及其他有关符号，公差带形状为圆形或圆柱形时公差值标注 ϕt，如果是球形时则标注 $S\phi t$；第 3 格及以后各格为按顺序排列的表示基准的字母及有关符号。

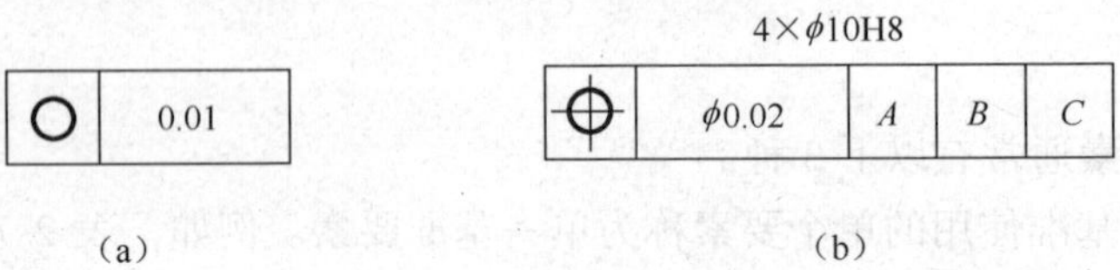

图 2-9　公差框格

需要时可在框格上方或下方附加数字或文字说明，有关被测要素数量及尺寸的说明应放在框格上方，其他文字说明应放在框格下方，见图 2-9（b）和图 2-9（c）。

如果要求在公差带内进一步限定被测要素的形状，或被测要素的形状、位置遵循某项公差原则等其他要求时，应在公差值后面加注有关符号，可以参照标准有关规定，见表 2-8。

表 2-8　形位公差其他符号

名　称	符　号	名　称	符　号
最大实体要求	Ⓜ	基准目标	($\phi20$/A)
最小实体要求	Ⓛ	理论正确尺寸	[125]
包容要求	Ⓔ	不准凹下	(+)
可逆要求	Ⓡ	不准凸起	(−)
延伸公差带	Ⓟ	只许向小端减小	(◁)

2. 带箭头的指引线

被测要素在图样上的表示方法是用带箭头的指引线将公差框格与被测要素相连。指引线可以从框格的任意一端垂直引出，其箭头应指向公差带的宽度或直径方向，并注意区分被测要素是组成要素还是导出要素。

（1）当被测要素为组成要素时　指引线箭头应置于该要素的轮廓线或其延长线上，并应与尺寸线明显地错开，如图 2-10（a）和图 2-10（b）所示；若指向的不是要素的轮廓线，而是其实际表面时，指引线箭头可置于带点的参考线上，该点指在实际表面上，如图 2-10（c）所示。

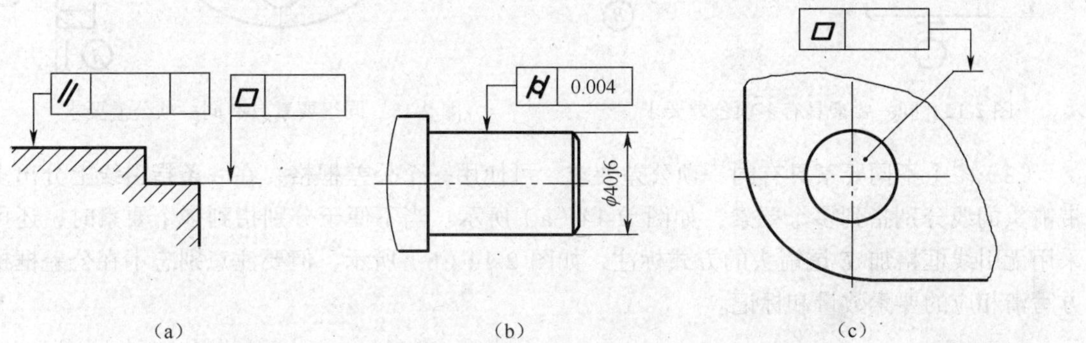

图 2-10　被测组成要素的标注方法

（2）当被测要素为导出要素时　指引线箭头应与构成该要素的组成要素的尺寸线对齐，如图 2-11 所示。

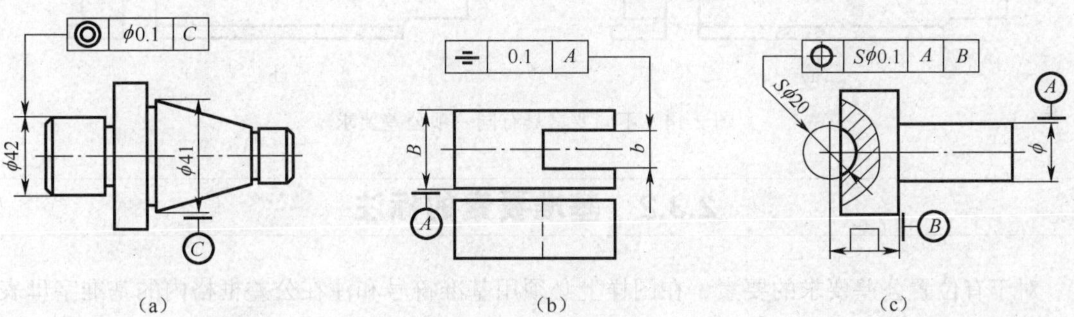

图 2-11　被测导出要素的标注方法

3. 常用的简化标注方法

（1）同一要素具有多项公差要求　（公差带方向一致时）可以将多个公差框格叠放一起，使用一条指引线，如图 2-12 所示。

（2）同组多个相同要素具有同一项公差要求　成组相同要素具有同一项公差要求，可以只标注一个要素，同时在公差框格的上方写明成组要素的数量标记。如图 2-13 所示，图样中标注的位置度公差框格，其上方的 6×ϕ8H8 EQS 表示 6 个小孔在理论正确直径 ϕ40mm 的圆周上均布（均匀分布）；理论正确角度 30° 表示 6 个小孔在 ϕ40mm 的圆周上均布的角度位置方位）受控于 C 基准面（槽的中心平面）。

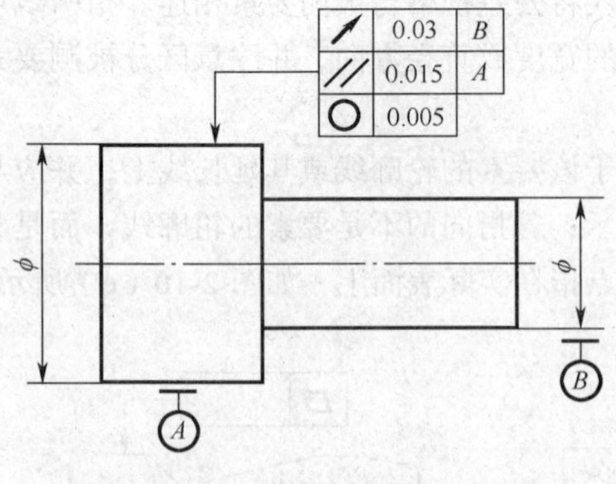

图 2-12　同一要素具有多项公差要求

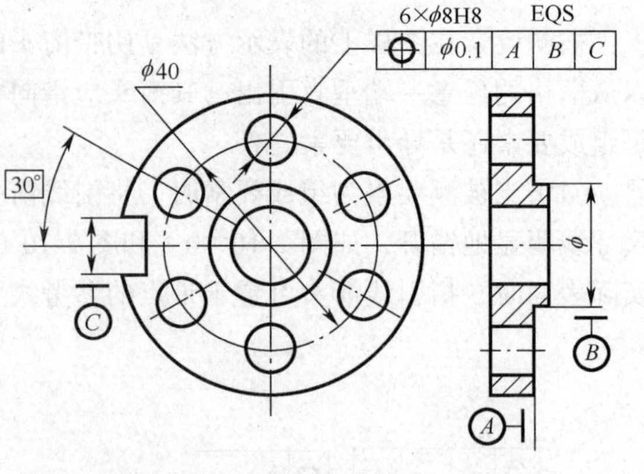

图 2-13　同组要素具有同一项公差要求

（3）多个不同要素具有同一项公差要求　可使用一个公差框格，在一条指引线上分出多个带箭头的线分别指到多个要素，如图 2-14（a）所示。当不便于分别指到多个要素时，还可以采用无引线框格加 T 尾箭头的方式标注，如图 2-14（b）所示，但要注意别忘了在公差框格上方写清相应的要素数量和标记。

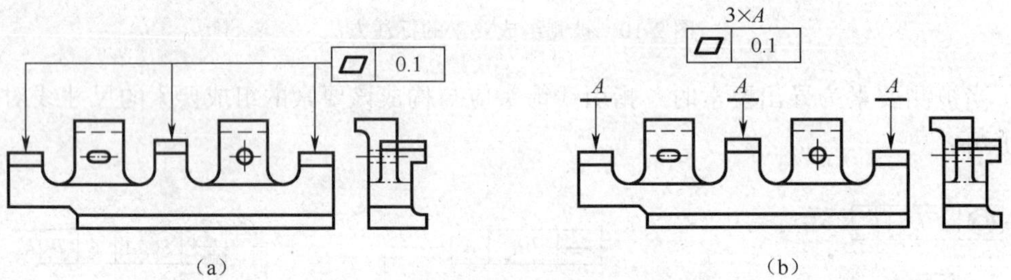

图 2-14　不同要素具有同一项公差要求

2.3.2　基准要素的标注

对于有位置公差要求的要素，在图样上必须用基准符号和注在公差框格内的基准字母表示被测要素与基准要素之间的关系。

基准符号用带圆圈的大写字母用细实线与粗的短横线相连所构成，见图 2-15。无论基准符号在图样上方向如何，其圆中的基准字母都应水平书写。为避免引起误解，基准字母不采用 E，F，I，J，L，M，O，P，R。

标注基准要素时也需区分基准要素是组成要素还是导出要素。当基准要素为导出要素时，基准符号中的细连线应与构成该要素的组成要素的尺寸线对齐，如尺寸线处安排不下两个尺寸箭头，则另一箭头可用短横线代替，如图 2-16 所示。

当基准要素为组成要素时，基准符号的短横线应置放于要素的轮廓线或其延长线上，并应明显地与尺寸线错开，如图 2-17（a）所示；基准符号还可置于用圆点指向实际表面的参考线上，如图 2-17（b）所示。

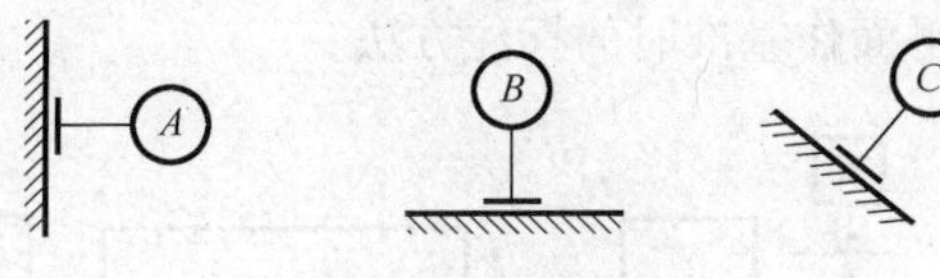

（a）　　（b）　　（c）

图 2-15　基准符号

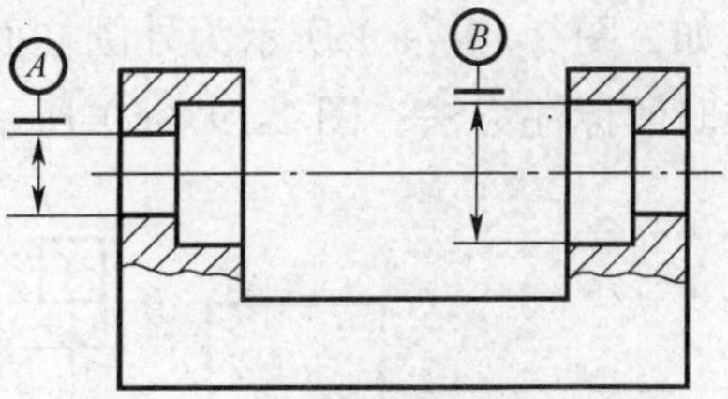

图 2-16　基准导出要素的标注

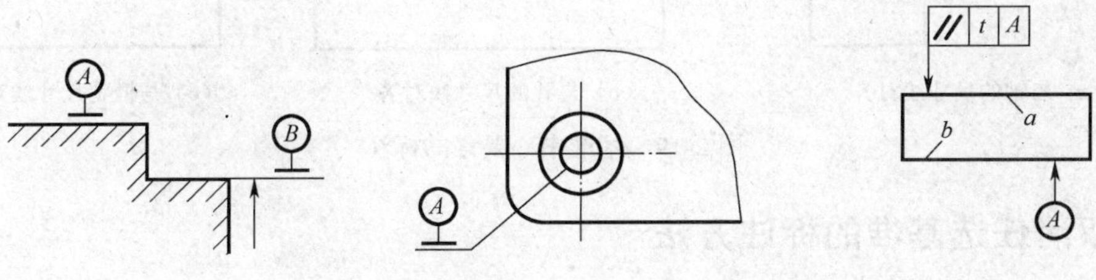

（a）　　（b）　　（c）

图 2-17　基准组成要素的标注

任选基准的标注方法见图 2-17（c），表示 *a*，*b* 两个平面可以以任意一面作为基准。

对于由两个要素组成的公共基准，在公差框格的第 3 格及以后格中，用由横线隔开的两个大写字母表示，见表 2-7 中径向全跳动标注示例。

对于由两个或三个要素组成的多基准体系，表示基准的大写字母应按基准的优先次序从左至右分别置于公差框格的第 3 格及其以后各格中，如图 2-8（三基面体系）所示。

2.3.3　公差标注中的有关问题

值得注意的是国家标准化技术委员会在 GB/T1182—2008《产品几何技术规范（GPS）几何公差 形状、方向、位置和跳动公差标注》（送审稿）中，对形位公差的标注进行了修订，新标准的规定将逐步取代旧标准中的有关规定。

其中最明显的变化如下。

1. 基准符号与 ISO 一致

如图 2-18（a）所示为国际标准中规定的两种基准符号。新国标规定：两种符号的使用方法相同，标注方法依旧不变。例如，图 2-18（b）所示为组成要素作基准时的标注方法；图 2-18（c）所示为实际表面作基准时的标注方法。

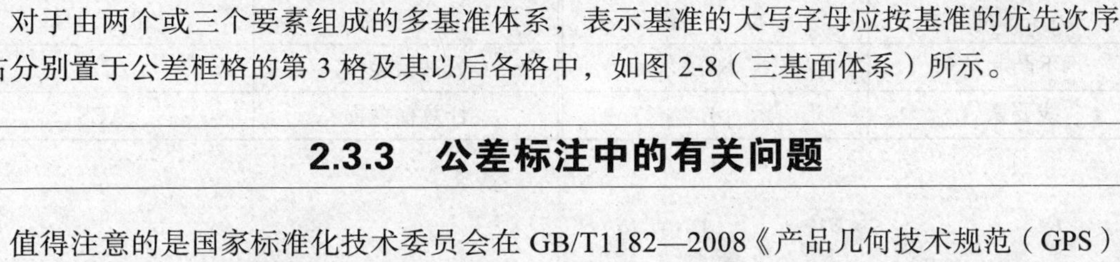

（a）基准符号　　（b）指向轮廓或轮廓延长线　　（c）指向实际表面

图 2-18　基准符号和基准轮廓要素的标注

又如，图 2-19（a）所示为外圆柱面轴线作基准时的标注方法；图 2-19（b）所示为孔轴线作基准时的标注方法；图 2-19（c）所示为槽中心平面作基准时的标注方法。

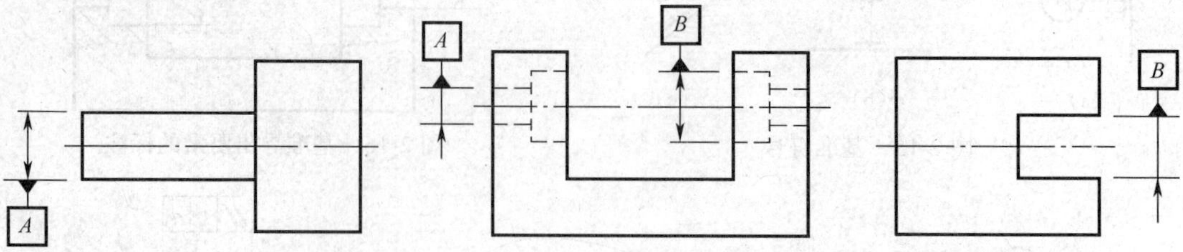

（a）与轴的尺寸线对齐　（b）与孔的尺寸线对齐　（c）与槽宽尺寸线对齐

图 2-19　基准中心要素的标注

2. 取消任选基准的标注方法

新国标中取消了任选基准的标注方法。

3. 新增一些形位公差的有关符号

新国标中增加了一些形位公差的有关符号，如表 2-9 所示。

表 2-9　形位公差新增符号

名　称	符　号	名　称	符　号
不凸起	NC	公共公差带	CZ
线要素	LE	任意横截面	ACS

2.4 公差原则

在设计零件时，根据零件的功能要求，对其重要几何要素常常需要同时给定尺寸公差、形位公差等，因此必须研究尺寸公差与形位公差之间的关系。确定尺寸公差与形位公差之间相互关系的原则称为公差原则。公差原则分为独立原则和相关原则两类，而相关原则又分为包容要求、最大实体要求、最小实体要求和可逆要求。

2.4.1 独立原则

1. 独立原则的含义

独立原则是指图样上给定的尺寸公差与形位公差相互独立，分别满足要求的公差原则。它是尺寸公差和形位公差相互关系上遵循的基本原则。当被测要素的尺寸公差和形位公差采用独立原则时，图样上给出的尺寸公差只控制要素的尺寸偏差，不控制要素的形位误差；而图样上给定的形位公差只控制被测要素的形位误差，与要素的实际尺寸无关。形位公差与尺寸公差遵守独立原则时，在图样上不做任何附加标记。

如图 2-20 所示是独立原则应用于单一要素的示例。完工后的轴，实际尺寸必须在 49.950～49.975mm 之间，轴线直线度误差不得大于ϕ0.012mm。只有同时满足上述两个条件时，轴才算合格。如图 2-21 所示是独立原则应用于关联要素的示例。加工后的轴，实际尺寸必须在 9. 972～9.987mm 之间；轴线对基准端面 A 的垂直度误差不得大于ϕ0.01mm。只有同时满足上述两个条件时，轴才算合格。

图 2-20 独立原则应用于单一要素

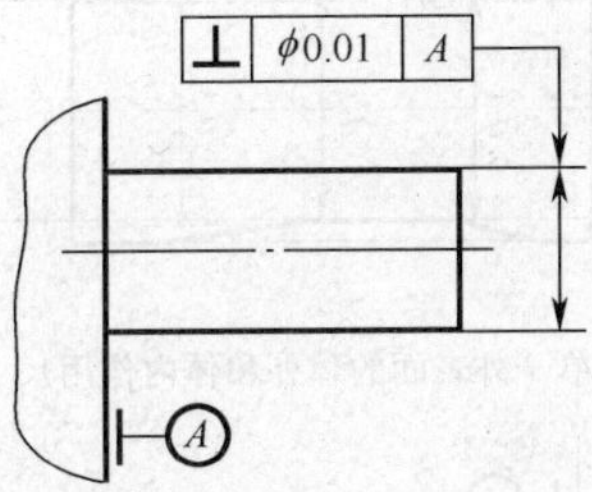

图 2-21 独立原则应用于关联要素

对于尺寸公差和形位公差采用独立原则的被测要素，应对实际尺寸和形位误差分别检测，实际尺寸采用两点法测量，形位误差使用通用或专用量仪测量。

2. 独立原则的应用

独立原则主要用于要求严格控制要素的形位误差的场合。例如，齿轮箱轴承孔的同轴度公差和孔径的尺寸公差必须按独立原则给出，否则将影响齿轮的啮合质量。又如，轧机的轧辊，对它的直径无严格的精度要求，但对它的形状精度有较高的要求，以保证轧制品的质量,故其形状公差应按独立原则给出。再如，要求密封性良好的零件，常对其形状精度提出较严格的要求，其尺寸公差与形状公差也应采用独立原则。如图 2-22 所示为独立原则的适用示例。

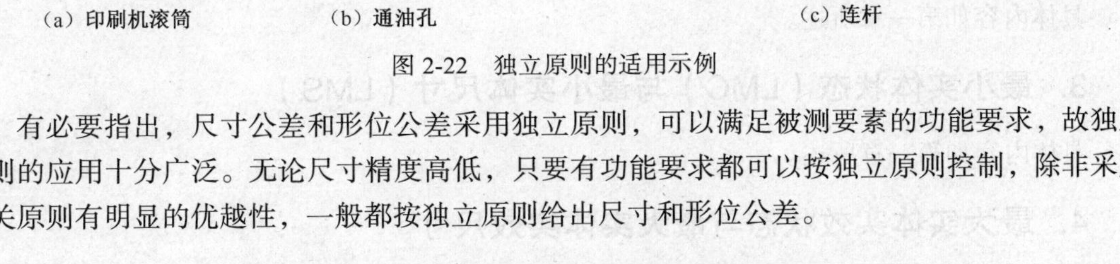

(a) 印刷机滚筒　(b) 通油孔　(c) 连杆

图 2-22 独立原则的适用示例

有必要指出，尺寸公差和形位公差采用独立原则，可以满足被测要素的功能要求，故独立原则的应用十分广泛。无论尺寸精度高低，只要有功能要求都可以按独立原则控制，除非采用相关原则有明显的优越性，一般都按独立原则给出尺寸和形位公差。

2.4.2 与相关原则有关的术语及定义

1. 作用尺寸

（1）体外作用尺寸（D_{fe}、d_{fe}）　单一要素的体外作用尺寸简称体外作用尺寸，是在被测要素的给定长度上，与实际内表面（孔）体外相接的最大理想面或与实际外表面（轴）体外相接的最小理想面的直径或宽度，如图 2-23（a）、（b）所示。

对于关联要素的体外作用尺寸则简称关联体外作用尺寸，此时该理想面的轴线或中心平面必须与基准保持图样上给定的几何关系，如图 2-23（c）所示。

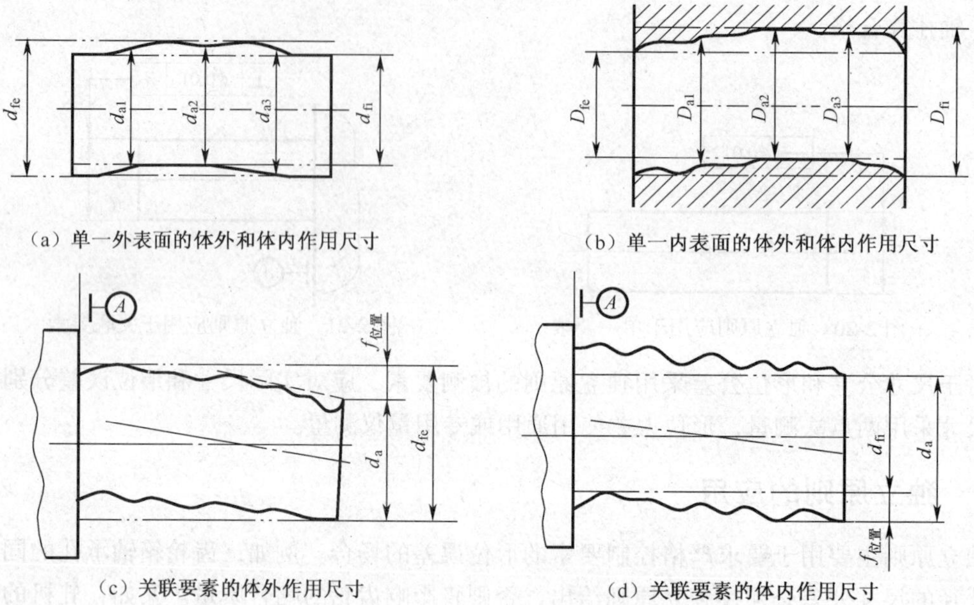

（a）单一外表面的体外和体内作用尺寸　（b）单一内表面的体外和体内作用尺寸

（c）关联要素的体外作用尺寸　（d）关联要素的体内作用尺寸

图 2-23　体外和体内作用尺寸

（2）体内作用尺寸（D_{fi}、D_{fi}）　单一要素的体内作用尺寸简称体内作用尺寸，是在被测要素的给定长度上，与实际内表面体内相接的最小理想面或与实际外表面体内相接的最大理想面的直径或宽度，如图 2-23（a）、（b）所示。

对于关联要素，则简称关联体内作用尺寸，此时该理想面的轴线或中心平面必须与基准保持图样上给定的几何关系，如图 2-23（d）所示。

2. 最大实体状态（MMC）与最大实体尺寸（MMS）

具体内容如第一章所述。

3. 最小实体状态（LMC）与最小实体尺寸（LMS）

具体内容如第一章所述。

4. 最大实体实效状态与最大实体实效尺寸

（1）最大实体实效状态（MMVC）　最大实体实效状态是在给定长度上，实际要素处于最大实体状态，且中心要素的形状或位置误差等于给出公差值时的综合极限状态。

（2）最大实体实效尺寸（MMVS）　最大实体实效尺寸是最大实体实效状态下的体外作用尺寸。内表面（孔）用 D_{MV} 表示,外表面（轴）用 d_{MV} 表示；关联最大实体实效尺寸用 D'_{MV} 或 d'_{MV} 表示；如图 2-24 所示。即

$$D_{MV}(D'_{MV})=D_M-t=D_{min}-t$$
$$d_{MV}(d'_{MV})=d_M+t=d_{max}+t \qquad (2\text{-}1)$$

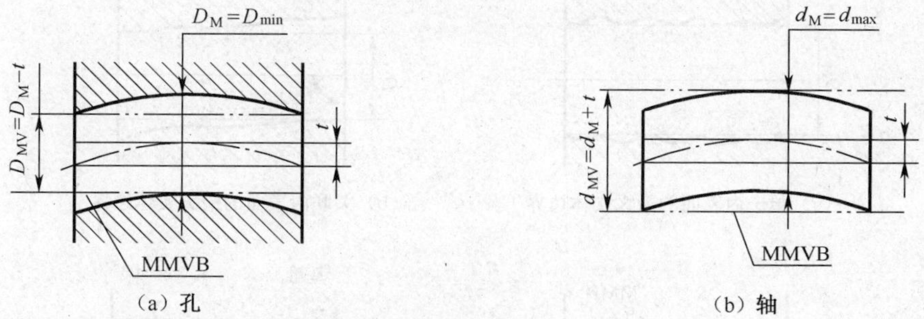

图 2-24　最大实体实效尺寸及边界

5. 最小实体实效状态与最小实体实效尺寸

（1）最小实体实效状态（LMVC）　最小实体实效状态是在给定长度上，实际要素处于最小实体状态，且中心要素的形状或位置误差等于给出公差值时的综合极限状态。

（2）最小实体实效尺寸（LMVS）　最小实体实效尺寸是最小实体实效状态下的体内作用尺寸。对内表面用 D_{LV} 表示，对外表面用 d_{LV} 表示；关联最小实体实效尺寸用 D'_{LV} 或 d'_{LV} 表示；如图 2-25 所示。即

$$D_{LV}(D'_{LV})=D_L+t=D_{max}+t$$
$$d_{LV}(d'_{LV})=d_L-t=d_{min}-t \qquad (2\text{-}2)$$

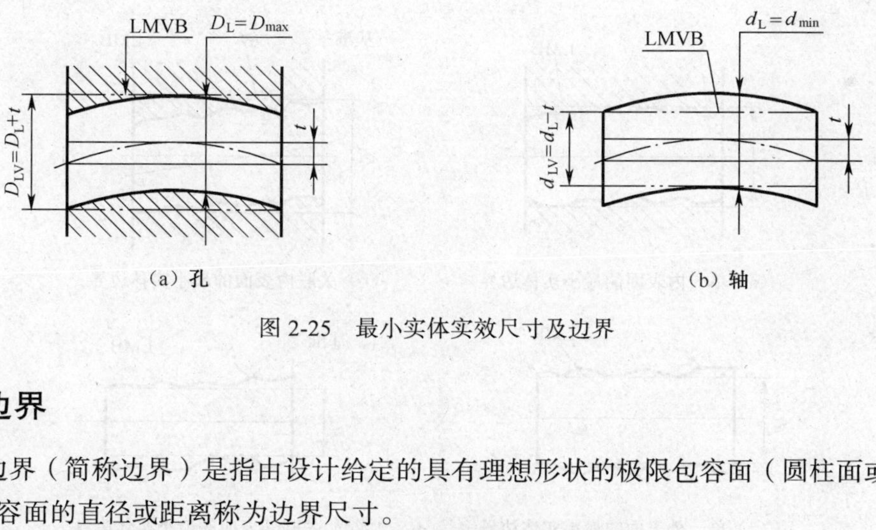

图 2-25　最小实体实效尺寸及边界

6. 边界

理想边界（简称边界）是指由设计给定的具有理想形状的极限包容面（圆柱面或两平行平面）。该包容面的直径或距离称为边界尺寸。

边界的作用是综合控制要素的尺寸和形位误差。根据要素的功能和经济性要求，可定义几种不同的边界。

（1）最大实体边界（MMB）　单一要素当边界尺寸为最大实体尺寸时，该边界称为最大实体边界；对于关联要素，简称关联最大实体边界，此时该极限包容面必须与基准保持图样上给定的几何关系。

如图 2-26（a）～（d）所示分别标示了孔、轴的最大实体边界和关联最大实体边界（图中

S 为被测要素的实际表面)。

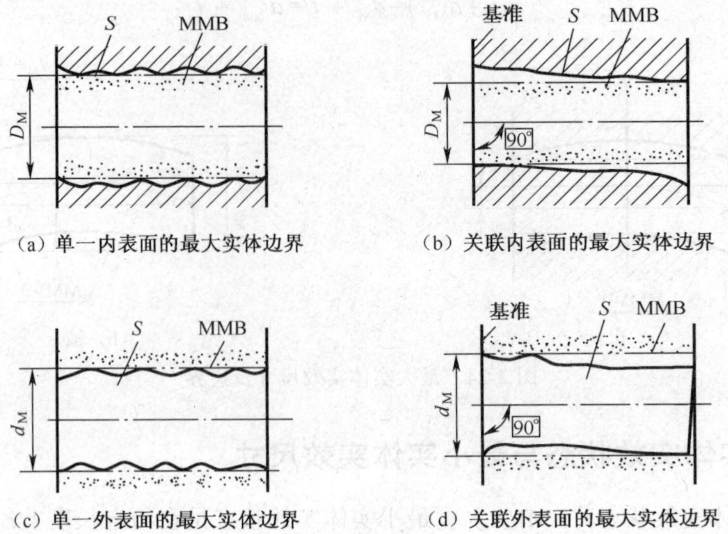

(a)单一内表面的最大实体边界　(b)关联内表面的最大实体边界

(c)单一外表面的最大实体边界　(d)关联外表面的最大实体边界

图 2-26　最大实体边界

(2)最小实体边界(LMB)　单一要素当边界尺寸为最小实体尺寸时，该边界称为最小实体边界；对于关联要素，简称关联最小实体边界，此时该极限包容面必须与基准保持图样上给定的几何关系。

如图 2-27(a)～(d)所示分别指出了孔、轴的最小实体边界和关联最小实体边界(图中 S 为被测要素的实际表面)。

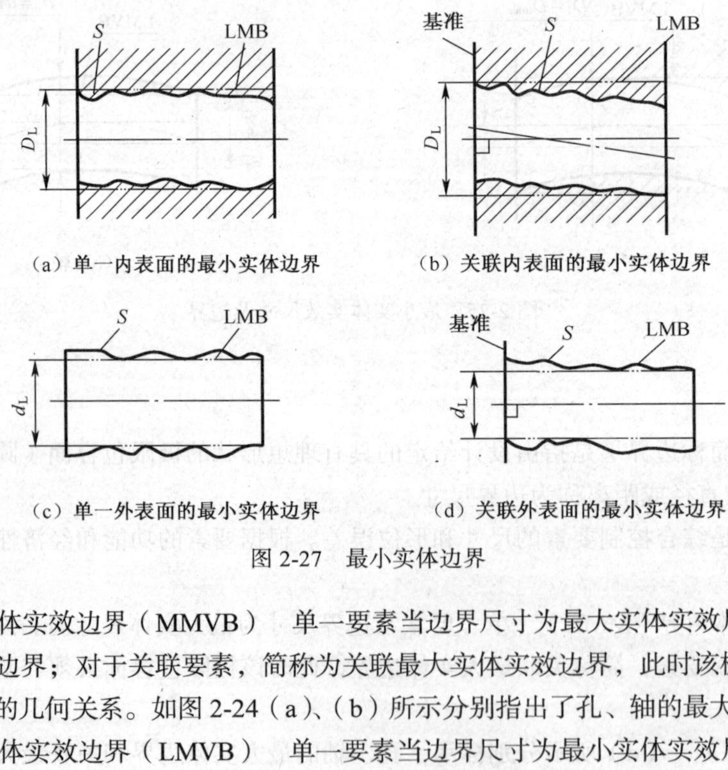

(a)单一内表面的最小实体边界　(b)关联内表面的最小实体边界

(c)单一外表面的最小实体边界　(d)关联外表面的最小实体边界

图 2-27　最小实体边界

(3)最大实体实效边界(MMVB)　单一要素当边界尺寸为最大实体实效尺寸时，该边界称为最大实体实效边界；对于关联要素，简称为关联最大实体实效边界，此时该极限包容面必须与基准保持图样上的几何关系。如图 2-24(a)、(b)所示分别指出了孔、轴的最大实体实效边界。

(4)最小实体实效边界(LMVB)　单一要素当边界尺寸为最小实体实效尺寸时，该边界称为最小实体实效边界；对于关联要素，简称为关联最小实体实效边界，此时该极限包容面必须与基准保持图样上的几何关系。如图 2-25（a）、（b）所示分别指出了孔、轴的最小实体实效边界。

2.4.3 相关原则

相关原则是图样上给定的尺寸公差和形位公差相互有关的公差要求。采用相关原则时，被测要素的尺寸公差和形位公差在一定条件下可以互相转化。

1. 包容要求

包容要求（ER）是将被测要素的实际轮廓控制在最大实体边界内的一种公差要求，即要求被测实际组成要素处处不得超越最大实体边界。

（1）标注 包容要求通常用于控制单一要素（要求形状公差），应在尺寸公差后加注符号 *E*，如图 2-28 所示。

（2）含义 包容需求的含义有以下 3 方面。

① 当被测要素处于最大实体状态时，给定形位公差等于零，即不允许出现形位误差。

② 当被测要素偏离最大实体状态时，允许出现形位误差，允许值=偏离值。

③ 当被测要素处处等于最小实体尺寸时，形位误差达到最大，最大允许值=尺寸公差值。

（3）合格性条件 采用包容要求的尺寸要素其实际轮廓应遵守最大实体边界原则，即其体外作用尺寸不超出最大实体尺寸，且其局部实际尺寸不超出最小实体尺寸。

对于内表面（孔）：$D_{fe} \geqslant D_M = D_{min}$ 且 $D_a \leqslant D_L = D_{max}$

对于外表面（轴）：$d_{fe} \leqslant d_M = d_{max}$ 且 $d_a \geqslant d_L = d_{min}$

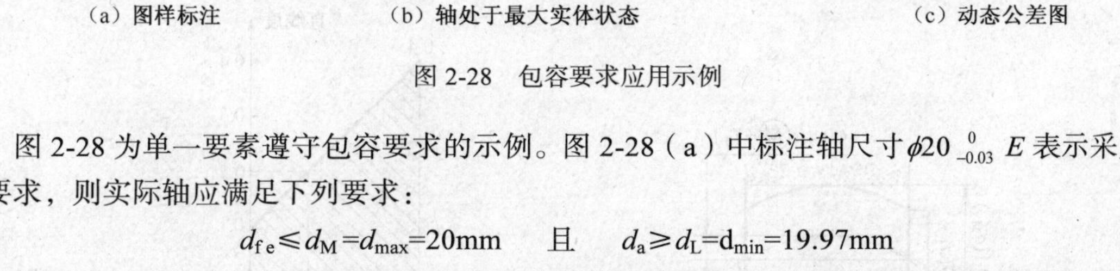

（a）图样标注 （b）轴处于最大实体状态 （c）动态公差图

图 2-28 包容要求应用示例

图 2-28 为单一要素遵守包容要求的示例。图 2-28（a）中标注轴尺寸 $\phi 20_{-0.03}^{\ 0}$ *E* 表示采用包容要求，则实际轴应满足下列要求：

$$d_{fe} \leqslant d_M = d_{max} = 20\text{mm} \quad 且 \quad d_a \geqslant d_L = d_{min} = 19.97\text{mm}$$

如图 2-28（b）所示。图 2-28（c）为其动态公差图，它表达了实际尺寸和直线度公差之间变化的关系。当实际尺寸为最大实体尺寸 ϕ20mm 时，不允许轴线弯曲，即允许的直线度误差为 0；当实际尺寸偏离最大实体尺寸时，允许出现轴线弯曲，允许的最大直线度误差值=偏离值；当实际尺寸为最小实体尺寸 ϕ19.97mm 时，允许有最大的直线度误差=尺寸公差值 0.03mm。

（4）应用 孔、轴遵守包容要求，规定实际组成要素遵守最大实体边界原则。其实际意义是：用最大实体边界控制孔、轴的体外作用尺寸（孔不小、轴不大），即严格保证配合。

包容要求的设计出发点是保证配合性质，因此主要用于严格要求配合性质，即其极限间隙或过盈必须严格保证的场合；特别是需要保证最小间隙的、有相对运动的配合面，利用最大实体尺寸作边界保证必要的最小间隙。例如，回转轴的轴颈与滑动轴承，滑动块与槽，泵的柱塞与套管等。

2. 最大实体要求

最大实体要求（MMR）是控制被测要素的实际表面处于最大实体实效边界内的一种公差要求。它适用于导出要素，既可应用于被测要素，又可用于基准要素。

（1）标注　最大实体要求的符号为Ⓜ。当应用于被测要素时，应在形位公差框格内、形位公差值后加注符号Ⓜ，如图 2-32（a）和图 2-33（a）所示；当应用于基准要素时，应在框格内的基准字母后加注符号Ⓜ。

（2）含义　最大实体要求的含义有以下几方面。

① 当被测要素处于最大实体状态时，允许形位误差=给定的形位公差值。

② 当被测要素偏离最大实体状态时，允许形位误差=给定的形位公差值＋偏离值。

③ 当被测要素处处等于最小实体尺寸时，允许形位误差达到最大，最大允许值=给定的形位公差值＋尺寸公差值。

（3）合格性条件　合格性条件主要有以下几方面。

① 最大实体要求用于被测要素：要求被测要素的设计表面应遵守最大实体实效边界，即其体外作用尺寸不得超出最大实体实效尺寸，而且其局部实际尺寸应在最大与最小实体尺寸之间，如图 2-29 所示。

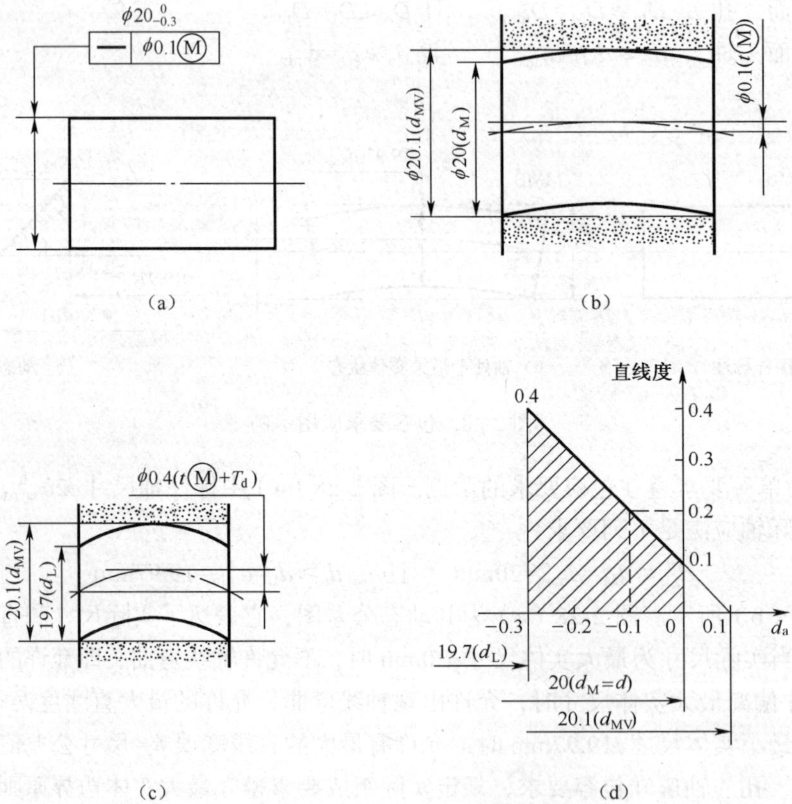

图 2-29　最大实体要求用于被测要素

对于孔：$D_{fe} \geqslant D_{MV} = D_{min} - t$ 且 $D_M = D_{min} \leqslant D_a \leqslant D_L = D_{max}$

对于轴：$d_{fe} \leqslant d_{MV} = d_{max} + t$ 且 $d_M = d_{max} \geqslant d_a \geqslant d_L = d_{min}$

最大实体要求用于被测要素时，其形位公差值是在该要素处于最大实体状态时给出的。如图 2-29 所示的最大实体要求应用示例中，图 2-29（a）中的标注表示$\phi 20_{-0.3}^{\ 0}$轴的轴线直线度公差采用最大实体要求。当该轴处于最大实体状态时，其轴线的直线度公差为ϕ0.1mm，如图 2-29（b）所示；若轴的实际尺寸向最小实体尺寸方向偏离最大实体尺寸，则其轴线直线度误差可以超出图样给出的公差值ϕ0.1mm，但必须保证其体外作用尺寸不超出轴的最大实体实效尺寸ϕ20.1mm；当轴的实际尺寸处处为最小实体尺寸ϕ19.7mm，其轴线的直线度公差可达到最大值，$t=\phi$（0.3 + 0.1）mm=ϕ0.4mm，如图 2-29（c）所示；图 2-29（d）为其动态公差图。

图 2-29（a）所示轴的合格条件是

$$20\text{mm}= d_{max} = d_M \geqslant d_a \geqslant d_L = d_{min} = 19.7\text{mm}$$

$$d_{fe} \leqslant d_{MV} = d_{max} + t = 20.1\text{mm}$$

② 最大实体要求的零形位公差：若被测要素采用最大实体要求时，其给出的形位公差值为零，则称为最大实体要求的零形位公差。其含义与包容要求相同，边界也是最大实体边界，故也可将其视为包容要求。不同之处在于标注，如图 2-30 所示，必须在框格内的公差值处标注“0Ⓜ”表示。

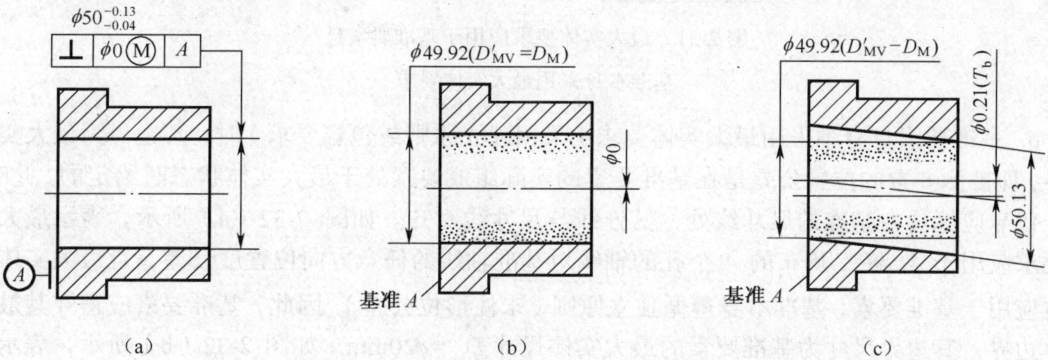

图 2-30　最大实体要求的零形位公差应用示例

图 2-30（a）中的标注表示$\phi 50_{-0.08}^{+0.13}$孔的轴线对基准平面在任意方向的垂直度公差采用最大实体要求的零形位公差。当该孔处于最大实体状态时，其轴线对基准平面的垂直度公差为零，即不允许有垂直度误差，如图 2-30（b）所示；只有当孔的实际尺寸向最小实体方向偏离最大实体尺寸时，才允许其轴线对基准平面有垂直度误差。但必须保证其定向体外作用尺寸不超出其最大实体实效尺寸，$D_{MV} = D_{min} - t =$（49.92−0）=49.92mm；当孔的实际尺寸处处为最小实体尺寸ϕ50.13mm 时，其轴线对基准平面的垂直度公差可达最大值，即孔的尺寸公差值ϕ0.21mm，如图 2-30（c）所示；图 2-30（d）是该孔的动态公差图。

图 2-30（a）所示零件的合格条件是：

$$D_a \leqslant D_L = D_{max} = 50.13\text{mm}$$

$$D_{fe} \geqslant D'_{MV} = D_M = D_{min} = 49.92\text{mm}$$

③ 最大实体要求应用于基准要素：此时基准要素应遵守相应的边界。若基准要素的实际轮廓偏离其相应的边界，则允许基准要素在一定范围内浮动，其浮动范围等于基准要素的体外作用尺寸与其相应边界尺寸之差。但这种允许浮动并不能相应地允许增大被测要素的位置公差值。

基准要素所应遵循的边界又分为下列两种情况。

a. 基准要素自身采用最大实体要求时，其边界为最大实体实效边界。此时，基准代号应直接标注在形成该最大实体实效边界的形位公差框格下面。如图 2-31 所示，表示最大实体要求应用于 $4\times\phi 8^{+0.1}_{0}$ 均布的 4 个孔的轴线对基准轴线的任意方向位置度公差，且最大实体要求也应用于基准要素，基准本身的轴线直线度公差采用最大实体要求。因此对于均布的 4 个孔的位置度公差，基准要素应遵守由直线度公差确定的最大实体实效边界，其边界尺寸为

$$d_{MV}=d_M+t=(20+0.02)\text{ mm}=20.02\text{mm}$$

即被测要素的位置公差是在基准要素的实际组成要素处于最大实体实效状态时给定的。

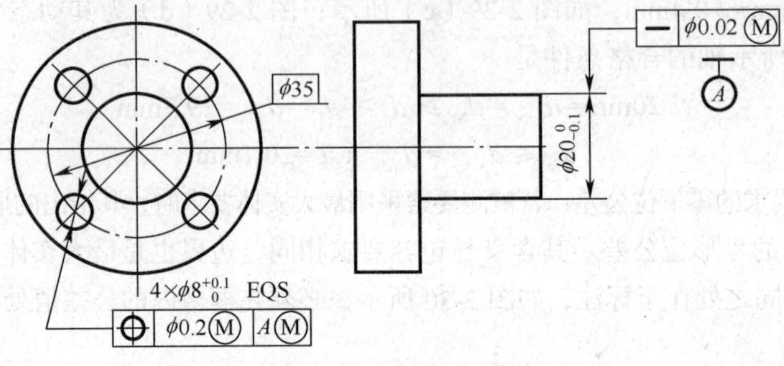

图 2-31　最大实体要求应用于基准要素且基准本身采用最大实体要求

b. 基准要素自身不采用最大实体要求（采用独立原则或包容要求）时，其边界为最大实体边界，即被测要素的位置公差是在基准要素的实际组成要素处于最大实体状态时给定的。此时，基准代号应标注在基准的尺寸线处，其连线与尺寸线对齐。如图 2-32（a）所示，表示最大实体要求应用于 $4\times\phi 8^{+0.1}_{0}$ 均布的 4 个孔的轴线对基准轴线的任意方向位置度公差，且最大实体要求也应用于基准要素，基准本身遵循独立原则（未注形位公差）。因此，基准要素应遵守其最大实体边界，其边界尺寸为基准要素的最大实体尺寸 $D_M=\phi 20$mm。如图 2-32（b）所示，表示最大实体要求应用于 $4\times\phi 8^{+0.1}_{0}$ 均布四孔的轴线对基准轴线的任意方向位置度公差，且最大实体要求也应用于基准要素，基准本身采用包容要求。因此，基准要素也应遵守其最大实体边界，其边界尺寸为基准要素的最大实体尺寸 $D_M=\phi 20$mm。

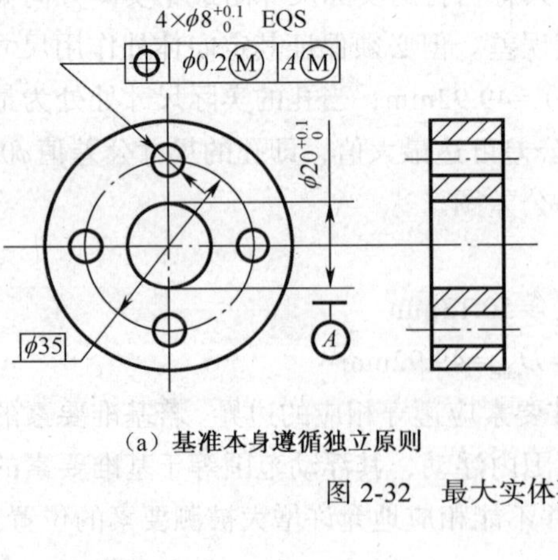

（a）基准本身遵循独立原则

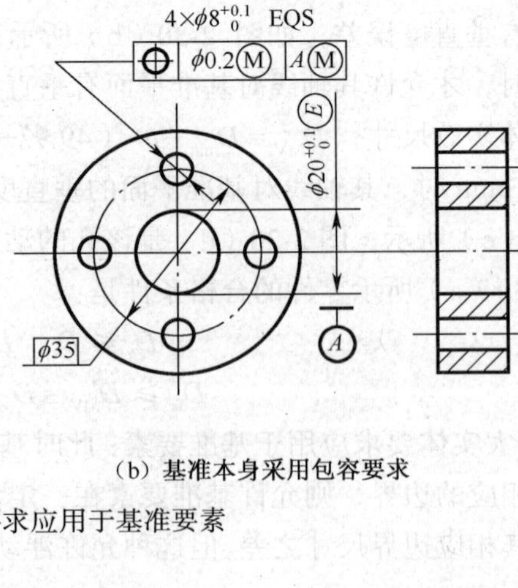

（b）基准本身采用包容要求

图 2-32　最大实体要求应用于基准要素

（4）应用孔、轴遵守最大实体要求，要求实际要素遵守最大实体实效边界。其实际意义是：用最大实体实效边界控制孔、轴的体外作用尺寸。

最大实体原则的设计出发点是为了保证零件能够自由装配（把配合公差带扩大），一般用于主要保证可装配性，而对其他功能要求较低的零件要素，这样可以充分利用尺寸公差补偿形位公差，提高零件合格率，从而获得显著的经济效益。例如，盖板、箱体及法兰盘上孔系的位置度，螺栓轴线及被连接件螺孔轴线的直线度、同轴度等。

3. 最小实体要求

最小实体要求（LMR）是控制被测要素的实际轮廓处于最小实体实效边界内的一种公差要求。当其实际尺寸偏离最小实体尺寸时，允许其形位误差值超出在最小实体状态下给出的公差值的一种要求。它适用于导出要素，既可用于被测要素，也可用于基准要素。

（1）标注　最小实体要求的符号为Ⓛ。当应用于被测要素时，应在被测要素形位公差框格中的公差值后标注符号Ⓛ；当应用于基准要素时，应在形位公差框格内的基准字母后标注符号Ⓛ，如图 2-33 所示。

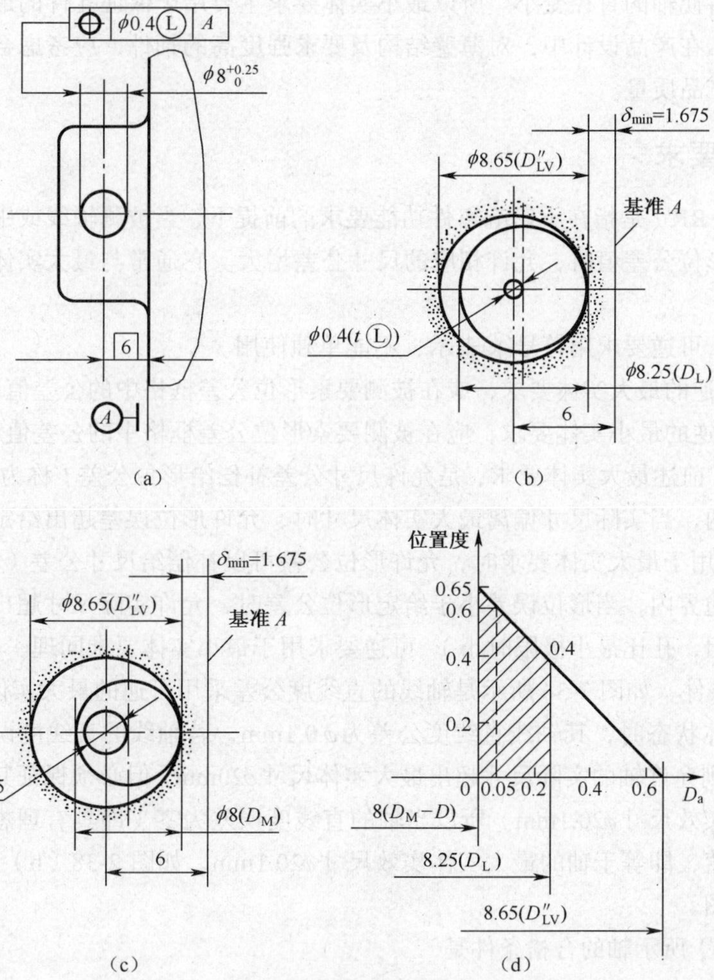

图 2-33　关联要素遵循最小实体要求应用示例

（2）含义　最小实体要求的含义有以下几方面。

① 当被测要素处处等于最小实体尺寸时，允许形位误差=给定的形位公差值。

② 当被测要素偏离最小实体尺寸时，允许形位误差=给定的形位公差值＋偏离值。

③ 当被测要素处处等于最大实体尺寸时，允许形位误状达到最大，最大允许值=给定的形位公差值＋尺寸公差值。

（3）合格性条件　最小实体要求应用于被测要素时，被测要素的实际表面在给定的长度上处处不得超出最小实体实效边界，即其体内作用尺寸不应超出最小实体实效尺寸；且其局部实际尺寸不得超出最大实体尺寸和最小实体尺寸。即

对于孔：$D_{fi} \leqslant D_{LV}$；$D_M \leqslant D_a \leqslant D_L$

对于轴：$d_{fi} \geqslant d_{LV}$；$d_L \leqslant d_a \leqslant d_M$

如图 2-33 所示零件为了保证侧面与孔外缘之间的最小壁厚，孔 $\phi 8^{+0.25}_{0}$ 轴线相对于零件侧面的位置度公差采用了最小实体要求。

（4）应用　最小实体要求的设计出发点是控制实际轮廓不超出最小实体实效边界。其实质是控制要素的体内作用尺寸：对于孔类零件，体内作用尺寸将孔件的壁厚减薄；对于轴类零件，体内作用尺寸将使轴的直径变小。所以最小实体要求主要用于保证孔件的最小壁厚及轴件的最小强度的场合。在产品设计中，对薄壁结构及要求强度高的轴件，应考虑合理地应用最小实体要求，以保证产品质量。

4. 可逆要求

可逆要求（RR）是指在不影响零件功能要求的前提下，当被测轴线或中心平面的形位误差值小于给出的形位公差值时，允许相应的尺寸公差增大。它通常与最大实体要求或最小实体要求一起应用。

（1）标注　可逆要求用符号Ⓡ表示，不能单独使用。

① 采用可逆的最大实体要求，应在被测要素形位公差框格中的公差值后加注“ⓂⓇ”。

② 采用可逆的最小实体要求，应在被测要素形位公差框格中的公差值后加注“ⓁⓇ”。

（2）含义　前述最大实体要求，是允许尺寸公差补偿给形位公差（称为正补偿），即在最大实体实效边界内，当实际尺寸偏离最大实体尺寸时，允许形位误差超出给定形位公差（变形增大）。可逆要求用于最大实体要求时，允许形位公差可以补偿给尺寸公差（称为逆补偿），即在最大实体实效边界内，当形位误差小于给定形位公差时，允许实际尺寸超出最大实体尺寸（轴比最大极限时粗，孔比最小极限时小）。可逆要求用于最小实体要求同理。

（3）合格条件　如图 2-34 所示是轴线的直线度公差采用可逆的最大实体要求的示例。当该轴处于最大实体状态时，其轴线直线度公差为ϕ 0.1mm，若轴线的直线度误差小于给定的公差值 0.1mm 时，则允许轴的实际尺寸超出最大实体尺寸ϕ20mm，但必须保证其体外作用尺寸不超出其最大实体实效尺寸ϕ20.1mm。所以当轴的直线度误差为零（即具有理想形状）时，其实际尺寸可达最大值，即等于轴的最大实体实效尺寸ϕ20.1mm，如图 2-38（b）所示。图 2-38（c）为其动态公差图。

图 2-34（a）所示轴的合格条件是

$$d_a \geqslant d_L = d_{min} = 19.7\text{mm}$$

$$d_{fe} \leqslant d_{MV} = d_M + t = (20 + 0.1)\ \text{mm} = 20.1\text{mm}$$

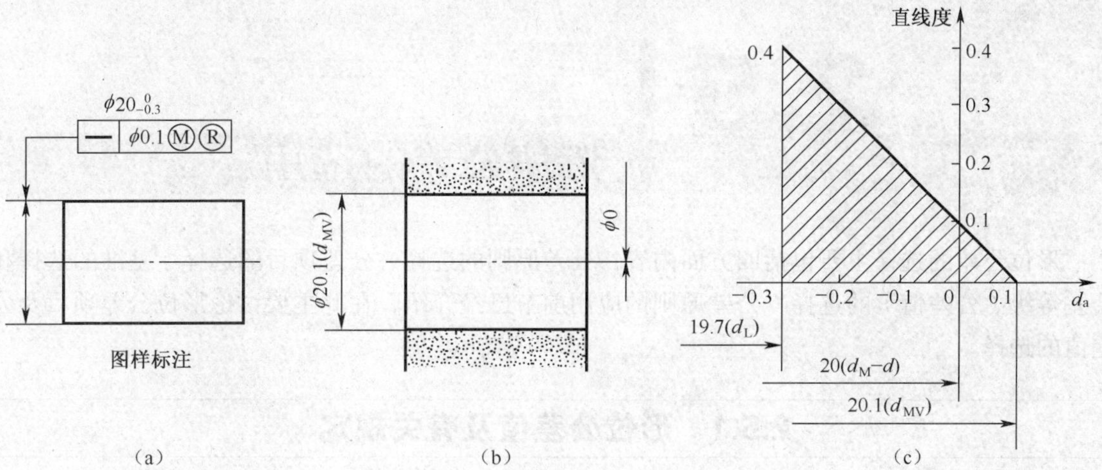

图 2-34　采用可逆的最大实体要求应用示例

图 2-35 是$\phi 8^{+0.025}_{\ 0}$孔轴线对基准平面的任意方向的位置度公差采用可逆的最小实体要求的示例。

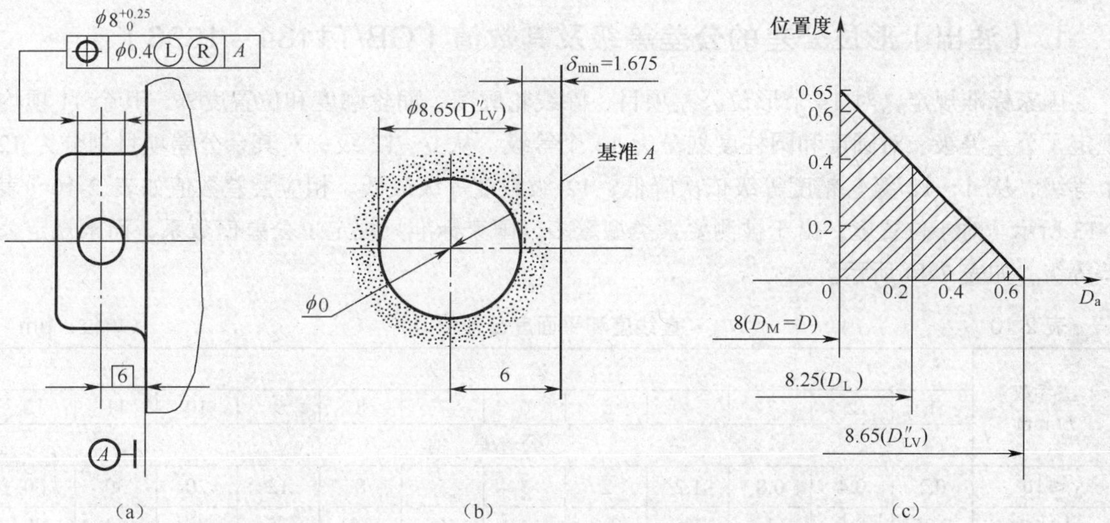

图 2-35　采用可逆的最小实体要求应用示例

（4）应用　有必要指出，可逆要求不能单独应用，它总是与最大实体要求或最小实体要求一起应用，且可表达与零形位公差相同的设计意图。在实际生产中，有些零件要素只要求将其实际轮廓限定在某一控制边界内，并不需要区分零件产生的是尺寸误差还是形位误差，或其实际尺寸和形位误差是否在允许的范围内。换句话说，在生产中早就存在着允许形位公差与尺寸公差相互补偿的情况。例如，用通规检验零件就体现了尺寸和形位互补的综合。因此，凡是应用最大、最小实体要求的场合，均可考虑应用可逆要求，以使孔、轴的尺寸公差和形位公差可逆互补、充分利用，实现最佳技术经济效益。

最后指出，采用相关要求的零件在生产实际中一般是用量规检验的。采用包容要求的零件用极限量规检验；采用最大、最小实体要求及可逆要求的零件用位置量规检验。

2.5 形位公差的选用

形位公差的选择主要包括四方面内容：公差原则的选择、公差项目的选择、基准的选择和公差等级（公差值）的选择。公差原则的应用前节已经介绍，在此主要讨论形位公差项目及公差值的选择。

2.5.1 形位公差值及有关规定

在形位公差的国家标准中，将形位公差与尺寸公差一样分为注出公差和未注公差两种。一般对形位精度要求较高时，需在图样上注出公差项目和公差值。对形位精度要求不高、用一般机床加工能够保证的，则不必将形位公差在图样上注出，而由未注形位公差来控制。这样，既可以简化制图，又突出了注出公差的要求。

1.（注出）形位公差的公差等级及其数值（GB/T1184－1996）

国家标准规定，对 14 个形位公差项目，除线轮廓度、面轮廓度和位置度外，其余 11 项均规定了公差等级。对圆度和圆柱度划分为 13 个等级，从 0～12 级；对其余公差项目划分为 12 个等级，从 1～12 级。精度等级依次降低，12 级精度等级最低。相应公差数值如表 2-10～表 2-13 所示。对于位置度，由于被测要素类型繁多，国家标准只规定了公差值数系，而未规定公差等级，如表 2-14 所示。

表 2-10　直线度和平面度公差值　（单位：μm）

主参数 L/ mm	公差等级 1	2	3	4	5	6	7	8	9	10	11	12
	公差值											
≤10	0.2	0.4	0.8	1.2	2	3	5	8	12	20	30	60
>10～16	0.25	0.5	1	1.5	2.5	4	6	10	15	25	40	80
>16～25	0.3	0.6	1.2	2	3	5	8	12	20	30	50	100
>25～40	0.4	0.8	1.5	2.5	4	6	10	15	25	40	60	120
>40～63	0.5	1	2	3	5	8	12	20	30	50	80	150
>63～100	0.6	1.2	2.5	4	6	10	15	25	40	60	100	200

注：主参数 L 系轴、直线、平面的长度。

表 2-11　圆度、圆柱度公差值　（单位：μm）

主参数 $d(D)$/ mm	公差等级 0	1	2	3	4	5	6	7	8	9	10	11	12
	公差值												
≤3	0.1	0.2	0.3	0.5	0.8	1.2	2	3	4	6	10	14	25
>3～6	0.1	0.2	0.4	0.6	1	1.5	2.5	4	5	8	12	18	30

续表

主参数 d(D)/ mm	公差等级												
	0	1	2	3	4	5	6	7	8	9	10	11	12
	公差值												
>6～10	0.12	0.25	0.4	0.6	1	1.5	2.5	4	6	9	15	22	36
>10～18	0.15	0.25	0.5	0.8	1.2	2	3	5	8	11	18	27	43
>18～30	0.2	0.3	0.6	1	1.5	2.5	4	6	9	13	21	33	52
>30～50	0.25	0.4	0.6	1	1.5	2.5	4	7	11	16	25	39	62
>50～80	0.3	0.5	0.8	1.2	2	3	5	8	13	19	30	46	74

注：主参数 d(D)为被测轴（孔）的直径。

表 2-12　　平行度、垂直度、倾斜度公差值　　（单位：μm）

主参数 L、d (D)/ mm	公差等级											
	1	2	3	4	5	6	7	8	9	10	11	12
	公差值											
≤10	0.4	0.8	1.5	3	5	8	12	20	30	50	80	120
>10～16	0.5	1	2	4	6	10	15	25	40	60	100	150
>16～25	0.6	1.2	2.5	5	8	12	20	30	50	80	120	200
>25～40	0.8	1.5	3	6	10	15	25	40	60	100	150	250
>40～63	1	2	4	8	12	20	30	50	80	120	200	300
>63～100	1.2	2.5	5	10	15	25	40	60	100	150	250	400

注：1. 主参数 L 为给定平行度时轴线或平面的长度，或给定垂直度、倾斜度时被测要素的长度。

2. 主参数 d(D)为给定面对线垂直度时，被测要素的轴（孔）直径。

表 2-13　　同轴度、对称度、圆跳动和全跳动公差值　　（单位：μm）

主参数 d(D)、B、L/ mm	公差等级											
	1	2	3	4	5	6	7	8	9	10	11	12
	公差值											
≤1	0.4	0.6	1.0	1.5	2.5	4	6	10	15	25	40	60
>3	0.4	0.6	1.0	1.5	2.5	4	6	10	20	40	60	120
>3～6	0.5	0.8	1.2	2	3	5	8	12	25	50	80	150
>6～10	0.6	1	1.5	2.5	4	6	10	15	30	60	100	200
>10～18	0.8	1.2	2	3	5	8	12	20	40	80	120	250
>18～30	1	1.5	2.5	4	6	10	15	25	50	100	150	300
>30～50	1.2	2	3	5	8	12	20	30	60	120	200	400
>50～120	1.5	2.5	4	6	10	15	25	40	80	150	250	500

注：1. 主参数 d(D)为给定同轴度或给定圆跳动、全跳动时的轴（孔）直径，圆锥体为平均直径。

2. 主参数 B 为给定对称度时槽的宽度。

3. 主参数 L 为给定两孔对称度时的孔心距。

表 2-14　　位置度系数　　（单位：μm）

1	1.2	1.5	2	2.5	3	4	5	6	8
1×10^n	1.2×10^n	1.5×10^n	2×10^n	2.5×10^n	3×10^n	4×10^n	5×10^n	6×10^n	8×10^n

注：n 为正整数。

2. 未注形位公差的公差等级及其数值（GB/T1184－1996）

图样上没有具体注明形位公差值的要素，其形位精度由未注形位公差控制。未注公差的应用对象是精度较低、车间一般机加工和常见的工艺方法就可以保证精度的零件；未注公差的精度低于9级，不需在图样上注出，加工中一般也不需进行检测。

国家标准将未注形位公差分为H、K、L 3个公差等级，精度依次降低。未注公差值按下列规定执行。

（1）对未注直线度、平面度、垂直度、对称度和圆跳动等项目规定了H、K、L 3个等级，各项公差的公差数值见表2-15、表2-16、表2-17和表2-18。采用时，其图样表示法是在标题栏附近或技术要求、技术文件（如企业标准）中注出标准号及公差等级代号，如选用H级，则标注为：GB/T1184—H。

（2）圆度未注公差值等于其直径公差值；但不能大于表2-18中的径向圆跳动值。

（3）圆柱度未注公差值不作规定，由构成圆柱度公差的圆度、直线度和相对素线的平行度的注出或未注公差控制。

（4）平行度未注公差由尺寸公差控制，或用直线度和平面度未注公差中较大者控制。检测时，应取两要素中较长者作为基准，若两要素长度相等则可任选其一为基准。

（5）同轴度未注公差未作规定，可用表2-16中径向圆跳动的未注公差值加以控制。

（6）线、面轮廓度、倾斜度、位置度和全跳动的未注公差值均不做规定，它们均由各要素的注出或未注的线形尺寸公差或角度公差控制。

表2-15　直线度和平面度的未注公差值　（单位：mm）

公差等级	基本长度范围					
	≤10	>10～30	>30～100	>100～300	>300～1 000	>1 000～3 000
H	0.02	0.05	0.1	0.2	0.3	1.6
K	0.05	0.1	0.2	0.4	0.6	0.8
L	0.1	0.2	0.4	0.8	1.2	1.6

表2-16　垂直度的未注公差值　（单位：mm）

公差等级	基本长度范围			
	≤100	>100～300	>300～1 000	>1 000～3 000
H	0.2	0.3	0.4	0.5
K	0.4	0.6	0.8	1
L	0.6	1	1.5	2

表2-17　对称度的未注公差值　（单位：mm）

公差等级	基本长度范围			
	≤100	>100～300	>300～1 000	>1 000～3 000
H	0.5			
K	0.6		0.8	1
L	0.6	1	1.5	2

表 2-18　　圆跳动的未注公差值　　（单位：mm）

公 差 等 级	圆跳动的公差值
H	0.1
K	0.2
L	0.5

零件的形位误差对机械产品的正常工作有很大影响，因此零件的形位精度是评定产品质量的重要技术指标。正确、合理地确定形位公差，对保证产品质量、满足功能要求及提高经济效益十分重要。形位公差的选用是零件精度设计的重要组成部分，选用的内容主要包括 4 方面：公差项目的选择、基准的选择、公差原则的选择和公差等级（公差值）的选择。

2.5.2　形位公差项目选择

形位公差特征项目的选择应考虑零件的结构特征、功能要求，各形位公差项目的特点、检测方便性以及经济性等各方面的因素，经综合分析后确定。

1. 考虑零件的结构特征

零件的结构特征是选择被测要素形位公差项目的基本依据。设计时应首先分析零件加工后可能存在的各种形位误差，对其加以必要的限制，例如，圆柱形零件会有圆度、圆柱度误差；圆锥形零件会有圆度和素线直线度误差；阶梯轴、孔零件会有同轴度误差；孔、槽零件会有位置度或对称度误差；导轨、平台等件会有直线度和平面度误差等。

2. 考虑零件的功能要求

在考虑零件结构特征的基础上，分析影响零件使用功能的主要误差项目是哪些，对其必须加以限制。例如，影响车床主轴工作精度的主要误差是前后轴颈的圆柱度误差和同轴度误差；车床导轨的直线度误差影响溜板的运动精度；与滚动轴承内圈配合的轴颈的圆柱度误差和轴肩的端面圆跳动误差影响轴颈与轴承内圈的配合性能及轴承的工作性能与寿命。又如，箱体类零件（如齿轮箱），为保证传动轴正确安装及其上零件的正常传动，应对同轴孔轴线选择同轴度、对平行孔轴线选择平行度；零件间的联接孔、安装孔等，孔与孔之间、孔与基准之间距离误差的控制，一般不用尺寸公差而用位置度公差，以避免尺寸误差的积累等。

3. 考虑各形位公差项目的特点

在形位公差的 14 个项目中，有单项控制的公差项目，如直线度、平面度、圆度等；还有综合控制的公差项目，如圆柱度、位置公差的各个项目。应该充分发挥综合控制公差项目的功能，这样可以减少图样上给出的形位公差项目，从而减少需检测的形位误差项目。

4. 考虑检测方便性以及经济性

应结合生产场地现有检测条件，在满足功能要求的前提下，选用检测简便的项目。例如，对轴类零件，可用径向全跳动综合控制圆柱度、同轴度；用端面全跳动代替端面对轴线的垂直度等。同时在满足功能要求的前提下，选择项目应尽量少，以获得较好的经济效益。

2.5.3 基准的选择

选择基准时，主要根据零件的功能和设计要求，并兼顾基准统一原则和零件结构特征、检测方便等几方面来考虑。

1. 遵守基准统一原则

遵守基准统一原则即设计基准、定位基准和装配基准是同一要素。这样，既可以减少因基准不重合而产生的误差，又可以简化工夹量具的设计、制造和检测过程。例如，一根阶梯轴就应以安装时支承该轴的两轴颈的公共轴线作为基准。

2. 合理选择基准顺序

选用三基面体系时，应选择对被测要素的功能要求影响最大或定位最稳的平面（可以三点定位）作为第一基准；影响次之或窄而长的平面（可以两点定位）作为第二基准；影响小或短小的平面（一点定位）作为第三基准。

3. 考虑检测方便性

从加工检测方便考虑，应选在加工、检测中方便装夹、定位的要素为基准。

4. 慎用任选基准

任选基准只适合于表面形状完全对称，装配时无论反正、上下颠倒均能互换的零件。任选基准比指定基准要求严，故不经济。

2.5.4 形位公差等级（公差值）的选择

1. 形位公差等级的选择原则

形位公差等级的选择主要考虑零件的使用性能、加工的可能性和经济性等因素。基本原则是：在满足零件使用功能要求的前提下，尽量选用较低公差等级（或较大公差值）。

2. 形位公差等级的选择方法

形位公差等级的选择方法有类比法（经验发）和计算法，通常用类比法确定。

在用类比法确定形位公差等级（公差数值）时，应对各项目形位公差不同精度等级的应用情况有所了解，如表 2-19～表 2-22 所示，可供设计时参考。此外还应注意下列情况。

（1）通常，同一要素的形状公差、位置公差和尺寸公差在数值上应满足关系式

$$T_{形状} < T_{位置} < T_{尺寸}$$

例如，要求平行的两个表面，一般情况下其平面度公差应小于平行度公差，平行度公差又小于两平面间距离的尺寸公差。

（2）一般情况下，表面粗糙度的 R_a 值约占形状公差值的 20%～25%。

（3）考虑零件的结构特点：对于结构复杂、刚性较差或不易加工和测量的零件，如细长轴、薄壁件、大面积平面、远距离孔、轴等，因加工时易产生较大的形位误差，故在满足零件功能要求的前提下，可适当选用低1～2级的公差值。

（4）凡有关标准已对形位公差作出规定的，都应按相应标准确定。例如，与滚动轴承相配合的轴颈及箱孔的圆柱度、肩台断面跳动，齿轮箱平行孔轴线的平行度，机床导轨的直线度等。

表2-19 直线度、平面度公差等级应用示例

公差等级	应用举例
5级	1级平板，2级宽平尺，平面磨床纵导轨、垂直导轨、立柱导轨和平面磨床的工作台，液压龙门刨床导轨面，转塔车床床身导轨面，柴油机进气、排气阀门导杆
6级	普通机床导轨面，如卧式车床、龙门刨床、滚齿机、自动车床的床身等的床身导轨、立柱导轨，柴油机壳体
7级	2级平板，机床主轴箱、摇臂钻床底座和工作台，镗床工作台、液压泵盖、减速器壳体结合面
8级	用于传动箱体、挂轮箱体、车床溜板箱体、柴油机汽缸体、连杆分离面、缸盖结合面、汽车发动机缸盖、曲轴箱结合面、液压管件和法兰连接面
9级	3级平板，自动车床床身底面、摩托车曲轴箱体、汽车变速箱壳体、手动机械的支承面

表2-20 圆度、圆柱度公差等级应用示例

公差等级	应用举例
5级	一般的计量仪器主轴、测杆外圆柱面，陀螺仪轴颈，一般车床轴颈及主轴轴承孔，柴油机、汽油机活塞、活塞销，与E级滚动轴承配合的轴颈
6级	仪器端盖外圆柱面，一般车床主轴及前轴承孔，泵、压缩机的活塞、汽缸，汽油发动机凸轮轴，纺机锭子，减速器转轴轴颈，高速船用柴油机，拖拉机曲轴主轴颈，与E级滚动轴承配合的外壳孔、千斤顶或压力油缸活塞、机车
7级	大功率低速柴油机曲轴轴颈活塞活塞销、连杆、汽缸，高速柴油机箱体轴承孔，千斤顶或压力油缸活塞，机车传动轴，水泵及通用减速器转轴轴颈，与G级轴承配合的外壳孔
8级	大功率低速发动机曲柄轴轴颈，压气机连杆盖、连杆体，拖拉机汽缸、活塞，炼胶机冷铸轴辊，印刷机传墨辊，内燃机曲轴轴颈，柴油机曲轴轴颈，柴油机凸轮轴承孔、凸轮轴，拖拉机、小型船用柴油机汽缸套
9级	空气压缩机缸体，液压传动筒，通用机械杠杆与拉杆用套销子，拖拉机活塞环、套筒孔

表2-21 平行度、垂直度、倾斜度公差等级应用示例

公差等级	应用举例
4级，5级	卧式车床导轨，重要支承面，机床主轴孔对基准的平行度，精密机床重要零件，计量仪器、量具、模具的基准面和工作面，床头箱体重要孔，通用机械减速器壳体孔，齿轮泵的油孔端面，发动机轴和离合器的凸缘，汽缸支承端面，安装精密滚动轴承的壳体孔的凸肩
6级，7级，8级	一般机床的基面和工作面，压力机和锻锤的工作面，中等精度钻模的工作面，机床一般轴承孔对基准面的平行度，变速器箱体孔，主轴花键对定心部位轴线的平行度，重型机械轴承盖端面，卷扬机，手动传动装置中的传动轴，一般导轨，主轴箱体孔，刀架，砂轮架，汽缸配合面对基准轴线，活塞销孔对活塞中心线的垂直度，滚动轴承内、外圈端面对轴承的垂直度
9级，10级	低精度零件，重型机械滚动轴承端盖，柴油机、煤气发动机箱体曲轴孔、曲轴颈，花键轴和轴肩端面，皮带运输机法兰盘等端面对轴线的垂直度，手动卷扬机及传动装置中的轴承端面、减速器壳体平面

表 2-22　同轴度、对称度、跳动公差等级应用示例

公差等级	应用举例
5 级，6 级，7 级	这是应用范围较广的公差等级。用于形位精度要求较高、尺寸公差等级为 IT8 及高于 IT8 的零件。5 级常用于机床轴颈，计量仪器的测量杆，汽轮机主轴，柱塞油泵转子，高精度滚动轴承外圈，一般精度滚动轴承内圈，回转工作台端面跳动。7 级用于内燃机曲轴、凸轮轴、齿轮轴，水泵轴，汽车后轮输出轴，电动机转子，印刷机传墨辊的轴颈，键槽
8 级，9 级	常用于形位精度要求一般，尺寸公差等级 IT9～IT11 的零件。8 级用于拖拉机发动机分配轴轴颈，与 9 级精度以下齿轮相配的轴，水泵叶轮，离心泵体，棉花精梳机前后滚子，键槽等。9 级用于内燃机汽缸套配合面，自行车中轴

2.6 形位误差的检测

2.6.1 形位误差的评定

1. 形位误差的评定内容

形位公差的研究对象是具有几何特征的要素，对实际要素的形状和位置误差的评定与尺寸误差的极限制评定方法完全不同。形位误差是采用包容制进行评定的，即被测要素形位误差的大小，是以一个由被测要素的理想要素形成的包容被测实际要素的区域的大小来评定的。

评定形位误差时，理想要素或体现理想要素的量具摆放的位置不同，测得误差的结果也不同，如图 2-36 所示。因此，国家标准规定：在评定形位误差时，理想要素的位置按最小条件确定。

图 2-36（a）所示表明ϕ20mm 轴有素线直线度公差要求，测量直线度误差时，测量截面内理想直线相对零件实际廓线可有多种摆放位置，形成多个包容区域，如图 2-36 所示的三种摆放位置 A_1—B_1、A_2—B_2、A_3—B_3 中，A_1—B_1（过实际轮廓上的最高点）与其平行线（过实际轮廓上的两个最低点）所组成的两理想直线包容区域，相比之下其宽度 f_1 最小，f_1 就是直线度误差。

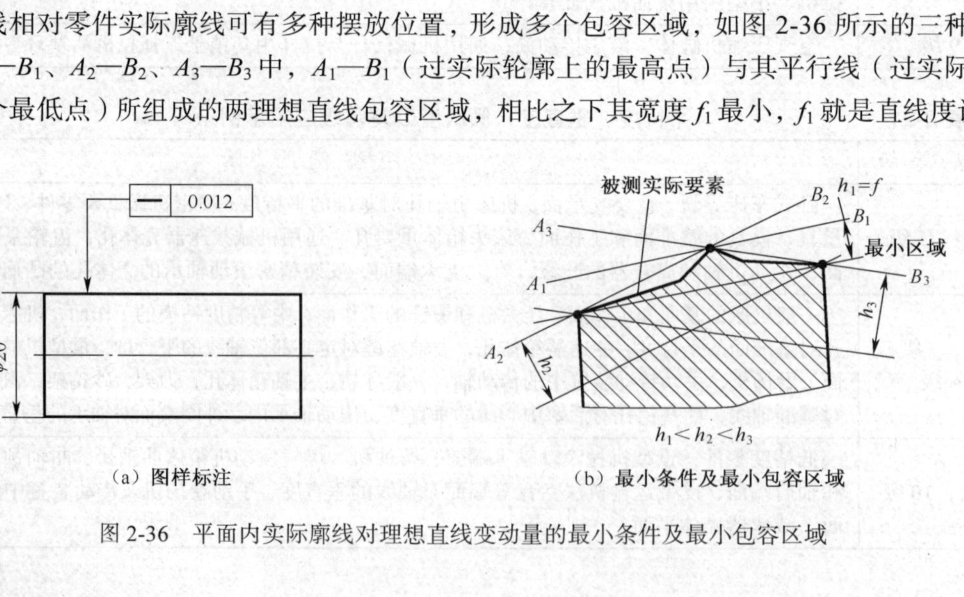

（a）图样标注　　（b）最小条件及最小包容区域

图 2-36　平面内实际廓线对理想直线变动量的最小条件及最小包容区域

2. 形位误差的评定准则——最小条件

最小条件是指用理想要素包容被测实际要素时，应使被测实际要素相对理想要素的最大变动量为最小，即使理想要素与被测实际要素相接触、形成最小包容区域（简称最小区域）。

这一变动量，即最小包容区域的大小（宽度或直径），就是形位误差值，因此要获得正确的形位误差值，就是要在测量时确定合理的最小区域。不同项目、被测要素的最小包容区域可按判别准则判定。

3. 形位误差的最小包容区域

（1）评定形状误差的最小区域　形状误差是单一实际要素相对其理想要素的变动量。形状误差评定的最小区域是与相应公差项目的公差带形状相同、包容实际被测要素且具有最小宽度或直径的区域；其宽度或直径就是其形状误差值。实际生产中最多见的形状误差测量，其最小区域可按下列准则判别。

① 测量平面内直线度误差：包容实际廓线的两理想直线必须与实际廓线形成至少两高一低（或两低一高）且高低相间的接触形式，所形成的区域才是最小区域，称为相间准则，如图 2-37 所示。

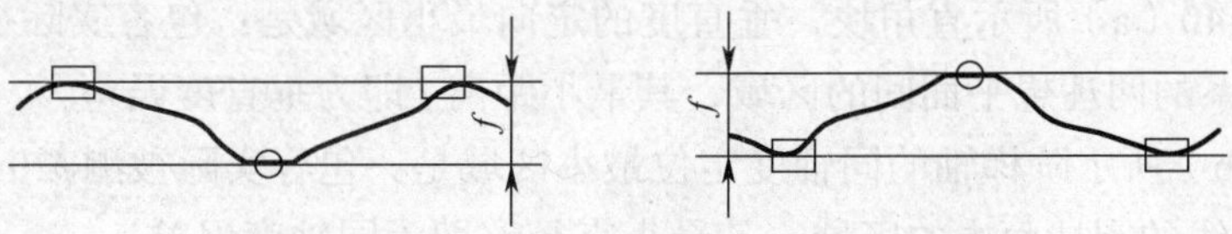

图 2-37　评定平面内直线度误差的最小区域

② 测量圆度误差：包容实际圆轮廓的两理想同心圆必须与被测实际圆轮廓形成至少有 4 点内外交替的接触形式，所形成的区域才是最小区域，也称为相间准则，如图 2-38 所示。

③ 测量平面度误差：包容区域为两理想平行平面间的区域，被测实际平面至少有 4 点分别与其相接触。这又分为两种情况：三点与一面、一点与另一面接触，但一点的投影应落在三点形成的三角形内（三角形准则）；两点分别与两面接触，但两点连线应交叉（交叉准则）。如图 2-39 所示。

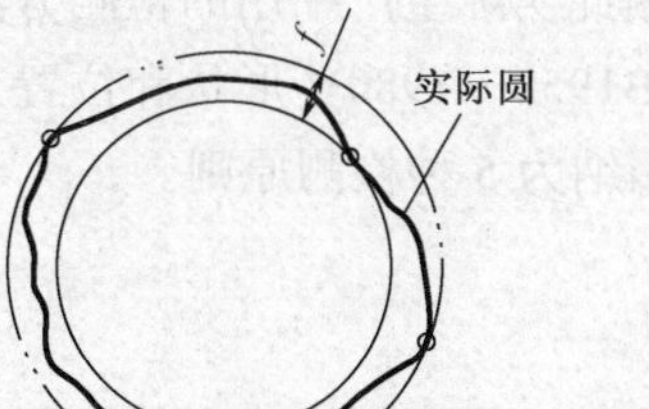

图 2-38　评定圆度误差的最小区域

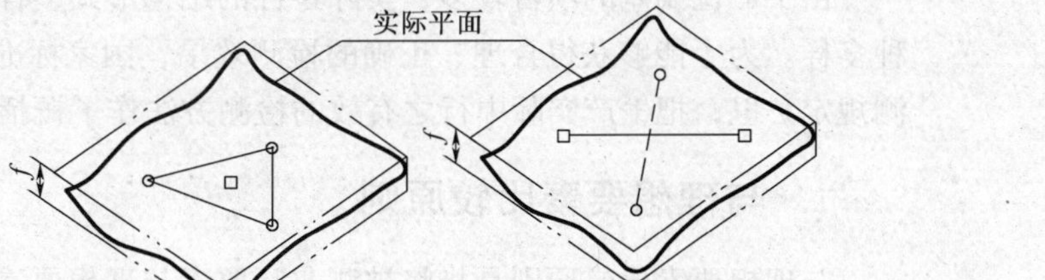

图 2-39　评定平面度误差的最小区域

注意：最小区域法是评定形状误差的基本方法。在满足功能要求的前提下，也允许采用近似的评定方法。例如，评定直线度误差时，常以两端点连线作为理想直线（两端点连线法）；评定圆度误差时，常以最小二乘圆作为拟合圆（最小二乘圆法）等。用近似方法评定得到的形状误差值一般大于用最小区域法评定得到的误差值。当采用不同评定方法得到不同误差值而引起争议时，应以最小区域法评定的误差值作为仲裁依据。

（2）评定位置误差的最小区域　位置误差是关联实际要素相对其理想要素的变动量，理想要素的方向和位置由其基准决定。评定位置误差的最小区域是与相应项目公差带形状相同、且与基准保持给定的几何关系（定向或定位）的实际被测要素包容区域；其宽度或直径就是其位置误差值。很明显，它与评定形状误差的最小区域的区别是：其与基准必须保持给定的定向或定位几何关系，故称为定向或定位最小区域（见图 2-40）。

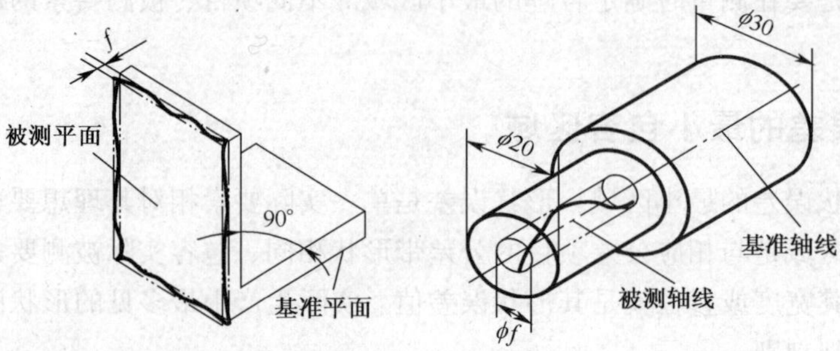

（a）评定垂直度误差的定向最小区域　（b）评定同轴度误差的定向最小区域

图 2-40　评定位置误差的最小区域

例如，图 2-40（a）所示直角块，垂直度的定向最小区域是：包容实际被测平面且与基准平面保持垂直关系的两理想平面间的区域，其最小距离 f 即为垂直度误差。

如图 2-40（b）所示阶梯轴的同轴度定位最小区域是：包容实际被测 ϕ20mm 轴线且以基准 ϕ30mm 轴线为轴线的圆柱面内的区域，其最小直径 ϕf 即为同轴度误差。

注意：评定位置误差的基准应该是理想要素，但由于它也是经实际加工形成的，本身也存在误差，故也应要求其符合最小条件。在实际检测中，通常用形状足够精确的表面来模拟基准。例如，可用平台、平板模拟基准平面；用可胀式芯轴模拟孔的基准轴线；用 V 形铁来体现轴的基准轴线等。

2.6.2　形位误差的检测原则

由于形位误差的项目较多，实际零件的结构形式多样，因此实际生产中用的检测方法也多种多样。为了能够获得合理、正确的检测效果，国家标准 GB1958—1980《形状和位置公差检测规定》里，把生产实际中行之有效的检测方法作了概括，归纳为 5 种检测原则。

1. 与理想要素比较原则

与理想要素比较原则是指将被测实际要素与理想要素相比较，用直接法或间接法测出其形位误差值。

这是一条基本原则，许多形位公差的检测都应用这条原则。但在实际测量中绝对的理想要素是不存在的，因此在实际测量中理想要素常用模拟方法来体现，具体方法有以下两种。

（1）以数据模拟体现　例如，测量平面度误差，在被测平面上有规律地排列测点位置，用指示表测得各测点数据，然后用数学方法通过计算模拟出理想平面。

（2）以实物模拟体现　例如，以平板模拟平面，以样板的轮廓线模拟理想轮廓线，以刀口尺的刃口、一束光束、大地水平线等模拟理想直线等。

2. 测量坐标值原则

测量坐标值原则是指测量被测要素的坐标值，经过数据处理后获得形位误差值。该原则多用于轮廓度、位置度的测量。

3. 测量特征参数原则

测量特征参数原则是指测量被测实际要素上具有代表性的参数来近似表示形位误差值。

按特征参数评定形位误差是一种近似的测量方法，但因其操作简便且在生产中易于进行，故应用较为普遍。例如，测壁厚检验孔的对称度误差，就是取壁厚作为特征参数进行测量的；又如测量圆形零件的半径变动量检验圆度误差，是以半径为圆度误差的特征参数等。

4. 测量跳动原则

测量跳动原则即测量跳动误差的原则，是将被测要素绕基准轴线回转，测得指示器最大与最小读数之差，即是跳动误差。跳动公差是按测量方法定义的项目，其检测既经济又简便，在实际生产中常用跳动误差来代替一些成本高且难度大的形位误差测量项目。

5. 控制实效边界原则

控制实效边界原则，是检验被测要素是否超出实效边界，以判断零件合格与否。此原则适用于采用最大实体要求的场合。

一般采用综合量规来进行检验，其检验原理是：综合量规的测量面尺寸是按被测要素的最大实体尺寸制造的，其位置接近实效边界，量规通过被测要素，表明被测要素在实效边界范围内，产品合格；通不过，则不合格。

如图 2-41 所示为用孔用综合量规检验零件小端孔相对于大端孔轴线同轴度合格性的示例。

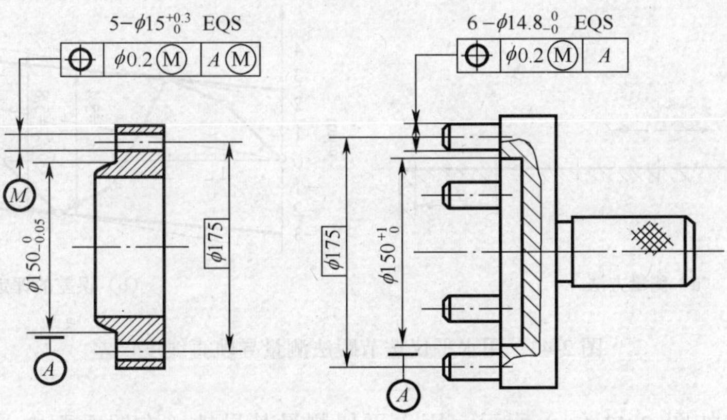

图 2-41 用综合量规（孔用）测量位置度误差

2.6.3 形位误差的检测

考虑到在实际生产中检测的方便性和实用性，国家标准在 GB/T1182—1996 中进一步规定，除跳动公差外的其余 12 个项目的形位误差值，均可按其最小区域确定，不限测量方法。因此在实际测量中，应将5条检测原则作为理论依据，根据零件的具体情况选择恰当合理的检测方法。下面是一些常见形位误差检测方法示例。

1. 直线度误差检测

（1）光隙法（直接测量） 光隙法适用于经磨削后的较短平面，在给定方向上的直线度误差测量。使用器具有：刀口尺和塞尺。如图2-42所示，刀口尺的刃口体现理想直线。测量时，将刃口与被测直线相接触，用肉眼观察透光量的情况，当最大光隙为最小时（最小条件），即为直线度误差。

（a）刀口尺 （b）塞尺 （c）测量方法

图2-42 光隙法测量

（2）节距法（间接测量） 节距法适用于计量时对较长零件表面直线度的测量。

如图2-43所示，是用水平仪按节距法测量某导轨直线度误差的实例。测量时需将被测导轨按一定的节距等分，得到若干等距测点；然后利用桥板、水平仪依次顺序测量后点相对前点的高度差；经数据处理后，用作图法得到直线度误差值。

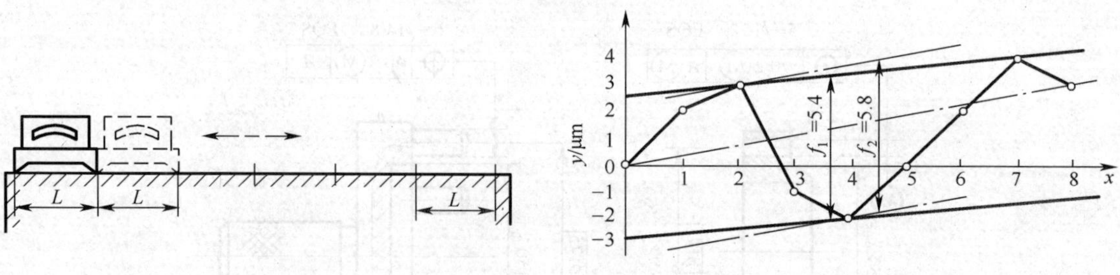

（a）测量方法 （b）误差的评定

图2-43 用水平仪按节距法测量导轨直线度误差

【例2-1】 如图2-43（a）所示，用水平仪测量某导轨（在铅垂面内）的直线度误差，测得数据如表2-23所示（已换算成以μm为单位）。试用作图法求直线度误差。

解：水平仪按节距法测量是以水平面为测量基准（模拟理想平面）顺序测量导轨上后一点相对于前一点的高度差。所以，应先将各测点的读数值换算到同一坐标系。为此，可取导轨的起始测点（第0点）为原点，令其纵坐标为零，则其余各测点的纵坐标值可按逐点累计的方法得到，见表2-23。

表 2-23　导轨直线度误差数据处理表　（单位：μm）

测点序号	0	1	2	3	4	5	6	7	8
读数值	0	+2	+1	−4	−1	+2	+2	+2	−1
累计值	0	+2	+3	−1	−2	O	+2	+4	+3

以横坐标为被测要素的长度（坐标为点序），纵坐标为各测点处的高度偏差值（累计值）。为方便起见，作图时被测要素的长度通常取缩小的比例，而反映各测点处偏差值的纵坐标必须采用放大的比例才能在图上表示清楚。因此，在图上横、纵坐标的比例并不相同，如图 2-43（b）所示。在图上描出各点坐标位置后顺序连接得到误差折线（可视为被测线）。

（1）按直线度误差最小区域判别法评定：在折线图上，过两个最高点（2,+3）和（7,+4）作一直线，再过最低点（4,−2）作上述直线的平行线。这两条平行线之间沿纵坐标方向的距离 f_1 即为按最小区域法评定的直线度误差值，从图上可量得 f_1=5.4μm。

（2）按两端点连线法评定：过两端测点（0,0）和（8,+3）作一直线，再分别过与此直线上、下相距最远的两点（2,+3）和（4,−2）作两端点连线的两条平行线。这两条平行线间沿纵坐标方向的距离即为按两端点连线法评定的直线度误差值。从图上可量得 f_2=5.8μm。

2. 平面度误差检测

平面度误差检测使用的器具有：平板、支撑、带支架的指示表等。测量时将被测平面支撑在平板上（作为测量基准），用指示表测量被测平面上具有代表性的测点的数值如图 2-44 所示，再用适当的方法评定出平面度误差值。

3. 圆度、圆柱度误差检测

圆度、圆柱度误差的检测方法分为两类：一类是用专用量仪进行测量，如圆度仪、坐标测量仪等；另一类是用通用量具进行测量。如图 2-45 所示，是用圆度仪测量。

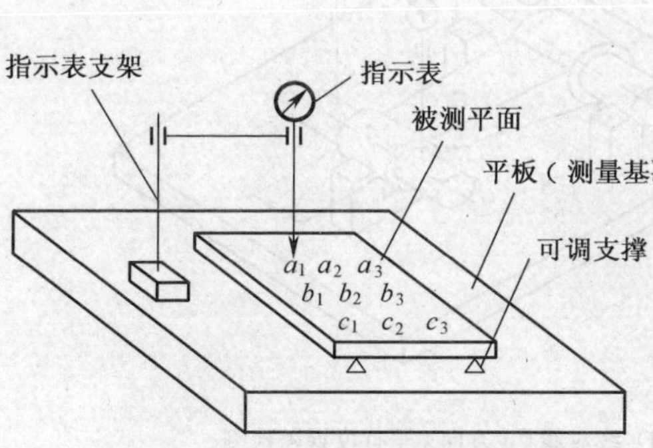

图 2-44　用指示表测量平面度误差

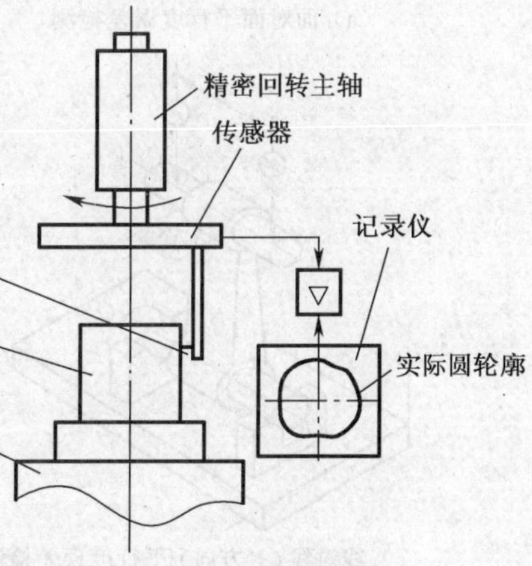

图 2-45　用圆度仪测量圆度

4. 平行度误差检测

平行度误差检测使用的器具有：平板、带支架的指示表、可胀式心轴、V 形架等。

（1）面对面平行度误差检测　如图 2-46（a）所示，将被测零件放置在平板（模拟为基准）上，使指示表测头在被测表面上多点位移动，指示表最大与最小值之差即为零件上表面相对于底面的平行度误差。

$$f_{/\!/}=|M_{max}-M_{min}| \quad (2\text{-}3)$$

（2）线对面平行度误差检测　如图 2-46（b）所示，将被测零件（长度为 L_1）放置在平板上，被测轴线由可胀式心轴模拟，将指示表测头置于铅垂轴截面内测量距离为 L_2 的两位置处，测得读数分别为 M_1 和 M_2，则轴线相对于底面的平行度误差为

$$f_{/\!/}=|M_1-M_2|\frac{L_1}{L_2} \quad (2\text{-}4)$$

（3）线对线平行度误差检测　根据检测方向分为以下三种。

① 要求一个方向：被测零件如图 2-46（c）所示放置，被测轴线Ⅰ—Ⅰ（长度为 L_1）和基准轴线 O—O 均由可胀式心轴模拟，将指示表测头置于被测心轴铅垂轴截面内测量距离为 L_2 的两位置处，测得读数分别为 M_1 和 M_2，则被测轴线Ⅰ—Ⅰ相对于基准轴线 O—O 在 Y 方向的平行度误差为

$$f_{/\!/Y}=|M_1-M_2|\frac{L_1}{L_2} \quad (2\text{-}5)$$

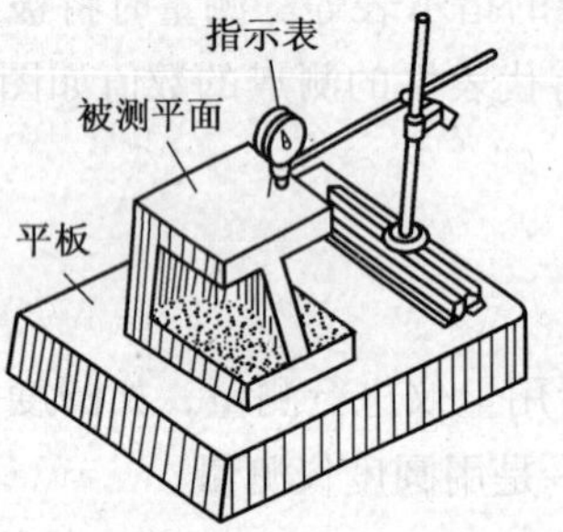

（a）面对面平行度误差检测

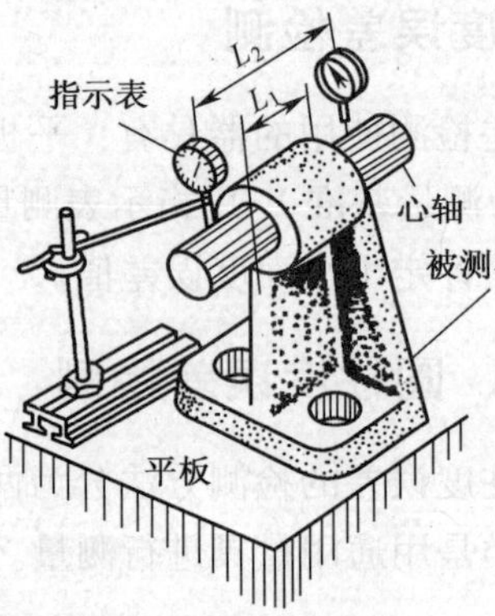

（b）线对面平行度误差检测

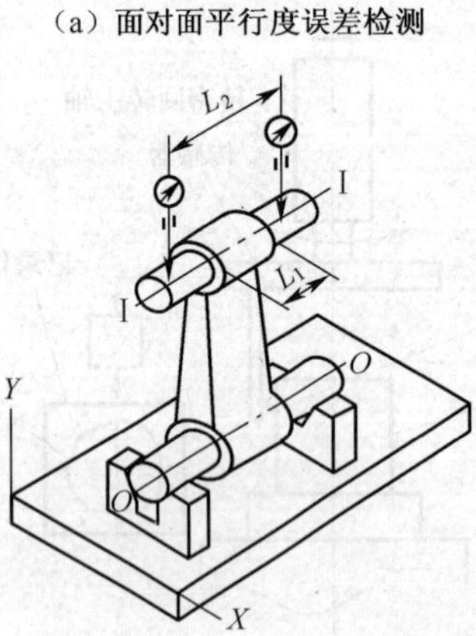

（c）线对线（Y 方向）平行度误差检测

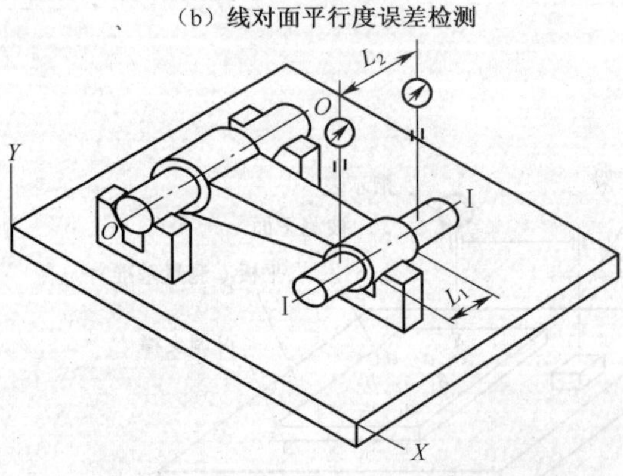

（d）线对线（X 方向）平行度误差检测

图 2-46　平行度检测

② 要求互相垂直两个方向：首先测量出 $f_{/\!/Y}$ 后，再如图 2-46（d）所示进行 X 方向测量，得

$$f_{/\!/X}=|M_1-M_2|\frac{L_1}{L_2} \quad (2\text{-}6)$$

$f_{//X}$和$f_{//Y}$分别不超差，零件合格。

③ 要求任意方向：按上述方法分别测出$f_{//X}$和$f_{//Y}$后，计算得

$$f_{//}=\sqrt{f_{//X}^2+f_{//Y}^2} \tag{2-7}$$

5. 垂直度误差检测

垂直度误差检测使用的器具有：平板、精密直角尺、塞尺、转台、直角座、带支架的指示表、可胀式心轴等。

（1）面对面垂直度误差检测　如图 2-47（a）所示，将被测零件放置在平板上（模拟基准），将精密直角尺短边置于平板上，长边（模拟理想平面）靠在被测平面上，用塞尺测量之间最大间隙，其数值即为被测平面相对于底面的垂直度误差。

（2）面对线垂直度误差检测　如图 2-47（b）所示，将被测零件放置在导向块内，基准轴线由导向块模拟，用指示表测量被测上表面，其最大与最小值之差即为零件表面相对于基准轴线的垂直度误差。

（3）线对面垂直度误差检测　如图 2-47（c）所示，将被测零件放置在转台（其底面模拟基准平面）上，并使被测零件轴线与转台轴线同轴，使转台旋转，同时测头沿零件轴向移动，读数最大差值的一半即为被测零件轴线相对于底面的垂直度误差。

$$f_{\perp}=\frac{1}{2}(M_{max}-M_{min}) \tag{2-8}$$

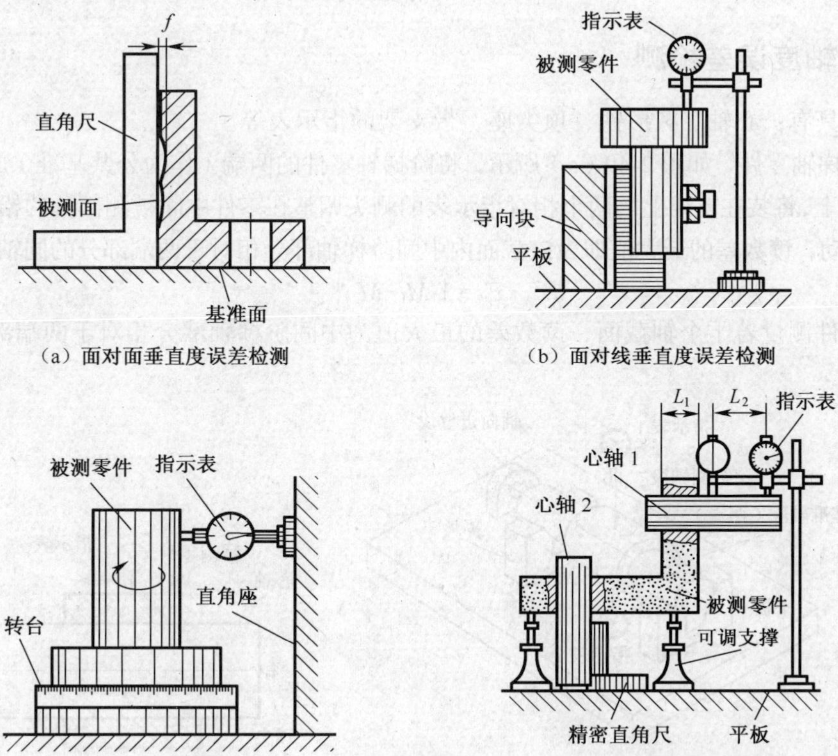

（a）面对面垂直度误差检测　（b）面对线垂直度误差检测

（c）线对面垂直度误差检测　（d）线对线垂直度误差检测

图 2-47　垂直度误差检测

（4）线对线垂直度误差检测　如图 2-47（d）所示，被测水平孔（长度为 L_1）与基准竖直孔轴线分别由可胀式心轴 1 和心轴 2 模拟，调整基准心轴 2 使其与平板垂直，将测头置于被测心轴铅垂轴切面内测量距离为 L_2 的两位置处，测得读数分别为 M_1 和 M_2，则水平孔相对于竖直孔轴线的垂直度误差是

$$f_{\perp}=|M_1-M_2|\frac{L_1}{L_2} \tag{2-9}$$

6. 对称度误差检测

对称度误差检测使用的器具有：平板、带支架的指示表等。

如图 2-48 所示，将零件放置在平板上，测量①槽面上各测点的高度。然后翻转零件，测量②槽面上各对应点的高度，各对应两测点数值的最大差值即为槽两侧面相对于零件中心平面的对称度误差。

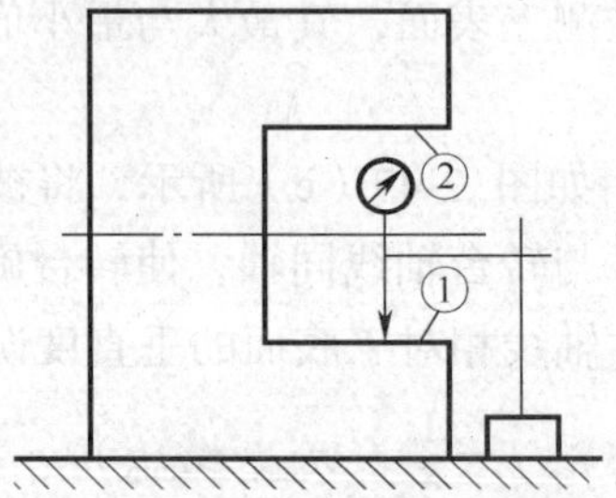

图 2-48　对称度误差检测

7. 同轴度误差检测

使用器具有：心轴、V 形铁、顶尖座、带支架的指示表等。

（1）阶梯轴零件　如图 2-49（a）所示，将阶梯轴零件的两端（作为公共基准）放置在两个等高的 V 形铁上，将装在支架上的两个相对指示表的测头调整在零件中间被测部分的铅垂轴截面内，并沿轴向移动，读数差的最大值即为该截面内中间阶梯轴部分相对于两端部分的同轴度误差。

$$F_{◎}=|M_1-M_2| \tag{2-10}$$

转动零件测量若干个轴截面，读数差的最大值为中间阶梯轴部分相对于两端部分的同轴度误差。

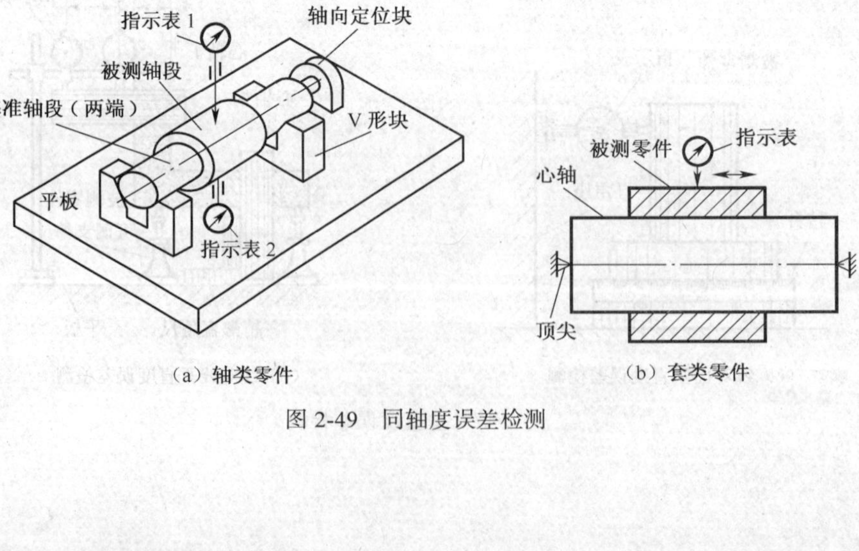

图 2-49　同轴度误差检测

（2）套类零件　如图 2-49（b）所示，将套类零件通过可胀式心轴上装在两同轴顶尖（中心线体现基准轴线）之间，将指示表的测头调整在零件铅垂轴截面内。测量时，零件连续旋转，同时指示表沿轴向移动，读数差的最大值即为轴套孔轴线相对于基准轴线的同轴度误差。

8. 跳动误差检测

跳动误差检测使用的器具有：平板、V 形铁、定位套、带支架的指示表等。

跳动公差测量的对象仅是轴、套类零件，基准是零件轴线。

（1）测量径向跳动　如图 2-50（a）所示，将被测轴装在两同轴顶尖（中心线体现基准轴线）之间，将指示表的测头调整在零件铅垂轴截面内。当被测轴回转一周时，指示表的最大与最小读数之差，即是径向圆跳动误差。

零件连续旋转，同时指示表沿轴向匀速移动，指示表的最大与最小读数之差，即是径向全跳动误差。

（2）测量端面跳动。如图 2-50（b）所示，将被测轴放置在 V 形铁上，左端用顶尖顶住，指示表测头（平行于轴线）置在右端面距圆心为 R 处，当被测轴回转一周时，指示表的最大与最小读数之差，即是距圆心为 R 处的端面圆跳动误差。

零件连续旋转，同时指示表沿半径线向圆心匀速移动，指示表的最大与最小读数之差，即是端面全跳动误差。

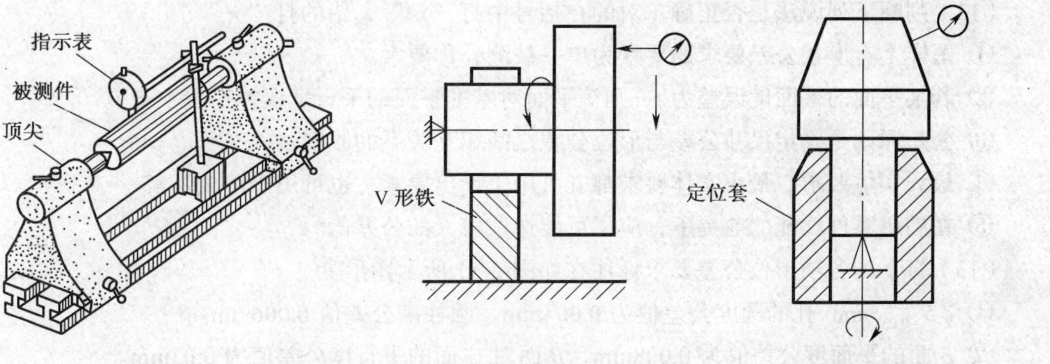

（a）径向跳动　（b）端面跳动　（c）斜向圆跳动

图 2-50　跳动误差测量

（3）测量斜向圆跳动　如图 2-50（c）所示，将被测锥轴放置在定位套中，下端用顶尖顶住，指示表测头（垂直于母线）置在圆锥面上。当被测轴回转一周时，指示表的最大与最小读数之差，即是圆锥面的斜向圆跳动误差。

练习与思考

（1）形位公差研究的对象是什么？如何区分组成要素和导出要素、公称要素和提取要素、单一要素和关联要素？

（2）试说明形状公差和位置公差各有几项，其名称和符号各是什么？

（3）标注形位公差时，指引线如何指引？如何区分被测要素和基准要素？

（4）什么是形位公差带？构成形位公差带的要素有哪些？形位公差带的形状如何确定？形状公差带的哪些要素是随被测实际要素浮动的？

（5）比较下列每两项形位公差的公差带有何异同？

① 圆柱面素线直线度和圆柱面轴线直线度的公差带。

② 同一表面的平面度和平行度的公差带。

③ 圆度和圆柱度的公差带。

④ 端面对轴线的垂直度和端面全跳动的公差带。

⑤ 圆柱度和径向全跳动的公差带。

（6）被测要素的形位公差值前什么时候需要加ϕ?

（7）什么是评定形位误差的最小条件和最小包容区域？最小包容区域由哪些要素组成？其与形位公差带有何区别与联系？

（8）说明独立原则、包容要求、最大实体要求、最小实体要求和可逆要求的含义，如何在图样上表示这些公差原则？设计时，它们分别适用于什么场合？

（9）实际尺寸、作用尺寸、最大和最小实体尺寸、实效尺寸等尺寸之间有何区别和联系？

（10）形位公差值的选择原则是什么？具体选择时应考虑哪些情况？

（11）图样上未注明形位公差的要素应如何理解？图样上如何表示？

（12）判断下列说法是否正确（对的在括号中打“√”，错的打“×”）

① 图样上有形状公差要求的要素为单一被测公称要素。（ ）

② 若某平面的平面度误差为f，则该平面对基准平面的平行度误差一般小于f。（ ）

③ 公差原则是确定尺寸公差与形位公差之间相互关系的原则。（ ）

④ 最大实体要求、最小实体要求都既可用于导出要素，也可用于组成要素。（ ）

⑤ 在满足零件功能的前提下，应尽可能选取较大的公差值。（ ）

（13）将下列各项形位公差要求标注在如图 2-51 所示图形上。

① $\phi 5^{+0.05}_{-0.03}$ mm 孔的圆度公差值为 0.004mm，圆柱度公差值 0.006mm。

② B 面的平面度公差值为 0.008mm，B 面对 C 面的平行度公差值为 0.03mm。

③ 平面 F 对$\phi 5^{+0.05}_{-0.03}$ mm 孔轴线的端面圆跳动公差值为 0.02mm。

④ $\phi 18^{-0.05}_{-0.10}$ mm 的外圆柱面轴线对$\phi 5^{+0.05}_{-0.03}$ mm 孔轴线的同轴度公差值为 0.08mm。

⑤ 90° 30″ 密封锥面 G 的圆度公差值为 0.002 5mm，G 面的轴线对$\phi 5^{+0.05}_{-0.03}$ mm 孔轴线的同轴度公差值为 0.012mm。

⑥ $\phi 12^{-0.15}_{-0.26}$ mm 外圆柱面轴线对$\phi 5^{+0.05}_{-0.03}$ mm 孔轴线的同轴度公差值为 0.08mm。

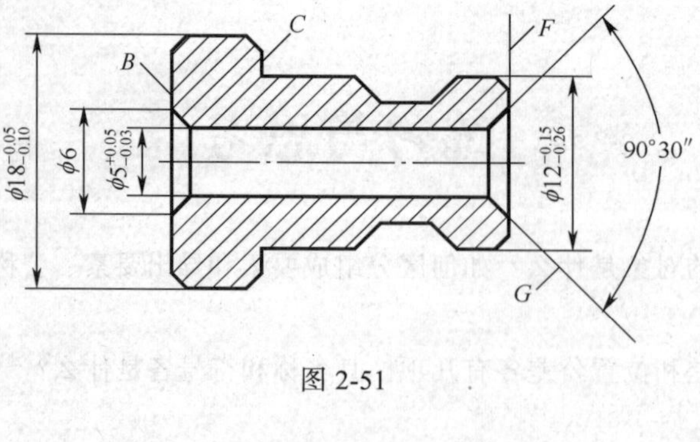

图 2-51

第3章 表面粗糙度及评定

在切削加工过程中，由于刀痕、切屑分离时的变形、刀具和已加工表面间的摩擦及工艺系统的高频振动等原因，在零件已加工表面上总会出现较小间距和微小峰谷所组成的微观几何形状特征，此特征称为表面粗糙度。

3.1 表面粗糙度的概念

表面粗糙度反映的是实际表面几何形状误差的微观特性。在放大镜和显微镜下观察，可以看到高低不平的状况，凸起的部分称为峰，凹陷的部分称为谷，如图 3-1 所示。

零件表面存在的几何形状误差，除表面粗糙度外，还有宏观几何形状误差（也称为形状误差）和微观几何形状误差（表面波度）之分。通常，当波距小于 1mm 时属于表面粗糙度，波距大于 10mm 时属于形状误差，波距在 1～10mm 时属于表面波度。

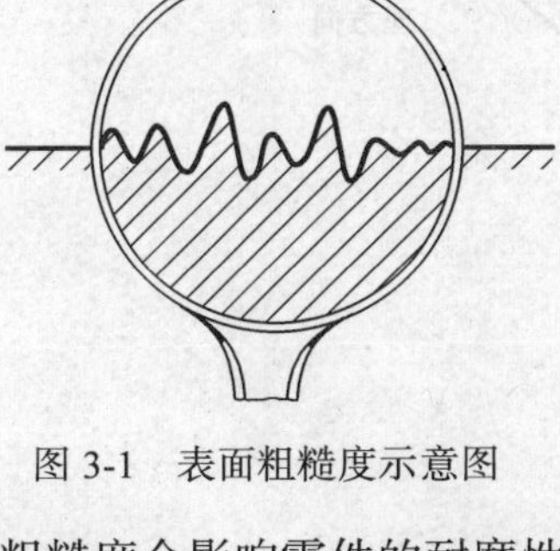

图 3-1　表面粗糙度示意图

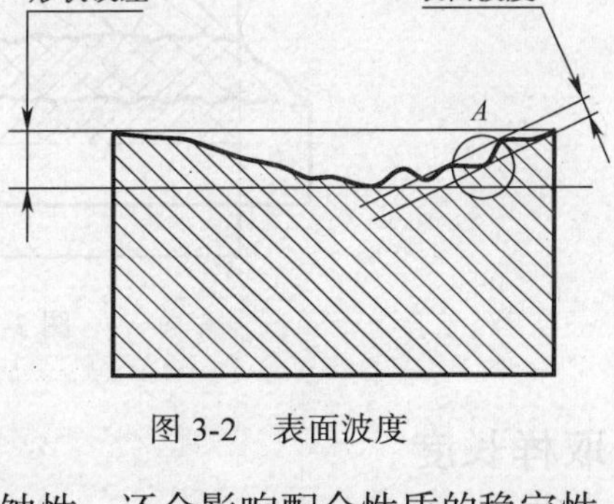

图 3-2　表面波度

表面粗糙度会影响零件的耐磨性、强度和抗腐蚀性，还会影响配合性质的稳定性。

表面越粗糙，摩擦系数越大，摩擦阻力也越大，零件配合表面的磨损就越快；对于间隙配合，粗糙的表面会因峰顶很快磨损而使间隙逐渐加大；对于过盈配合，因装配表面的峰顶被挤平，使实际有效过盈减小，降低连接强度。表面越粗糙，表面微观不平的凹痕就越深，交变应力作用下的应力集中就会越严重，越容易造成零件抗疲劳强度的降低，导致失效；腐蚀性气体或液体越易在谷底出聚集，并通过表面微观凹谷渗入到金属内层，造成表面锈蚀。在接触刚度方面，表面越粗糙，表面间接触面积越小，导致单位面积受力增大，造成峰顶处的塑性变形加剧，接触刚度下降，影响机器的工作精度和平稳性。

3.2 表面粗糙度的评定标准

3.2.1 基本术语

我国现行的表面粗糙度标准有《产品几何技术规范表面结构轮廓法表面结构的术语、定义及参数》（GB/T3505—2000）、《表面粗糙度参数及其数值》（GB/T1031—1995）、《机械制图表面粗糙度符号、代号及其注法》（GB/T131—1993）。

1. 实际轮廓（表面轮廓）

实际轮廓是指平面与实际表面相交所得的轮廓线。

按相截方向的不同，它又可分为横向实际轮廓和纵向实际轮廓。在评定表面粗糙度时，除非特别指明，通常均指横向实际轮廓，即垂直于加工纹理方向的平面与实际表面相交所得的轮廓线，如图 3-3 所示。在这条轮廓线上测得的表面粗糙度数值最大。对车削、刨削等加工来说，这条轮廓线反映出切削刀痕及背吃刀量引起的表面粗糙度。

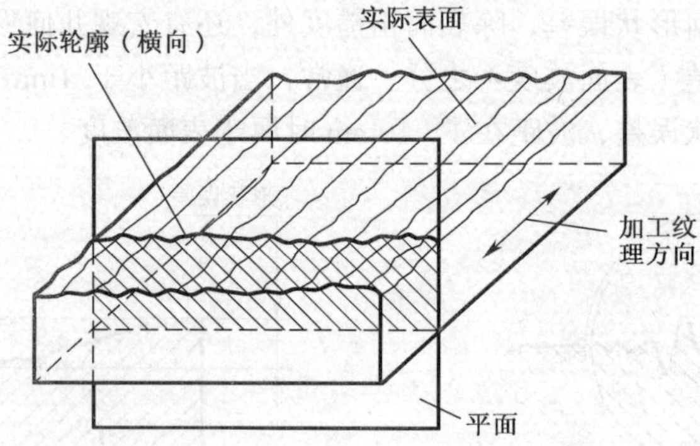

图 3-3　实际轮廓

2. 取样长度

取样长度（l_r）是指用于判别具有表面粗糙度特征的一段基准线长度，规定取样长度的目的是限制和减弱表面波度对测量结果的影响，如图 3-4 所示。标准规定取样长度按表面粗糙程度合理取值，通常应包含至少 5 个轮廓峰和轮廓谷。

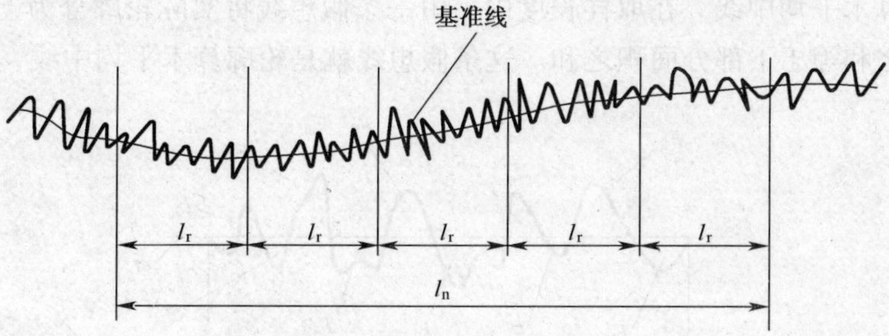

图 3-4　取样长度和评定长度

3. 评定长度

在评定表面粗糙度时所必须的一段长度称为评定长度（l_n）（见图 3-4）。评定长度可包含一个或几个取样长度，以便充分反映整个表面的粗糙度特征。对加工痕迹均匀的表面，其评定长度可取短些，反之宜取长些。在各取样长度范围内测量表面粗糙度，取各测量结果的算术平均值评定其表面粗糙度。

国家标准（GB/T1031—1995）对 l_r、l_n 的数值作了规定，见表 3-1。

表 3-1　l_r、l_n 的数值（GB/T1031—1995）

R_a/μm	R_z/μm	l_r/mm	l_n/mm
≥0.008～0.02	≥0.025～0.10	0.08	0.4
＞0.02～0.10	＞0.10～0.50	0.25	1.25
＞0.1～2.0	＞0.50～10.0	0.8	4.0
＞2.0～10.0	＞10.0～50.0	2.5	12.5
＞10.0～80.0	＞50.0～320	8.0	40.0

4. 基准线

基准线（中线 m）是用以评定表面粗糙度参数大小所规定的一条参考线，以此来作为评定表面粗糙度参数大小的基准。

基准线有如下两种。

（1）轮廓最小二乘中线　在取样长度内，使轮廓上各点至一条假想线距离的平方和为最小，这条假想线就是最小二乘中线，如图 3-5 所示，即

$$Z_{min} = \int_0^{l_r} z^2 dx \qquad (3\text{-}1)$$

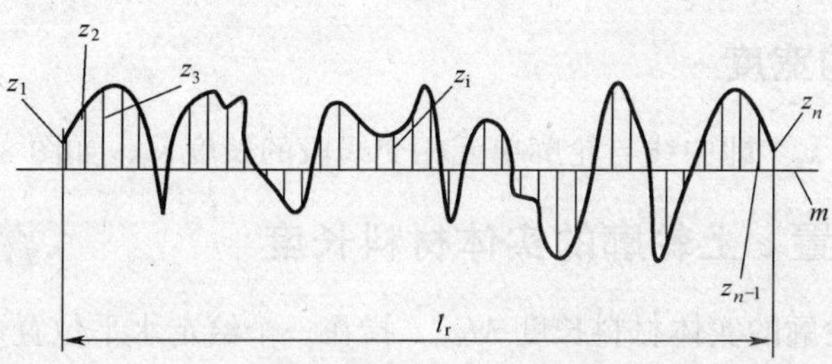

图 3-5　轮廓最小二乘中线

（2）轮廓算术平均中线　在取样长度内，由一条假想线将实际轮廓分为上下两部分，而且使上部分面积之和等于下部分面积之和。这条假想线就是轮廓算术平均中线，如图 3-6 所示。

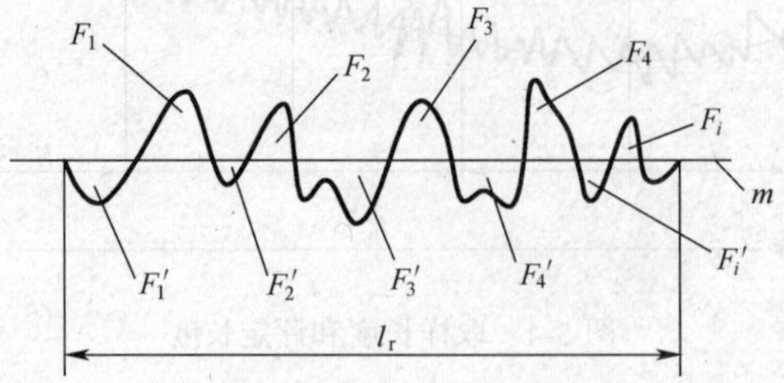

图 3-6　轮廓算术平均中线

国标规定：一般以最小二乘中线作为基准线。但是，轮廓的算术平均中线在测得的实际轮廓图上用作图法便于求出，这可以简化最小二乘中线位置的复杂计算，因此，常用它来代替轮廓的最小二乘中线。

5. 轮廓单元

轮廓单元（X_s）即一个轮廓峰和其相邻的一个轮廓谷的组合，如图 3-7 所示。

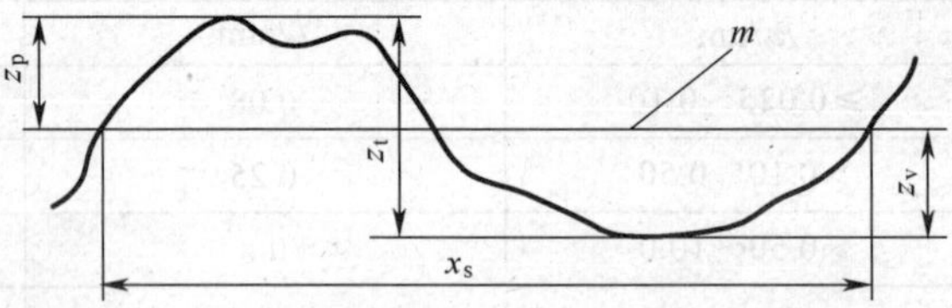

图 3-7　轮廓单元

6. 轮廓峰高

轮廓峰高（Z_p）即轮廓最高点距中线的距离，如图 3-7 所示。

7. 轮廓谷深

轮廓谷深（Z_v）即中线与轮廓最低点之间的距离，如图 3-7 所示。

8. 轮廓单元的高度

轮廓单元的高度（Z_t）即一个轮廓单元的峰高和谷深之和，如图 3-7 所示。

9. 轮廓单元的宽度

轮廓单元的宽度（x_s）即中线与轮廓单元相交线段的长度 x_s，如图 3-7 所示。

10. 在水平位置 *c* 上轮廓的实体材料长度

在水平位置 c 上轮廓的实体材料长度 $M_{l(c)}$，指在一个给定水平位置 c 上用一条平行于中线的线与轮廓单元相截所获得的各段截线长度之和，c 为轮廓偏距，如图 3-8 所示。

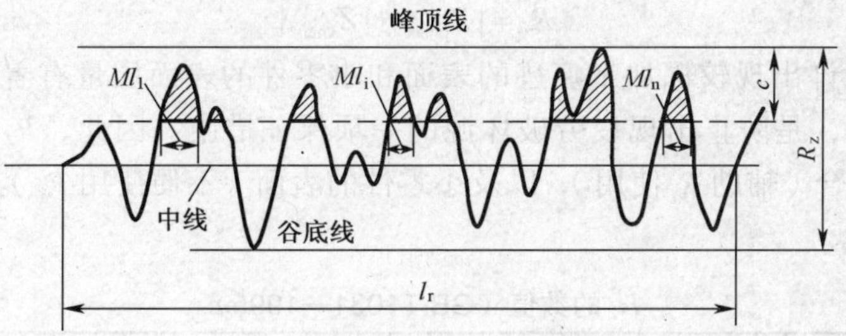

图 3-8　轮廓的实体材料长度

3.2.2　评定参数

1. 幅度参数

（1）轮廓算术平均偏差　轮廓算术平均偏差（R_a）是指在一个取样长度 l_r 内，轮廓上各点至基准线的距离的绝对值的算术平均值，如图 3-9 所示。其数学表达式为

$$R_a = \frac{1}{l_r}\int_0^{l_r} Z(x)\,\mathrm{d}x \tag{3-2}$$

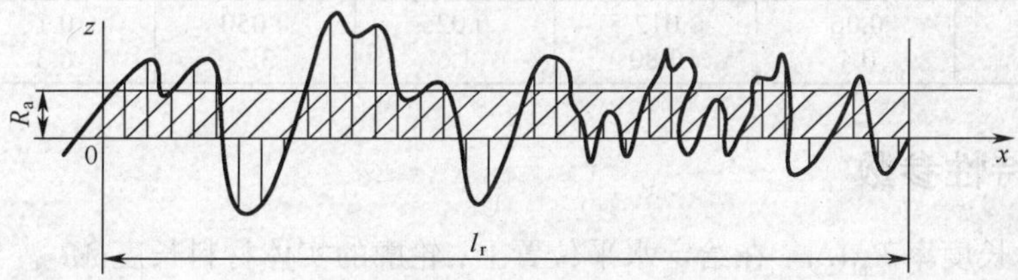

图 3-9　轮廓算术平均偏差

R_a 值越大，表面越粗糙。参数 R_a 客观地反映了零件实际表面的微观不平程度，并且测量方便，因而被标准定为首选参数，在生产中广泛采用。R_a 的数值如表 3-2 所示。

表 3-2　R_a 的数值（GB/T1031—1995）

R_a	0.012 1.6	0.025 3.2	0.05 6.3	0.1 12.5	0.2 25	0.4 50	0.8 100

（2）轮廓的最大高度　轮廓的最大高度（R_Z）是指在一个取样长度 l_r 内，最大轮廓峰高 Z_p 和最大轮廓谷深 Z_p 之间的高度，如图 3-10 所示。

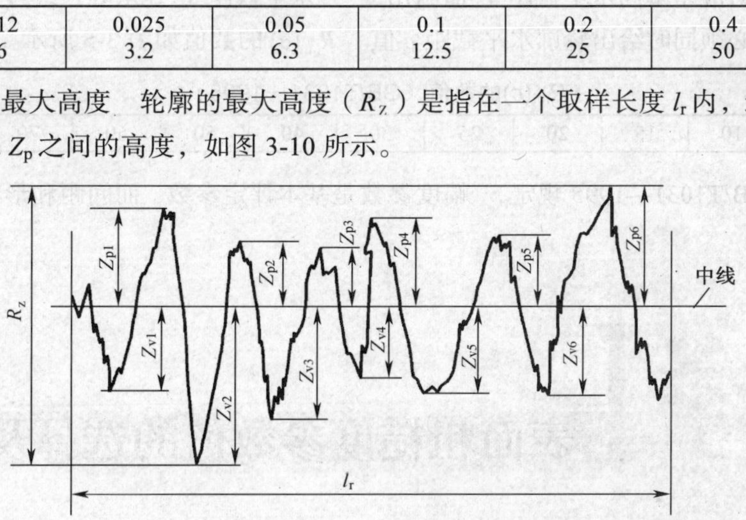

图 3-10　轮廓的最大高度

$$R_z = |Z_{pmax}| + |Z_{vmax}|$$

R_z参数对不允许出现较深加工痕迹的表面和小零件的表面质量有着实际意义，尤其是在交变载荷作用下，是防止出现疲劳破坏源的一项保证措施。因此，R_z参数主要应用于有交变载荷作用的场合（辅助R_a使用），以及小零件的表面（不便使用R_a）。R_z的数值如表3-3所示。

表3-3　R_z的数值（GB/T1031—1995）

R_z	0.025 1.6 100	0.05 3.2 200	0.1 6.3 400	0.2 12.5 800	0.4 25 1 600	0.8 50

2．间距参数

轮廓单元的平均宽度（R_{sm}）：在取样长度内，轮廓单元宽度X_s的平均值，用公式表示为

$$R_{sm} = \frac{1}{m}\sum_{i=1}^{m} X_{si}$$

R_{sm}的数值如表3-4所示。

表3-4　R_{sm}的数值（GB/T1031—1995）

R_{sm}	0.06 0.4	0.012 5 0.80	0.025 1.6	0.050 3.2	0.1 6.3	0.20 12.5

3．形状特性参数

轮廓的支承长度率$R_{ml}(c)$：在给定水平位置上，轮廓的实体材料长度$Ml_{(c)}$与评定长度l_n的比率。用公式表示为

$$R_{ml}(c) = \frac{Ml_{(c)}}{l_n} = \frac{\sum_{i=1}^{n} b_i}{l_n}$$

$R_{ml}(c)$值是对应于不同水平截距c而给出的。水平截距c是从峰顶线开始计算的。给出$R_{ml}(c)$参数时，必须同时给出轮廓水平截距c值。$R_{ml}(c)$的数值如表3-5所示。

表3-5　$R_{ml}(c)$的数值（GB/T1031—1995）

$R_{ml}(c)$	10	15	20	25	30	40	50	60	70	80	90

国家标准GB/T1031—1995规定，幅度参数是基本评定参数，而间距和形状特性参数为附加评定参数。

3.3 表面粗糙度参数值的选择及标注

对零件表面粗糙度进行合理的选择，主要是指评定参数的选择和参数值的确定。选择原则

是在满足零件表面功能要求的同时，应保证加工工艺的经济性。选择的方法有计算法、试验法和类比法。

3.3.1 表面粗糙度评定参数的选择

在表面粗糙度评定参数中，R_a、R_z两个幅度参数为基本参数，R_{Sm}、$R_{mr}(c)$为两个附加参数。这些参数分别从不同角度反映了零件的表面特征，但都存在着不同程度的不完整性。因此，在选用时要根据零件的功能要求、材料性能、结构特点及测量条件等情况适当选择一个或几个评定参数。选择原则如下。

① 如没有特殊要求，一般选用幅度参数。

在 R_a=0.025～6.3μm 范围内，优先选用 R_a，因为在该范围内用轮廓仪能很方便地测出 R_a 的实际值。在 R_a > 6.3μm 和 R_a < 0.025μm 范围内，即表面过于粗糙或过于光滑时，用光切显微镜和干涉显微镜测量很方便，多采用 R_z。

当表面不允许出现较深加工痕迹时，为防止应力过于集中，或要求保证零件的抗疲劳强度和密封性时，须选用 R_z。

② 附加参数一般不单独使用，对有特殊要求的少数零件的重要表面，需要控制 R_{Sm} 的数值；对于有较高支承刚度和耐磨性的表面，应规定 $R_{mr}(c)$参数。

3.3.2 类比法选择表面粗糙度评定参数

用类比法选择表面粗糙度参数时，应注意以下原则。

（1）在满足零件表面使用功能的前提下，尽可能选用较大的参数值。

（2）同一零件上工作表面应比非工作表面参数值小。

（3）在一般情况下，摩擦表面比非摩擦表面参数值小，滚动摩擦比滑动摩擦表面参数值小。

（4）运动速度高、承受载荷大，承受交变载荷以及容易产生应力集中的部位，如圆角、沟槽等处，参数值要小。

（5）防腐性、密封性要求高时，其参数值要小。

（6）配合性质要求稳定时，参数值应小；配合性质相同时，小尺寸比大尺寸的参数值小。

（7）尺寸精度、形位精度要求高时，应取小的参数值；公差等级相同时，轴比孔的参数值小；对于手柄、手轮等外观要求高的零件，尺寸精度虽然低但参数值要小。

表面粗糙度的微观特征、相应的参数值、经济加工方法及应用举例见表 3-6，与尺寸公差和形位公差的关系见表 3-7；与公差等级相应的表面粗糙度数值见表 3-8，供类比法选择时参考。

表 3-6　　表面粗糙度的表面特征、经济加工方法及应用举例

表面微观性		R_a/μm	R_z/μm	加工方法	应用举例
粗糙表面	可见刀痕	>20～40	>80～160	粗车、粗刨、粗铣、钻、毛挫、锯断	半成品粗加工过的表面，如轴端面、倒角、钻孔、齿轮带轮侧面、键槽底面、垫圈接触面
	微见刀痕	>10～20	>40～80		

续表

表面微观性		R_a/μm	R_z/μm	加工方法	应用举例
半光表面	可见加工痕迹	＞5～10	＞20～40	车、刨、铣、镗、钻、粗铰	轴上不安装轴承、齿轮处的非配合表面，紧固件的自由装配表面，轴和孔的退刀槽等
	微见加工痕迹	＞2.5～5	＞10～20	车、刨、铣、镗、磨、拉、粗刮、滚压	半径加工表面，箱体、支架、盖面、套筒等和其他零件结合而无配合要求的表面，需要法兰的表面
	看不清加工痕迹	＞1.25～2.5	＞6.3～10	车、刨、铣、镗、磨、拉、粗刮、铣齿	接近于精加工表面、箱体上安装轴承的镗孔表面、齿轮的工作面
光表面	可辨加工痕迹方向	＞0.63～1.25	＞3.2～6.3	车、镗、磨、拉、刮、精铰、磨齿、滚压	圆柱销、圆锥销，与滚动轴承配合的表面，卧式车床导轨面，内、外花键定心表面等
	微辨加工痕迹方向	＞0.32～0.63	＞1.6～3.2	精铰、精镗、磨、刮、滚压	要求配合性质稳定的配合表面、工作时受交变应力的零件、较高精度车床的导轨面
	不可辨加工痕迹方向	＞0.16～0.32	＞0.8～1.6	精磨、珩磨、研磨、超精加工	精密机床主轴锥孔、顶尖圆锥面、发动机曲轴、凸轮轴工作表面、高精度齿轮面
极光表面	暗光泽面	＞0.08～0.16	＞0.4～0.8	精磨、研磨、普通抛光	精密机床主轴颈表面、一般量规工作表面、汽缸套内表面、活塞销表面等
	亮光泽面	＞0.04～0.08	＞0.2～0.4	超精磨、精抛光、镜面磨削	精密机床主轴颈表面、滚动轴承的滚珠、高压液压泵中柱塞
	镜状光泽面	＞0.01～0.04	＞0.05～0.2		
	镜面	≤0.01	≤0.05	镜面磨削、超精研	高精度量仪、量块的工作表面、光学仪器中的金属镜面

表 3-7　　表面粗糙度参数值与尺寸公差、形状公差的关系

形状公差 t 占尺寸公差 T 的百分比 t/T(%)	表面粗糙度参数值占尺寸公差的百分比	
	R_a/T(%)	R_z/T(%)
≈60	≤5	≤20
≈40	≤2.5	≤10
≈25	≤1.2	≤5

表 3-8　　表面粗糙度 R_a 的推荐选用值

应用场合		基本尺寸/mm					
	公差等级	≤50		＞5～120		＞120～500	
经常装拆零件的配合表面	IT5	≤0.2	≤0.4	≤0.4	≤0.8	≤0.4	≤0.8
	IT6	≤0.4	≤0.8	≤0.8	≤1.6	≤0.8	≤1.6
	IT7	≤0.8		≤1.6		≤1.6	
	IT8	≤0.8	≤1.6	≤1.6	≤3.2	≤1.6	≤3.2

续表

应用场合			基本尺寸/mm					
过盈配合	压入装配	IT5	≤0.2	≤0.4	≤0.4	≤0.8	≤0.4	≤0.8
		IT6、IT7	≤0.4	≤0.8	≤0.8	≤1.6	≤1.6	
		IT8	≤0.8	≤1.6	≤1.6	≤3.2	≤3.2	
	热装	—	≤1.6	≤3.2	≤1.6	≤3.2	≤1.6	≤3.2
	公差等级		孔			轴		
	IT6～IT9		≤1.6			≤0.8		
	IT10～IT12		≤3.2			≤1.6		
	液体湿摩擦条件		≤0.8			≤0.4		
圆锥结合的工作面			密封结合		对中结合		其他	
			≤0.4		≤1.6		≤6.3	
密封材料处的孔、轴表面	密封形式		速度/(m·s)					
			≤3		3～5		≥5	
	橡胶圈密封		（抛光）0.8～1.6		（抛光）0.4～1.8		（抛光）0.2～0.4	
	毛毡密封		（抛光）0.8～1.6					
	迷宫式		3.2～6.3					
	涂油槽式		3.2～6.3					
精密定心零件的配合表面	IT5～IT8	径向跳动	2.5	4	6	10	16	25
		轴	≤0.05	≤0.1	≤0.1	≤0.2	≤0.4	≤0.8
		孔	≤0.1	≤0.2	≤0.2	≤0.4	≤0.8	≤1.6
V形带和平带轮工作表面			带轮直径/mm					
			≤120		>120～315		>315	
			1.6		3.2		6.3	
箱体分界面	类型		有垫片			无垫片		
	需要密封		3.2～6.3			0.8～1.6		
	不需要密封		6.3～12.5					

3.3.3 表面粗糙度的标注

国家标准 GB/T131—1993 对表面粗糙度的符号、代号及其标注均作了规定。

1. 符号

按 GB/T131—1993《表面粗糙度符号、代号及其注法》的规定，把表面粗糙度要求正确地标注在零件图上。图样上所标注的表面粗糙度符号、代号是该表面完工后的要求。图样上所标注的表面粗糙度符号见表 3-9。

表 3-9　　表面粗糙度符号及意义

序号	符　号	意　义
1		基本符号，表示表面可用任何方法获得。不加注粗糙度参数值或有关说明时，仅适用于简化代号标注
2		表示表面是用去除材料的方法获得，如车、铣、钻、磨、剪切、抛光、腐蚀、电火花加工等
3		表示表面是用不去除材料的方法获得，如铸、锻、冲压、冷轧、粉末冶金等
4		在上述三个符号的长边上可加一横线，用于标注有关参数或说明
5	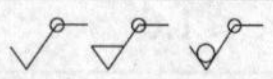	在上述三个符号的长边上可加一小圆，表示所有表面具有相同的表面粗糙度要求

2. 表面粗糙度代号

在表面粗糙度符号周围，注写出对零件表面的要求后就组成了表面粗糙度代号。表面粗糙度代号要求标注若干必要的表面特征规定，如粗糙度数值、测量时的取样长度、加工纹理、加工方法等。表面粗糙度符号、代号的书写比例如图 3-11 所示。

a——粗糙度高度值（μm）；

b——加工方法、镀涂或其他表面处理；

c——取样长度（mm）；

d——加工纹理方向；

e——加工余量（mm）；

f——间距参数值（mm）或支承长度率（%）。

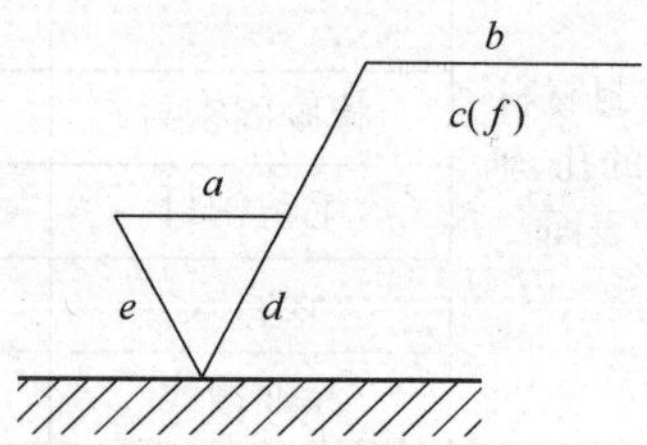

图 3-11　表面粗糙度符号、代号的书写比例

3. 表面粗糙度在图样上的标注方法

在图样上，表面粗糙度代（符）号应注在可见轮廓线、尺寸线、尺寸界线或它们的延长线上，也可以注在指引线上。表面粗糙度参数标注示例及意义如表 3-10 所示。

表 3-10　　表面粗糙度幅度参数标注示例

代　号	意　义	代　号	意　义
3.2	用任何方法获得的表面粗糙度，R_a 上限值为 3.2μm	3.2max	用去除材料方法获得的表面粗糙度，R_a 的最大值为 3.2μm
3.2	用去除材料方法获得的表面粗糙度，R_a 的上限值为 3.2μm	3.2 R_Z12.5	用去除材料方法获得的表面粗糙度，R_a 的上限值为 3.2μm，R_z 的上限值为 12.5 μm
3.2 1.6	用去除材料方法获得的表面粗糙度，R_a 的上限值为 3.2μm，R_a 的下限值为 1.6μm	R_Z3.2max R_Z1.6min	用去除材料方法获得的表面粗糙度，R_a 的最大值为 3.2μm，R_z 的最小值为 1.6 μm

表面粗糙度参数的上限值与最大值、下限值与最小值的含义是不同的：上限或下限值表示表面粗糙度参数的所有实测值中允许 16%测得值超过规定；最大最小值表示所有实测值不得超过规定。附加评定参数的标注如表 3-11 所示。

表 3-11　附加评定参数的标注

代　　号	意　　义
a RS_m 0.05	轮廓单元的平均宽度 RS_m 的上限值为 0.05μm
a $R_{mr}(c)$70%，c50%	水平截距 c 在轮廓最大高度 R_z 的 50%位置上，支承长度率为 70%（下限值）

表面粗糙度符号的尖端应从材料外指向被注表面，一般标注在轮廓线上，但也可标注在尺寸界线或其延长线上。常见的几种表面粗糙度标注方法如下。

（1）在 30° 区域倾斜表面标注时，应加引线后标注，如图 3-12 所示。

（2）当零件的大部分表面具有相同的表面粗糙度要求时，对其中使用最多的一种符号、代号可以统一注在图样的右上角，并加注“其余”两字，如图 3-13 所示。

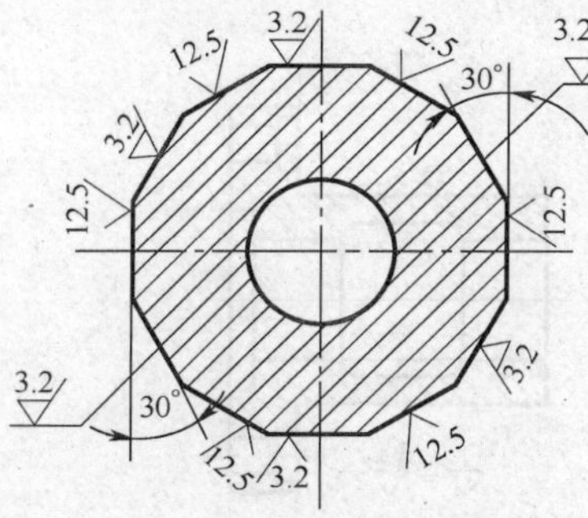

图 3-12　表面粗糙度代号标注示例

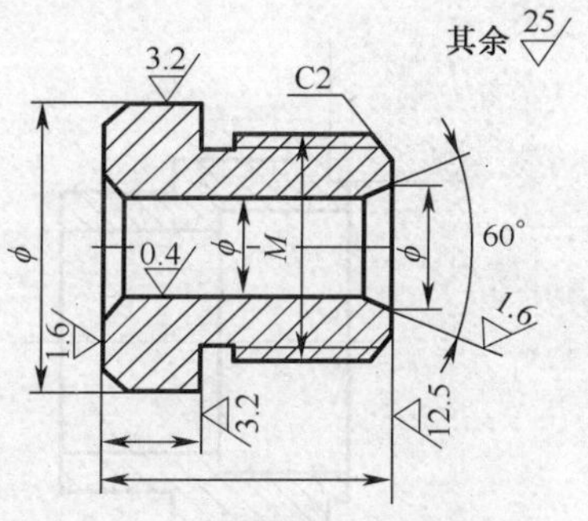

图 3-13　表面粗糙度代号标注示例

（3）当零件的所有表面具有相同的表面粗糙度要求时，其标注如图 3-14 所示。

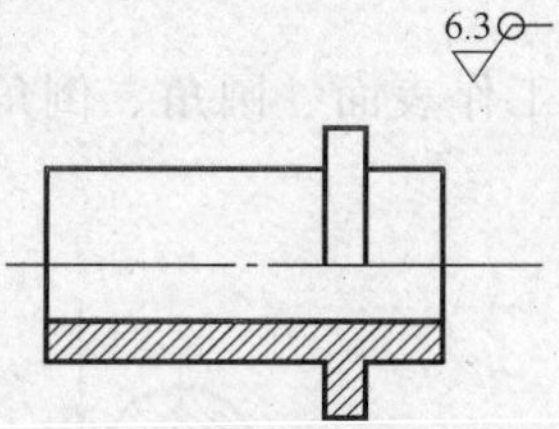

图 3-14　零件所有表面具有相同要求的表面粗糙度标注示例

（4）当齿轮、蜗轮、渐开线、花键等工作表面没有画出齿形时，其表面粗糙度代号可注在节圆上，如图 3-15 所示。

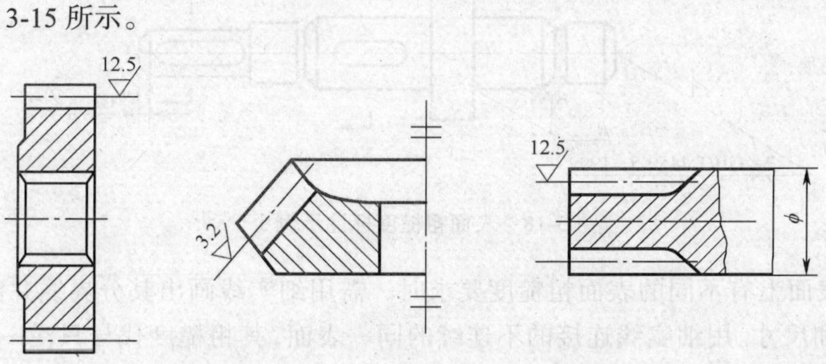

(a)　(b)　(c)

图 3-15　齿轮、花键表面粗糙度标注示例

（5）螺纹工作表面没有画出牙形时，可按图 3-16 的方式标注。尽量采用简化标注，如图 3-17 所示。

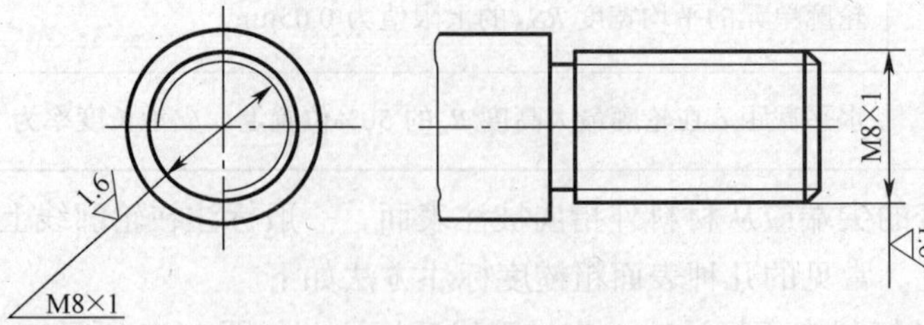

图 3-16　螺纹表面粗糙度标注示例

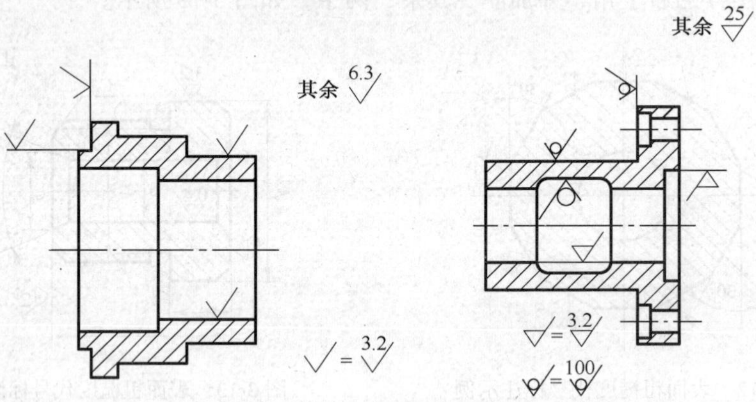

（a）　　（b）

图 3-17　表面粗糙度简化代号的标注示例

（6）中心孔的工作表面，键槽工作表面、圆角、倒角的表面粗糙度代号标注如图 3-18 所示。

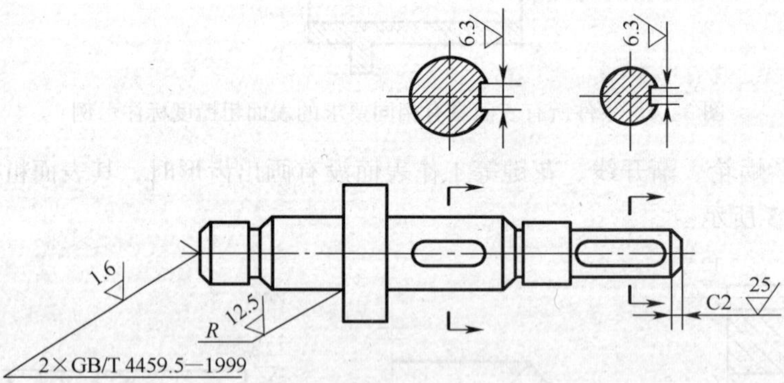

图 3-18　表面粗糙度标注示例 I

（7）同一表面上有不同的表面粗糙度要求时，需用细实线画出其分界线并注出相应的表面粗糙度代号和尺寸。用细实线连接的不连续的同一表面，其粗糙度代号只注一次，如图 3-19 所示。

（8）对零件上的连续表面及重复要素（如孔、槽、齿等）的表面，可按图 3-20 所示方式。

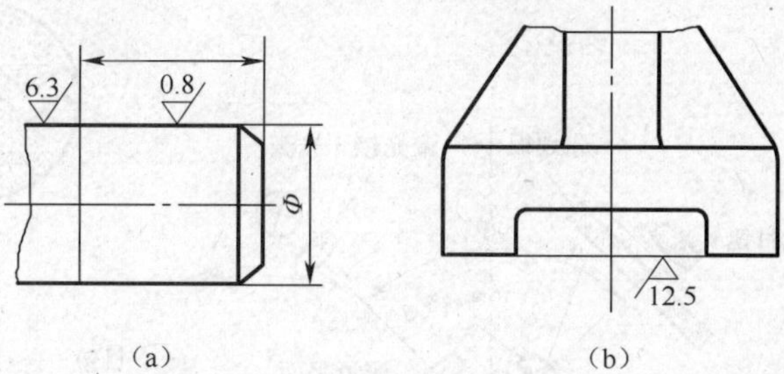

图 3-19　表面粗糙度标注示例Ⅱ

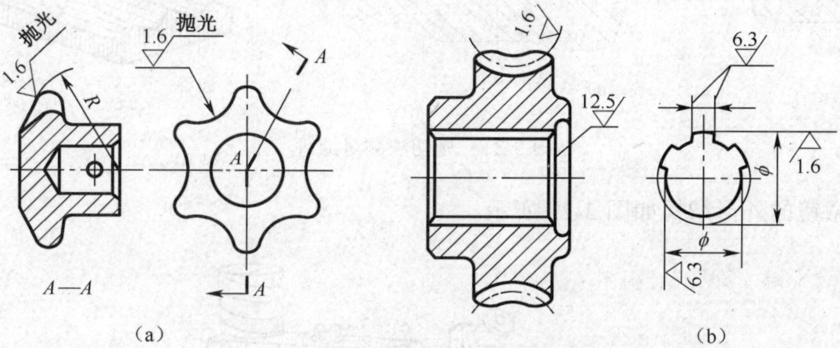

图 3-20　表面粗糙度标注示例Ⅲ

3.4 表面粗糙度的评定

表面粗糙度的评定是对微观几何量的评定。它的测量值与一般长度测量值相比较，具有测量值小，测量精度要求高等特点。测量表面粗糙度的仪器形式多种多样，从测量原理上看，常用的测量方法有以下几种。

1．比较法

比较法是用已知其高度参数值的粗糙度样板与被测表面相比较，通过人的感官或借助放大镜、显微镜来判断被测表面粗糙度的一种检测方法。

比较法具有简单易行的优点，适合在车间使用。其缺点是评定的可靠性很大程度取决于检验人员的经验。仅适用于评定表面粗糙度要求不高的工件。

2．光切法

光切法是利用光切原理来测量零件表面粗糙度的方法，如图 3-21 所示。

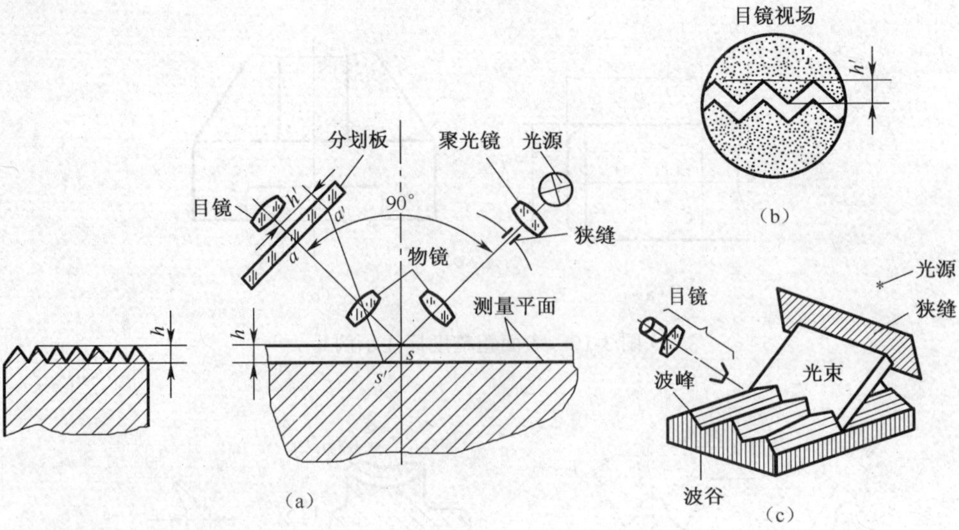

图 3-21　光切法测量原理

光切显微镜的外形结构如图 3-22 所示。

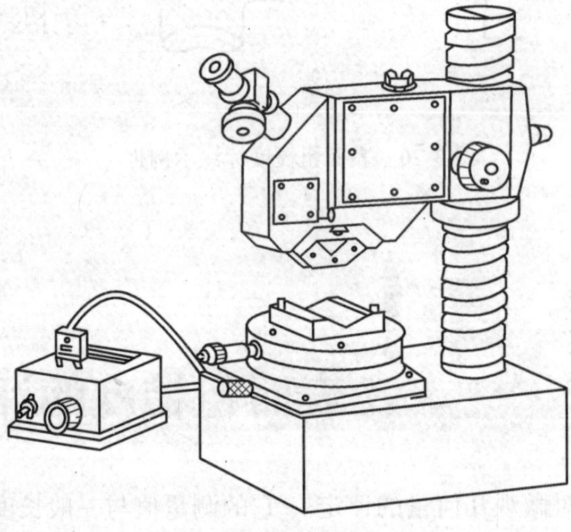

图 3-22　光切显微镜外形结构

注意测量 R_a 值时，应选择两条光带边缘中比较清晰的一条边缘进行测量，不要把光带宽度测量进去。

3. 干涉法

干涉法是利用光波干涉原理测量表面粗糙度的一种方法。干涉显微镜的光学系统原理如图 3-23（a）所示。它常用于测量 R_z 为 0.025～0.8μm 的表面。

4. 针描法

针描法也称为感触法，是一种接触式测量表面粗糙度的方法。通过金刚石触针针尖与被测表面相接触，当触针以一定的速度沿被测表面移动时，微观不平的痕迹，使触针作垂直于轮廓方向的运动，从而产生电信号。信号经过处理后，可以直接测出算术平均偏差 R_a 等评定表面粗糙度的参数值。这种方法适合测量的 R_a 值为 0.025～5μm 的表面。电动轮廓仪（又称表面粗糙度检查仪）就是利用针描法来测量表面粗糙度。

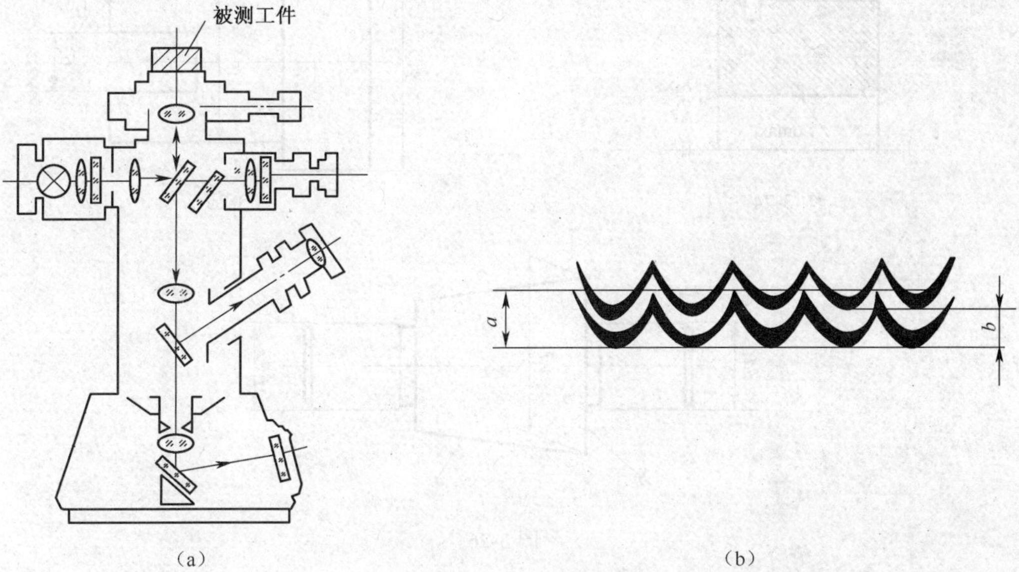

图 3-23 干涉法测量原理

5. 印模法

印模法用于测量某些不能使用仪器直接测量，也不便于用样块相对比的表面，如深孔、盲孔、凹槽、内螺纹等。

练习与思考

（1）表面粗糙度对零件的使用性能有什么影响？

（2）国家标准中规定了哪些表面粗糙度的评定参数？哪些是主要参数？它们各有什么特点？

（3）表面粗糙度检测方法有哪些？生产中最广泛使用的表面粗糙度测量方法是哪两种？

（4）选择表面粗糙度参数值的原则是什么？选择时应考虑什么问题？

（5）解释图 3-24 中表面粗糙度代号的含义。

（6）试判断如图 3-25 所示的表面粗糙度代号的标注是否有错误，如有错误请加以改正。

（7）试将下列的表面粗糙度要求标注在如图 3-26 所示图形上。

① 用去除材料的方法获得表面 a 和 b，要求表面粗糙度参数及 R_a 的上限值为 1.6μm。

② 用任何方法加工和圆柱面，要求表面粗糙度参数 R_z 的上限值为 6.3μm，下限值为 3.2μm。

③ 其余用去除材料的方法获得各表面，要求 R_a 的最大值均为 12.5μm。

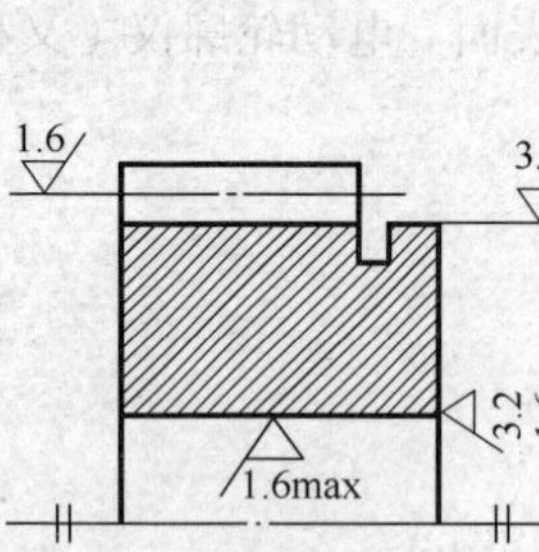

图 3-24

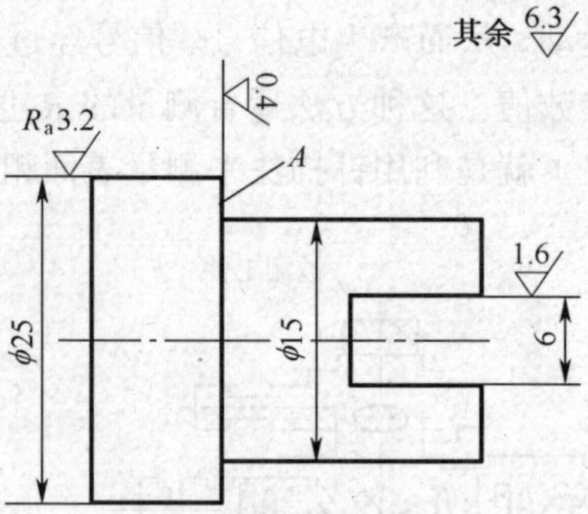

图 3-25

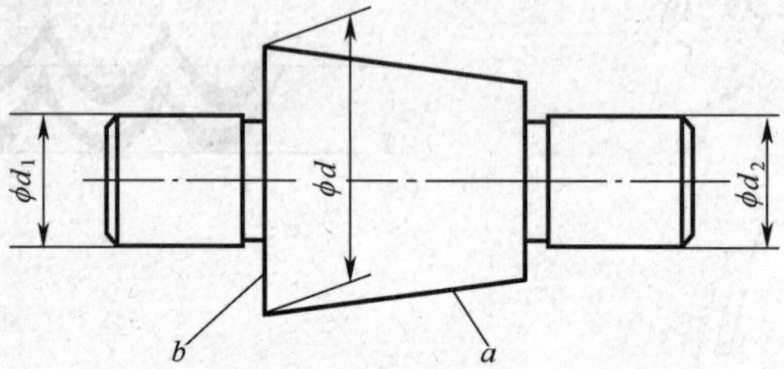

图 3-26

第4章 测量技术基础

4.1 技术测量的基本知识

4.1.1 基本概念

在生产和科学试验中，经常要对一些物体进行检测，以对其进行定量或定性的描述。在机械制造中，完工零部件的几何精度是否符合设计图样上的技术要求，也必须经过检测。"检测"是测量与检验的通称。

1. 测量

测量是以确定被测对象量值为目的的全部操作过程。测量过程实际上就是一个比较的过程，也就是将被测量与测量单位或具有测量单位的标准量进行比较，并确定其比值的过程。

通过测量可以得到被测量的具体量值（以单位量的倍数或分数表示）。若以 L 表示被测量，以 E 表示测量单位或标准量，以 q 表示两者的比值，则被测量的量值可表示为

$$L = qE \tag{4-1}$$

由测量的定义可知，任何一个完整的测量过程都必须有明确的被测对象和确定的测量单位，还要有与被测对象相适应的测量方法，而且测量结果还要达到所要求的测量精度。因此，一个完整的测量过程应包括以下四个要素。

（1）被测对象　被测对象指几何量测量中被测对象为零件的几何量，包括长度、角度、形状和位置误差、表面粗糙度以及单键和花键、螺纹和齿轮等典型零件的各几何参数。

（2）测量单位（计量单位）　测量单位指几何量中的长度、角度单位。在我国的法定计量单位中，长度的基本单位为 m（米），其他常用的长度单位有 mm（毫米、$1mm=1\times10^{-3}m$）、μm（微米、$1\mu m=1\times10^{-6}m$）和 nm（纳米、$1nm=1\times10^{-9}m$），均是米的分数单位。角度单位为 rad（弧度），μrad（微弧度、$1\mu rad = 10^{-6} rad$）及（°）（度、1°= 0.017 453 3 rad）、（′）（分）、

(″)(秒)。

(3)测量方法　测量方法指测量时所采用的测量原理、计量器具和测量条件的综合。一般情况下，多指获得测量结果的方式、方法。

(4)测量精度　测量精度指测量结果与被测量真值的一致程度，即测量结果的可靠程度。测量过程总会不可避免地存在测量误差。测量误差小，测量精度高；测量误差大，测量精度低。只有测量误差足够小，才表明测量结果是可靠的。

2. 检验

检验是确定产品是否满足设计要求的过程。

(1)定量检验　将测量结果与设计要求相比较，从而判定其合格性，称为定量检验。定量检验能够获得被测量的具体量值。

(2)定性检验　用量规进行检验称为定性检验。量规是一种无刻度的专用量具，一般可以分成两大类。一类是极限量规，主要用于判断被测尺寸是否在两极限尺寸之间；另一类是综合量规，用于判断被测实际轮廓是否超越设计给定的边界。

3. 检测

检测是测量与检验的总称。

4.1.2　长度基准与尺寸传递

计量单位是测量四要素之一，计量单位及其基准的建立，单位标准量值的传递是进行测量的基础。几何量的计量单位包括长度单位和角度单位两类。

1. 长度基准和长度量值传递系统

在我国的法定计量单位中，长度基本单位是m(米)。1983年第十七届国际计量大会决议规定，米的定义为：1m(米)是真空中，光在1/299 792 458 s的时间间隔内行程的长度。国际计量大会推荐用稳频激光辐射来复现它(长度基准)。

在实际生产和科学研究中，不可能都直接利用激光辐射的光波长度基准去校对测量器具或进行零件的尺寸测量。通常要经过工作基准和各级标准——线纹尺和量块，将长度基准的量值准确地逐级传递到生产中应用的计量器具和零件上去，以保证量值的准确和统一。长度量值传递系统如图4-1所示。

2. 角度基准和角度量值传递系统

角度计量也属于长度计量范畴，但角度基准和长度基准有着本质的区别。因为一个整圆所对应的圆心角是定值(2π rad或360°)。因此角度单位不必再建立一个自然基准。但在实际应用中，为了稳定和测量的需要，仍然采用多面棱体(棱形块)作为角度量值的基准。利用高精度的自准直仪或测角仪对多面棱体进行测试，依据多面棱体本身角度的封闭性能，可以得到较高的测量精度。

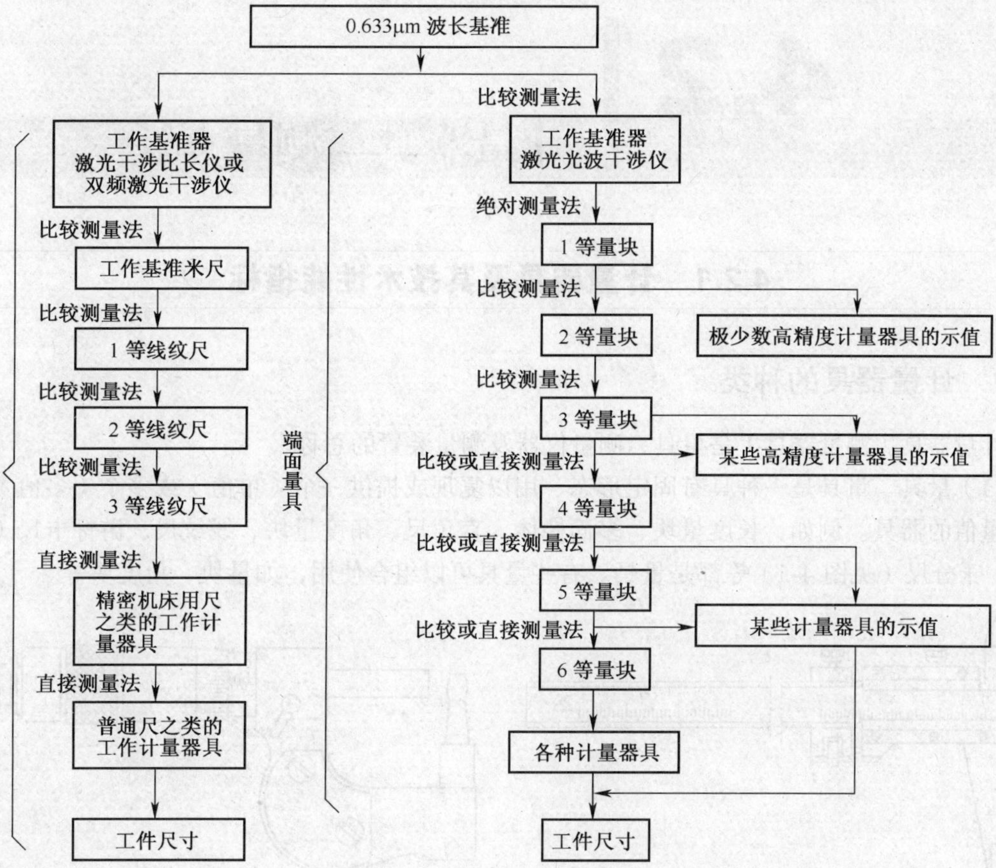

图 4-1　长度量值传递系统

多面棱体有 4 面、8 面、12 面、24 面、36 面及 72 面等。如图 4-2 所示为八面棱体。以多面棱体作角度基准的角度量值传递系统，如图 4-3 所示。

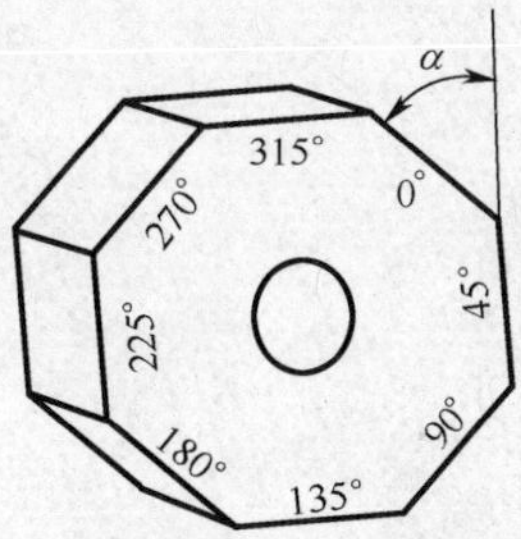

图 4-2　八面棱体

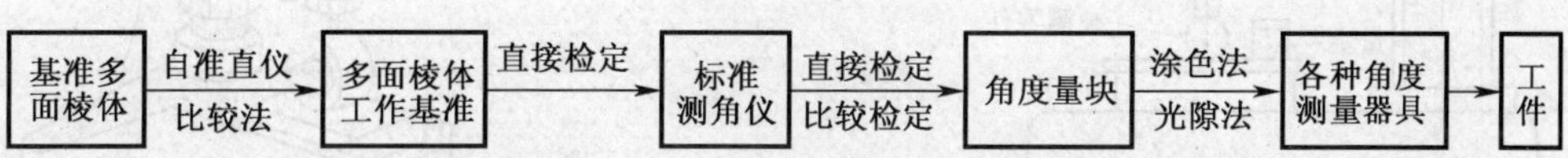

图 4-3　角度量值传递系统

4.2 计量器具与测量方法

4.2.1 计量器具及其技术性能指标

1. 计量器具的种类

计量器具（测量器具）是量具、测量仪器及测量装置的总称。

（1）量具　量具是一种具有固定形态、用以复现或提供一个（单值）或多个（多值）已知标准量值的器具。例如，长度量块、多面棱体、直角尺、角度量块、线纹尺、游标卡尺（见图4-4）、千分尺（见图4-5）等都是量具。有些量具可以组合使用，如量块、角度块等。

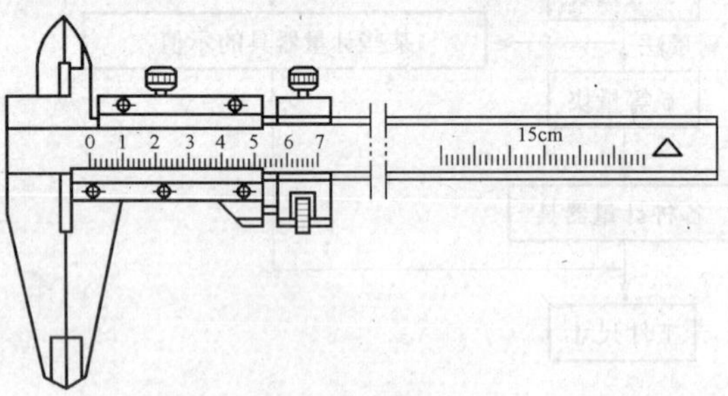

图 4-4　游标卡尺

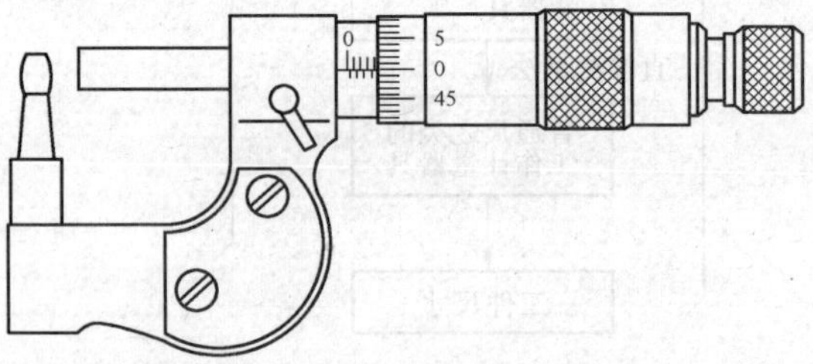

图 4-5　外径千分尺

（2）测量仪器　测量仪器是一种可将被测几何量转换成可直接观察的示值或等效信息的一类计量器具。例如，比较仪（见图4-6）、测长仪（见图4-7）、圆度仪等都是测量仪器。

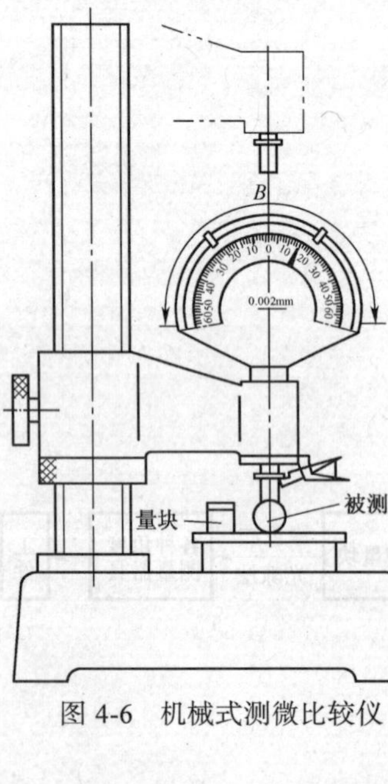

图 4-6　机械式测微比较仪

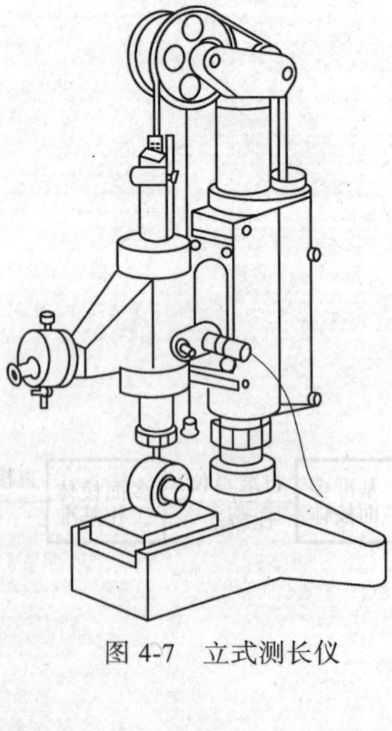

图 4-7　立式测长仪

通常，测量仪器按其工作原理又可分为机械式、光学式、气动式和电动式等。

（3）测量装置　测量装置是为确定被测量量值所必须的一台或若干台测量仪器（或量具），连同有关的辅助设备所构成的系统。

2. 计量器具的主要技术性能指标

计量器具的技术性能指标是表征计量器具的性能和功用的指标，也是选择和使用计量器具的主要依据。

（1）刻度间距　刻度间距指量仪标尺或圆刻度盘上相邻两刻线中心的距离或圆弧长度。为了便于人眼观察和读数，一般量仪的刻度间距为 1～2.5mm，如图 4-8 所示机械式测微比较仪。

（2）分度值　分度值指计量器具的标尺或刻度盘上每一刻度间距所代表的量值。如图 4-8 所示的比较仪，其分度值为 0.001mm=1μm。一般来说，分度值越小，计量器具的精度越高。

（3）示值范围　示值范围指计量器具所能显示或指示的最低值到最高值的范围。表示示值范围时，应标示最低值（起始值）和最高值（终止值）。如图 4-8 所示的比较仪，其示值范围为 −0.020～+0.020mm（或±20μm）。

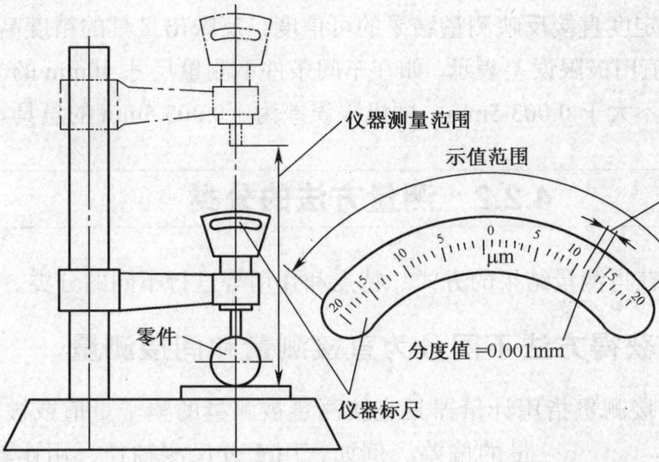

图 4-8　测量器具（机械式测微比较仪）技术指标示意图

（4）测量范围　测量范围指使计量器具误差处于规定极限内，计量器具所能测量零件的最小值到最大值的范围，如图 4-8 所示。例如，某外径千分尺的测量范围为 0～50mm。

（5）灵敏度　灵敏度指计量器具对被测量变化的反应能力。若用ΔL表示被观测变量的增量，用ΔX表示被测量的增量，则

$$K=\Delta L/\Delta X \tag{4-2}$$

在分子、分母是同一类物理量的情况下，灵敏度也称放大比。带有等分刻度的标尺的线性量仪，其灵敏度为常数，它等于分度间距与分度值之比。如图 4-9 所示比较仪的灵敏度为：$K=\Delta s'/\Delta s=1/0.001=1\,000$。一般来说，分度值越小，则计量器具的灵敏度越高。

（6）灵敏限（灵敏阈）　灵敏限指能引起计量器具示值可觉察变化的被测量的最小变化值。

（7）测量力　测量力指测量过程中，计量器具与被测表面之间的接触力。在接触测量中，希望测量力是一定量的恒定值。测量力太大会使零件产生变形，测量力不恒定会使示值不稳定。

（8）示值误差　示值误差指计量器具示值与被测量真值的代数差。它主要由仪器制造误差和仪器调整误差引起。一般来说，示值误差越小，计量器具精度越高。

（9）修正值　修正值是指为消除示值误差，加到测量结果上的代数值。其大小与示值误差绝对值相等，而符号相反。例如，示值误差为−0.003mm，则修正值为+0.003mm。

（10）回程误差　回程误差指在相同测量条件下，对同一被测量进行往返两个方向测量时，量仪的示值变化。它主要由测量器具中零件间的间隙、变形和摩擦等原因引起。

（11）不确定度　不确定度指在规定测量条件下，由于测量误差的存在，对测量值不能肯定的程度。计量器具的不确定度是一项综合精度指标，它包括测量仪的示值误差、回程误差、灵敏限及调整标准件误差等综合影响。

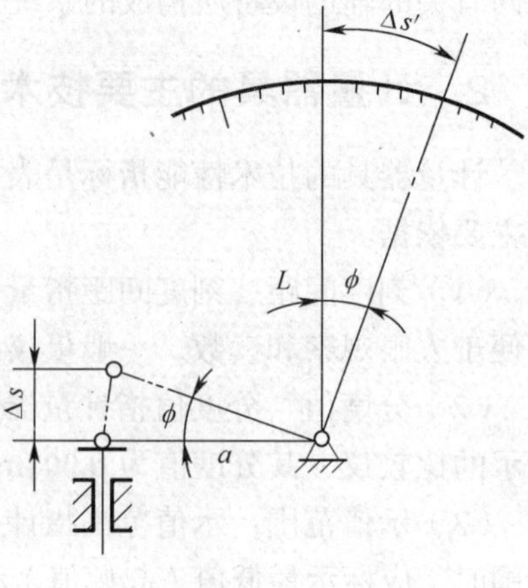

图 4-9　机构放大示意图

注：测量器具不确定度直接反映测量结果的可信度，反映出量具的精度高低，故作为选择量具的直接依据。其量值用极限误差表示，如在车间条件下测量尺寸 40mm 的 8 级精度的零件，应选择不确定度允许值不大于 0.003 5mm，即极限误差为 ± 0.003 5mm 的量具。

4.2.2　测量方法的分类

测量方法可根据其获得测量结果的方式、特点和作用等进行不同的分类。

1. 按测量结果获得方法不同分为直接测量和间接测量

（1）直接测量　直接测量指用计量器具直接测量被测量的整个量值或被测量相对于标准量的偏差。例如，用千分尺测轴径，用比较仪和量块测轴径等。

$R=\frac{s^2}{8h}+\frac{h}{2}$

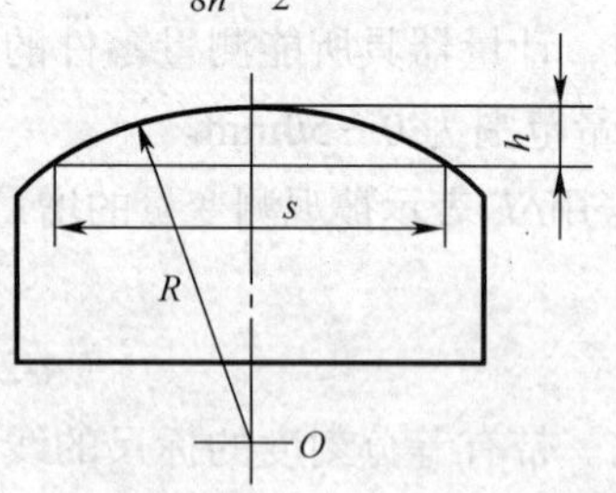

图 4-10　间接测量的实例

（2）间接测量　间接测量指直接测量与被测量有函数关系的其他量，再通过函数关系式求出被测量。例如，采用弓高弦长法间接测量圆弧样板的半径 R，如图 4-10 所示，先测得弓高 h 和弦长 s 的量值，然后按公式计算后得到 R 值。

直接测量过程简单，其测量精度仅与这一测量过程有关。间接测量还与计算公式和计算精度有关，环节越多带来的误差越大。因此，直接测量比间接测量精度高，应尽量采用直接测量，只有受条件所限无法进行直接测量时再采用间接测量。

2. 直接测量按测得示值方式不同又可分为绝对测量和相对测量

（1）绝对测量　绝对测量指在计量器具的读数装置上可表示出被测量的全值。例如，用千分尺或测长仪测量零件直径或长度，其实际尺寸由刻度尺直接读出。

（2）相对测量　相对测量指在计量器具的读数装置上只表示出被测量相对已知标准量的偏差值。例如，用量块（或标准件）调整比较仪的零位，然后再换上被测件，则比较仪所指示的是被测件相对于量块（或标准件）的偏差值，如图 4-11 所示。

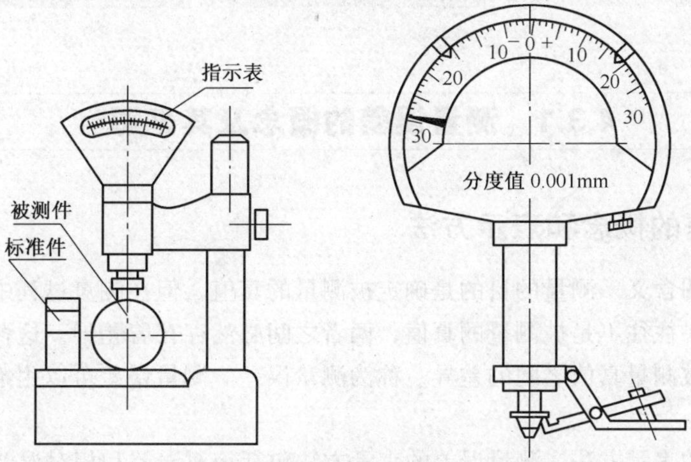

图 4-11　相对测量的测量示意图

一般来说，相对测量比绝对测量精度高。

3. 按测量时测量器具的测头与被测表面是否接触分为接触和非接触测量

（1）接触测量　接触测量指在测量过程中计量器具的测头与被测表面相接触，带有机械作用的测量力的测量。例如，用光学比较仪测量轴径。

（2）非接触测量　非接触测量指在测量过程中计量器具的测头与被测表面不接触，不带有机械作用的测量力的测量。例如，用光切显微镜测量表面粗糙度。

接触测量时，测头与被测表面的接触会引起弹性变形，产生测量误差。非接触测量则无此影响，所以易变形的薄壁件常用非接触测量。

4. 按同时测量被测参数的多少可分为单项测量和综合测量

（1）单项测量　单项测量指对被测件的单个参数分别进行测量。例如，用工具显微镜分别测量螺纹的中径、螺距和牙型半角等。

（2）综合测量　综合测量指同时检测工件上的几个有关参数，综合地判断工件是否合格。例如，用螺纹量规检验螺纹作用中径的合格性（综合检验其中径、螺距和牙型半角误差对合格性的影响）。

此外，按被测量在测量过程中所处的状态可分为静态测量和动态测量；按测量过程中测量条件是否相对稳定可分为等精度测量和不等精度测量等。

测量条件是测量器具、测量环境、测量人员的总称，主要指测量时零件和测量器具所处的环境条件，如温度、湿度、震动和灰尘等。测量时标准温度为 20℃，计量室的相对湿度应为 50%～60%为适宜，还应远离振动源，清洁度要高等。

4.3 测量误差和数据处理

4.3.1 测量误差的概念及其来源

1. 测量误差的概念和表示方法

（1）测量误差的含义　测量的目的是确定被测量的真值，但在测量过程中由于许多因素的影响，使得测量结果往往不是被测量的真值，两者之间必然存在着差异。这种由于测量的不完善造成的测得值与被测量真值之间的差异，称为测量误差。测量误差可以用绝对误差或相对误差表示。

（2）测量误差的表示方法　测量误差的表示方法包括绝对误差和相对误差两种。

绝对误差 δ 是测得值 x 与其真值 μ_0 之差，即

$$\delta = x - \mu_0 \tag{4-3}$$

一般说来，被测量的真值是难以得到的。在实际测量中，常用约定真值或不存在系统误差情况下的算术平均值来代替真值。例如，用外径千分尺测量某轴的直径，若测得的实际直径为35.005mm，而用高精度量仪测得的结果为35.012mm（可看作是约定真值），则用千分尺测得的实际直径值的绝对误差为

$$\delta = 35.005 - 35.012 = -0.007\ (\text{mm})$$

绝对误差是代数差，测得值可能大于或小于真值，故绝对误差可能是正值或负值。

相对误差 ε 是绝对误差 δ 的绝对值与被测量真值 μ_0 之比，常用百分比表示（无量纲）。由于在实际中真值难以获得，而测得值与真值接近，故相对误差可近似用绝对误差 δ 与测得值 x 之比表示，即

$$\varepsilon = \frac{|\delta|}{\mu_0} = \frac{|\delta|}{x} \times 100\% \tag{4-4}$$

例如：测得两个孔的直径分别为 24.45mm 和 40.93mm，其绝对误差分别为+0.02mm 和+0.01mm，则由式（4-4）计算得其相对误差分别为

$$\varepsilon_1 = 0.02/24.45 = 0.0828\% \qquad \varepsilon_2 = 0.01/40.93 = 0.0244\%$$

显然后者的测得精度比前者高。

2. 测量误差的来源

（1）测量器具误差　测量器具误差指由测量器具的设计、制造、装配和使用调整的不准确而引起的误差。例如，测量器具的设计偏离阿贝原则（应将标准长度量安放在被测长度量的延长线上的原则）、分度盘安装偏心等。

（2）基准件误差　基准件误差指作为标准量的基准件本身存在的误差，如量块的制造误

差等。

（3）测量方法误差　测量方法误差指由于测量方法不完善（包括计算公式不精确、测量方法选择不当、测量时定位装夹不合理等）所产生的误差。

（4）环境条件引起的误差　环境条件引起的误差指测量时的环境条件不符合标准条件所引起的误差。例如，温度、湿度、气压、照明等不符合标准以及计量器具或工件上有灰尘、测量时有振动等引起的误差。

（5）人为误差　人为误差指人为原因所引起的误差。例如，测量人员技术不熟练、视力分辨能力差、估读判断不准等引起的误差。

总之，产生测量误差的原因很多，在分析误差时，应找出产生测量误差的主要原因，采取相应的措施消除或减少其对测量结果的影响，以保证测量结果的精度。

4.3.2 测量误差的分类

1. 测量误差的分类

根据测量误差的特点和性质，可将其分为系统误差、随机误差和粗大误差3类。

（1）系统误差　系统误差是指在一定测量条件下，多次测取同一量值时，绝对值和符号均保持不变的测量误差，或者绝对值和符号按某一规律变化的测量误差。前者称为定值系统误差，后者称为变值系统误差。例如，在比较仪上用相对法测量零件尺寸时，调整量仪所用量块的误差就会引起定值系统误差；量仪的分度盘与指针回转轴偏心所产生的示值误差会引起变值系统误差。

根据系统误差的性质和变化规律，系统误差可以用计算或实验对比的方法确定，用修正值（校正值）从测量结果中予以消除。但在某些情况下，系统误差由于变化规律比较复杂，不易确定，因此难以消除。

（2）随机误差　随机误差是指在一定测量条件下，多次测取同一量值时，绝对值和符号以不可预定的方式变化着的测量误差。随机误差主要是由测量过程中一些偶然性因素或不确定因素引起的。例如，量仪传动机构的间隙、摩擦、测量力的不稳定以及温度波动等引起的测量误差，都属于随机误差。

就某一次具体测量而言，随机误差的绝对值和符号无法预先知道。但对于连续多次重复测量来说，随机误差符合一定的概率统计规律。因此，可以应用概率论和数理统计的方法来对它进行处理。

系统误差和随机误差的划分并不是绝对的，它们在一定的条件下是可以相互转化的。例如，按一定基本尺寸制造的量块总是存在着制造误差，对某一具体量块来讲，可认为该制造误差是系统误差，但对一批量块而言，制造误差是变化的，可以认为它是随机误差。在使用某一量块时，若没有检定该量块的尺寸偏差，而按量块标称尺寸使用，则制造误差属随机误差；若检定出该量块的尺寸偏差，按量块实际尺寸使用，则制造误差属系统误差。掌握误差转化的特点，可根据需要将系统误差转化为随机误差，用概率论和数理统计的方法来减小该误差的影响；或将随机误差转化为系统误差，用修正的方法减小该误差的影响。

（3）粗大误差　粗大误差是指超出在一定测量条件下预计的测量误差，就是对测量结果产生明显歪曲的测量误差。含有粗大误差的测得值称为异常值，它的数值比较大。粗大误差的产生有主观和客观两方面的原因，主观原因如测量人员疏忽造成的读数误差，客观原因如外界突然振动引起的测量误差。由于粗大误差明显歪曲测量结果，因此在处理测量数据时，应根据判别粗大误差的准则设法将其剔除。

2. 测量精度分类

测量精度是指被测几何量的测得值与其真值的接近程度。它和测量误差是从两个不同角度说明同一概念的术语。测量误差越大，则测量精度就越低；测量误差越小，则测量精度就越高。为了反映系统误差和随机误差对测量结果的不同影响，测量精度可分为以下几种。

（1）正确度　正确度反映测量结果受系统误差的影响程度。系统误差小，正确度高。

（2）精密度　精密度反映测量结果受随机误差的影响程度。它是指在一定测量条件下连续多次测量所得的测得值之间相互接近的程度。随机误差小，则精密度高。

（3）准确度　准确度反映测量结果同时受系统误差和随机误差的综合影响程度。若系统误差和随机误差都小，则准确度高。

对于一个具体的测量，精密度高，正确度不一定高；正确度高，精密度也不一定高；精密度和正确度都高的测量，准确度就高；精密度和正确度当中有一个不高，准确度就不高。

4.3.3* 测量列中各类测量误差的处理

通过对某一被测几何量进行连续多次的重复测量，得到一系列的测量数据（测得值）称为测量列。可以对该测量列进行数据处理，以消除或减小测量误差的影响，提高测量精度。

1. 系统误差的处理

在实际测量中，系统误差对测量结果的影响是不能忽视的。揭示系统误差出现的规律性，消除系统误差对测量结果的影响，是提高测量精度的有效措施。

（1）发现系统误差的方法　在测量过程中产生系统误差的因素是复杂多样的，查明所有的系统误差是很困难的事情。同时也不可能完全消除系统误差的影响。

发现系统误差必须经过对具体测量过程和计量器具进行全面、仔细的分析。但目前还没有能够找到可以同时发现各种系统误差的方法，下面只介绍适用于发现某些系统误差常用的两种方法。

① 实验对比法：实验对比法就是通过改变产生系统误差的测量条件，进行不同测量条件下的测量来发现系统误差。这种方法适用于发现定值系统误差。例如，量块按标称尺寸使用时，在测量结果中，就存在着由于量块尺寸偏差而产生的大小和符号均不变的定值系统误差，重复测量也不能发现这一误差，只有用另一块更高等级的量块进行对比测量，才能发现它。

② 残差观察法：残差观察法是指根据测量列的各个残差大小和符号的变化规律，直接由残差数据或残差曲线图形来判断有无系统误差。这种方法主要适用于发现大小和符号按一定规律变化的变值系统误差。根据测量先后顺序，将测量列的残差作图（见图 4-12），观察残差的规律。

若残差大体上正、负相间，又没有显著变化，就认为不存在变值系统误差，如图 4-12（a）所示；若残差按近似的线性规律递增或递减，就可判断存在着线性系统误差，如图 4-12（b）所示；若残差的大小和符号有规律地周期变化，就可判断存在着周期性系统误差，如图 4-12（c）

所示。但是残差观察法对于测量次数不是足够多时，也有一定的难度。

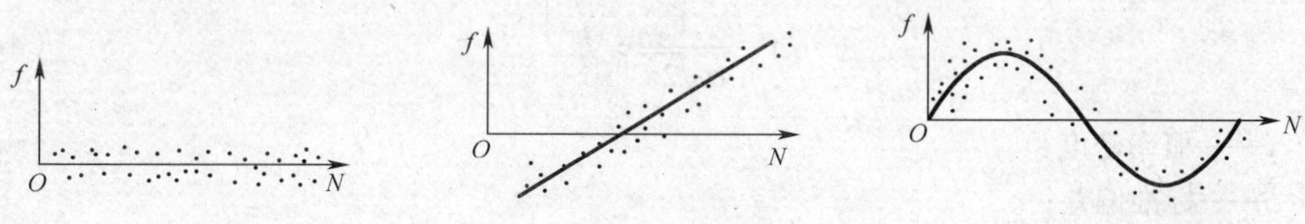

(a) 不存在变值系统误差　(b) 存在线性变值系统误差　(c) 存在周期性变值系统误差

图 4-12　变值系统误差的发现

（2）消除系统误差的方法　消除系统误差的方法主要有以下几种。

① 从产生误差根源上消除系统误差：这要求测量人员对测量过程中可能产生系统误差的各个环节进行分析，并在测量前就将系统误差从产生根源上加以消除。例如，为了防止测量过程中仪器示值零位的变动，测量开始和结束时都需检查示值零位。

② 用修正法消除系统误差：这种方法是预先将计量器具的系统误差检定或计算出来，做出误差表或误差曲线，然后取与误差数值相同而符号相反的值作为修正值，将测得值加上相应的修正值，即可使测量结果不包含系统误差。

③ 用抵消法消除定值系统误差：这种方法要求在对称位置上分别测量一次，以使这两次测量中测得的数据出现的系统误差大小相等，符号相反，取这两次测量中数据的平均值作为测得值，即可消除定值系统误差。例如，在工具显微镜上测量螺纹螺距时，为了消除螺纹轴线与量仪工作台移动方向倾斜而引起的系统误差，可分别测取螺纹左、右牙面的螺距，然后取它们的平均值作为螺距测得值。

④ 用半周期法消除周期性系统误差：对周期性系统误差，可以每相隔半个周期进行一次测量，以相邻两次测量的数据的平均值作为一个测得值，即可有效消除周期性系统误差。

消除和减小系统误差的关键是找出误差产生的根源及其规律。实际上，系统误差不可能完全消除。一般来说，系统误差若能减小到使其影响相当于随机误差的程度，则可认为已被消除。

2. 随机误差的处理

对某一次具体测量，随机误差的大小和符号无法预先知道，但对于连续多次重复测量来说，随机误差是符合统计规律的。因此，按统计学规律寻找出处理随机误差的方法是基本思路。

（1）随机误差的特性及分布规律　大量的实践和实验证明，随机误差通常服从正态分布规律（随机误差还存在其他规律的分布，如等概率分布、三角形分布、反正弦分布等），正态分布曲线如图 4-13 所示（横坐标 δ 表示随机误差，纵坐标 y 表示随机误差的概率密度）。从图中可以看出正态分布的随机误差具有以下特性。

单峰性——绝对值越小的随机误差出现的概率越大，反之则越小，随机误差为零时概率最大。

对称性——绝对值相等的正、负误差出现的概率相等。

有界性——在一定测量条件下随机误差的绝对值不会超出一定的界限。

抵偿性——随着测量次数的增加，随机误差的算术平均值趋于零，即各次随机误差的代数和趋于零。这一特性是对称性的必然反映。

正态分布曲线的数学表达式为

$$y=\frac{1}{\sigma\sqrt{2\pi}}e^{-\left(\frac{\delta^2}{2\sigma^2}\right)} \tag{4-5}$$

式中 y——概率密度；

σ——标准偏差；

δ——随机误差；

e——自然对数的底。

（2）随机误差的标准偏差 σ　从式（4-5）可以看出，概率密度 y 的大小与随机误差 δ 、标准偏差 σ 有关。当 $\delta=0$ 时，概率密度 y 最大，即 $y_{max}=1/(\sigma\sqrt{2\pi})$；显然概率密度最大值 y_{max} 是随标准偏差 σ 变化的。标准偏差 σ 越小，分布曲线越陡峭，即测得值越集中，表示测量精度就越高；反之，标准偏差 σ 越大，分布曲线越平坦，测得值越分散，表示测量精度就越低。如图4-14 所示为 3 种标准偏差的分布曲线，$\sigma_1<\sigma_2<\sigma_3$，所以标准偏差表征了随机误差的分散程度，也就是测量精度的高低。

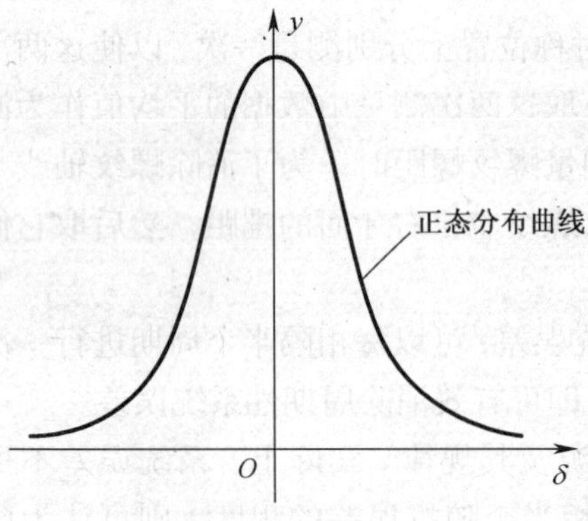

图 4-13　正态分布曲线

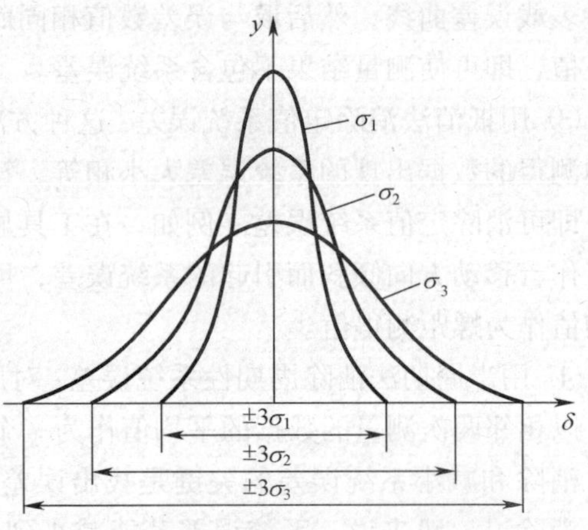

图 4-14　标准偏差对概率密度的影响

随机误差的标准偏差 σ 可用下式计算得到

$$\sigma=\sqrt{\frac{\sum\delta^2}{n}} \tag{4-6}$$

式中 n——测量次数。

标准偏差 σ 是反映测量列中测得值分散程度的一项指标，它表示的是测量列中单次测量值（任一测得值）的标准偏差。

（3）随机误差的极限值 δ_{lim}　由于随机误差具有有界性，因此随机误差的大小不会超过一定的范围。随机误差的极限值就是测量极限误差。

由概率论的知识可知，正态分布曲线和横坐标轴间所包含的面积等于所有随机误差出现的概率 P 的总和，若随机误差区间落在（$-\infty\sim+\infty$）之间，则其概率为 1，即

$$P=\int_{-\infty}^{+\infty}y\mathrm{d}\delta=\int_{-\infty}^{+\infty}\frac{1}{\sigma\sqrt{2\pi}}e^{-\left(\frac{\delta^2}{2\sigma^2}\right)}\mathrm{d}\delta=1 \tag{4-7}$$

说明全部随机误差出现的概率为 100%。实际上随机误差区间落在（$-\delta_{lim}\sim+\delta_{lim}$），其概率小于 1，即 $P=\int_{-\delta}^{+\delta}y\mathrm{d}\delta<1$。为化成标准正态分布，便于求出 $P=\int_{-\delta}^{+\delta}y\mathrm{d}\delta$ 的积分值（概率值），其概率积分计算过程如下：

为计算方便，设 $t=\dfrac{\delta}{\sigma}$，$\mathrm{d}t=\dfrac{\mathrm{d}\delta}{\sigma}$（$\delta=\sigma t,\mathrm{d}\delta=\sigma\mathrm{d}t$）

则
$$P=\int_{-\delta}^{+\delta}y\mathrm{d}\delta$$
$$=\int_{-\sigma t}^{+\sigma t}\frac{1}{\sigma\sqrt{2\pi}}\mathrm{e}^{-\frac{t^2}{2}}\sigma\mathrm{d}t$$
$$=\frac{2}{\sqrt{2\pi}}\int_{0}^{+\sigma t}\mathrm{e}^{-\frac{t^2}{2}}\mathrm{d}t \quad \text{（对称性）} \tag{4-8}$$

再令 $P=2\phi(\mathrm{t})$

则有
$$\phi(\mathrm{t})=\frac{1}{\sqrt{2\pi}}\int_{0}^{+\sigma t}\mathrm{e}^{-\frac{t^2}{2}}\mathrm{d}t \tag{4-9}$$

这就是拉普拉斯函数（概率积分），在这里用来表示测量结果的可信度。常用的 $\phi(\mathrm{t})$ 数值列在表 4-1 中。t 称为置信因子或置信系数，选择不同的 t 值，就对应有不同的概率，测量结果的可信度也就不一样。随机误差在 $\pm t_\sigma$ 范围内出现的概率称为置信概率。在几何量测量中，通常取置信因子 t=3，则置信概率为 $P=2\phi(\mathrm{t})$=99.73%。也就是 δ 超出 ±3σ 的概率为（1−99.73%）= 0.27%≈1/370。在实际测量中，测量次数一般不会多于几十次。随机误差超出 3σ 的情况实际上很少出现。所以取测量极限误差为

$$\delta_{lim}=\pm3\sigma \tag{4-10}$$

δ_{lim} 也表示测量列中单次测量值的测量极限误差。例如，测量列中某次测量的测得值为 30.002 mm，若已知标准偏差 σ=0.000 2mm，若置信概率取 99.73%，则测量极限误差为 $\pm3\sigma$=±0.000 6mm，测量结果应为(30.002±0.000 6)/mm 。

表 4-1　四个特殊 t 值对应的概率

t	$\delta=\pm t_\sigma$	不超出 | δ | 的概率 $P=2\phi(\mathrm{t})$	超出 | δ | 的概率 $\alpha=1-2\phi(\mathrm{t})$
1	1σ	0.682 6	0.317 4
2	2σ	0.954 4	0.045 6
3	3σ	0.997 3	0.002 7
4	4σ	0.999 36	0.000 64

（4）随机误差的处理步骤　由于被测几何量的真值未知，所以不能直接计算求得标准偏差 σ 的数值。在实际测量时，当测量次数 n 充分大时，随机误差的算术平均值趋于零，便可以用测量列中各个测得值的算术平均值代替真值，并估算出标准偏差，进而确定测量结果。

在假定测量列中不存在系统误差和粗大误差的前提下，可按下列步骤对随机误差进行处理。

① 计算测量列中各个测得值的算术平均值 $\overline{x}$：设测量列的测得值为 x_1、x_2、$x_3\cdots x_n$，则其算术平均值为

$$\overline{x}=\frac{\sum_{i=1}^{n}x_\mathrm{i}}{n} \tag{4-11}$$

② 计算残余误差 v_i： 残余误差即测得值与算术平均值之差，一个测量列就对应着一个残余误差列

$$v_i = x_i - \overline{x} \tag{4-12}$$

残余误差具有两个基本特性：残余误差的代数和等于零，即 $\sum v_i = 0$；残余误差的平方和为最小，即 $\sum v_i^2$ 为最小。由此可见，用算术平均值作为测量结果是合理可靠的。

③ 计算标准偏差 σ（即单次测量精度）：在实用中，常用贝塞尔（Bessel）公式计算标准偏差，贝塞尔公式如下

$$\sigma = \sqrt{\frac{\sum_{i=1}^{n} v_i^2}{n-1}} \tag{4-13}$$

若需要，可以写出单次测量结果表达式为

$$x = x_i \pm 3\sigma \tag{4-14}$$

④ 计算测量列的算术平均值的标准偏差 $\sigma_{\overline{x}}$：若在一定测量条件下，对同一被测几何量进行多组测量（每组皆测量 n 次），则对应每组 n 次测量都有一个算术平均值，各组的算术平均值不相同。不过，它们的分散程度要比单次测量值的分散程度小得多。描述它们的分散程度同样可以用标准偏差作为评定指标。根据误差理论，测量列算术平均值的标准偏差 $\sigma_{\overline{x}}$ 与测量列单次测量值的标准偏差 σ 存在如下关系

$$\sigma_{\overline{x}} = \frac{\sigma}{\sqrt{n}} \tag{4-15}$$

如图 4-15（a）所示，显然多次测量结果的精度比单次测量的精度高，即测量次数越多，测量精密度就越高。但图 4-15（b）中曲线也表明测量次数不是越多越好，一般取 $n > 10$（15 次左右）为宜。

⑤ 计算测量列算术平均值的测量极限误差 $\delta_{\lim(\overline{x})}$

$$\delta_{\lim(\overline{x})} = \pm 3\sigma_{\overline{x}} \tag{4-16}$$

⑥ 写出多次测量所得结果的表达式

$$x = \overline{x} \pm 3\sigma_{\overline{x}} \tag{4-17}$$

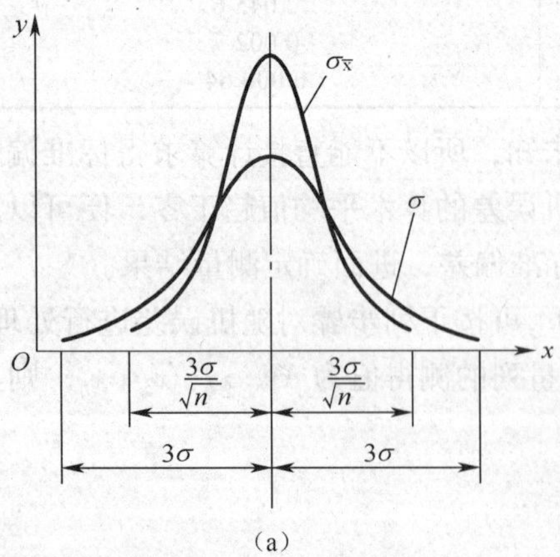

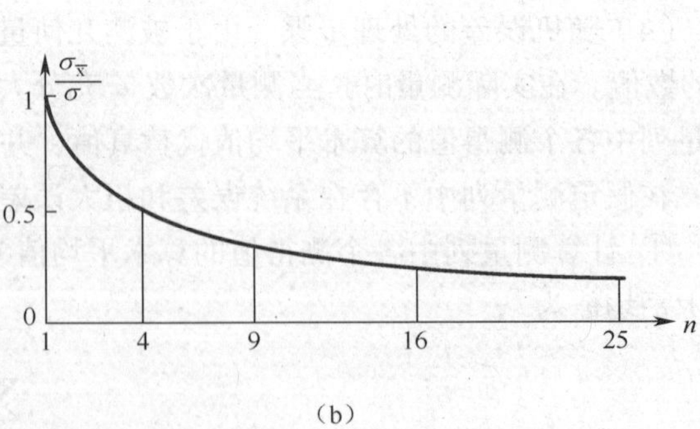

图 4-15 σ 与 $\sigma_{\overline{x}}$ 的关系

3. 粗大误差的处理

粗大误差的数值很大，在测量中应尽可能避免。如果粗大误差已经产生，则应根据判断粗大误差的准则（拉依达准则）予以剔除。

拉依达准则又称 3σ 准则。当测量列服从正态分布时，残差落在$\pm3\sigma$外的概率很小，仅有0.27%，即在连续 370 次测量中只有一次测量的残差会超出$\pm3\sigma$。实际上连续测量的次数决不会超过 370 次，测量列中就不应该有超出$\pm3\sigma$的残差。因此，当出现绝对值大于 3σ 的残差时，即 $|v_i|>3\sigma$，则认为该残差对应的测得值含有粗大误差，应予以剔除。

4.3.4* 等精度测量列的数据处理实例

等精度测量是指在测量条件（包括量仪、测量人员、测量方法及环境条件等）不变的情况下，对某一被测几何量进行的连续多次测量。虽然在此条件下得到的各个测得值不同，但影响各个测得值精度的因素和条件相同，故测量精度视为相等。相反，在测量过程中全部或部分因素和条件发生改变，则称为不等精度测量。在一般情况下，为了简化对测量数据的处理，大多采用等精度测量。

在等精度测量列的测量值中，可能同时包含系统误差、随机误差和粗大误差，为获得可靠的测量结果，对测量列应按各自的误差分析方法进行处理。

1. 直接测量列的数据处理

为了从直接测量列中得到正确的测量结果，应按以下步骤进行数据处理。

（1）计算测量列的算术平均值和残差（$\bar{x}$、v_i），以判断测量列中是否存在系统误差。如果存在系统误差，则应采取措施加以消除。

（2）计算测量列单次测量值的标准偏差σ，判断是否存在粗大误差。若有粗大误差，则应剔除含粗大误差的测得值，并重新组成测量列，再重复上述计算，直到将所有含粗大误差的测得值都剔除干净为止。

（3）计算测量列的算术平均值的标准偏差和测量极限误差（$\sigma_{\bar{x}}$ 和 $\delta_{\lim(\bar{x})}$）。

（4）给出测量结果表达式 $x=\bar{x}\pm\delta_{\lim(\bar{x})}$，并说明置信概率。

【例 4-1】 在立式光学比较仪上，对一轴径作等精度测量 15 次，测得值 x_i 如表 4-5 所示，试确定测量结果。

解：（1）判断定值系统误差 假设计量器具已经检定、测量环境得到有效控制，可认为测量列中不存在定值系统误差。

（2）求测量列算术平均值 $\bar{x}$

$$\bar{x}=\frac{\sum_{i=1}^{n}x_i}{n}=34.957\ \text{mm}$$

（3）计算各测得值 x_i 的残差 v_i 各残差的数值经计算后如表 4-2 所示。按残差观察法，这些残差的符号大体上正、负相间，没有周期性变化，因此可以认为测量列中不存在变值系统误差。

表 4-2　　等精度直接测量列数据处理计算表

测量序号	测得值(x_i)/mm	残差($v_i = x_i - \bar{x}$)/μm	残差的平方 v_i^2 / μm^2
1	34.959	+2	4
2	34.955	−2	4
3	34.958	+1	1
4	34.957	0	0
5	34.958	+1	1
6	34.956	−1	1
7	34.957	0	0
8	34.958	+1	1
9	34.955	−2	4
10	34.957	0	0
11	34.959	+2	4
12	34.955	−2	4
13	34.956	−1	1
14	34.957	0	0
15	34.958	+1	1
算术平均值 $\bar{x}$ = 34.957mm		$\sum_{i=1}^{15} v_i = 0$	$\sum_{i=1}^{10} v_i^2 = 26\ \mu m^2$

（4）计算测量列单次测量值的标准偏差 σ

$$\sigma = \sqrt{\frac{\sum_{i=1}^{n} v_i^2}{n-1}} \approx 1.3\mu m$$

（5）判断粗大误差　按拉依达准则，测量列中没有出现绝对值大于 $3\sigma(3\times1.3\mu m=3.9\mu m)$ 的残差，即测量列中不存在粗大误差。

（6）计算测量列算术平均值的标准偏差 $\sigma_{\bar{x}}$

$$\sigma_{\bar{x}} = \frac{\sigma}{\sqrt{n}} \approx 0.35\mu m$$

（7）计算测量列算术平均值的测量极限误差 $\delta_{\lim(\bar{x})}$

$$\delta_{\lim(\bar{x})} = \pm 3\,\sigma_{\bar{x}} = \pm 1.05\mu m$$

（8）确定测量结果　$x = \bar{x} \pm 3\,\sigma_{\bar{x}} = (34.957 \pm 0.001\ 1)mm$，这时的置信概率为 99.73%。

2. 间接测量列的数据处理

在有些情况下，由于某些被测对象的特点，不能进行直接测量，这时需要采用间接测量。间接测量是指通过测量与被测几何量有一定关系的几何量，按照已知的函数关系式计算出被测几何量的量值。因此间接测量的被测几何量是测量所得到的各个实测几何量的函数，而间接测量的误差则是各个实测几何量误差的函数，故称这种误差为函数误差。

（1）函数及其微分表达式　间接测量中，被测几何量通常是实测几何量的多元函数，它表示为

$$y=F(x_1, x_2, x_3, \ldots, x_m) \tag{4-18}$$

式中 y——欲测几何量（函数）；

x_i——实测几何量。

函数的全微分表达式为

$$dy=\frac{\partial F}{\partial x_1}dx_1+\frac{\partial F}{\partial x_2}dx_2+\cdots+\frac{\partial F}{\partial x_m}dx_m \tag{4-19}$$

式中 dy——欲测几何量（函数）的测量误差；

dx_i——实测几何量的测量误差；

$\frac{\partial F}{\partial x_i}$——实测几何量的测量误差传递系数。

（2）函数的系统误差计算式　由各实测几何量测得值的系统误差，可近似得到被测几何量（函数）的系统误差表达式为

$$\Delta y=\frac{\partial F}{\partial x_1}\Delta x_1+\frac{\partial F}{\partial x_2}\Delta x_2+\cdots+\frac{\partial F}{\partial x_m}\Delta x_m \tag{4-20}$$

式中 Δy——欲测几何量（函数）的系统误差；

Δx_i——实测几何量的系统误差。

（3）函数的随机误差计算式　由于各实测几何量的测得值中存在着随机误差，因此被测几何量（函数）也存在着随机误差。根据误差理论，函数的标准偏差 σ_y 与各个实测几何量的标准偏差 σ 的关系为

$$\sigma_y=\sqrt{\left(\frac{\partial F}{\partial x_1}\right)^2\sigma_{x_1}^2+\left(\frac{\partial F}{\partial x_2}\right)^2\sigma_{x_2}^2+\cdots+\left(\frac{\partial F}{\partial x_m}\right)^2\sigma_{x_m}^2} \tag{4-21}$$

式中 σ_y——欲测几何量（函数）的标准偏差；

σ_{x_i}——实测几何量的标准偏差。

同理，函数的测量极限误差公式为

$$\delta_{\lim(y)}=\pm\sqrt{\left(\frac{\partial F}{\partial x_1}\right)^2\delta_{\lim(x_1)}^2+\left(\frac{\partial F}{\partial x_2}\right)^2\delta_{\lim(x_2)}^2+\cdots+\left(\frac{\partial F}{\partial x_m}\right)^2\delta_{\lim(x_m)}^2} \tag{4-22}$$

式中 $\delta_{\lim(y)}$——欲测几何量（函数）的测量极限误差；

$\delta_{\lim(x_i)}$——实测几何量的测量极限误差。

（4）间接测量列数据处理的步骤

① 找出函数表达式 $y=F(x_1, x_2, x_3 \ldots x_m)$。

② 求出欲测几何量（函数）值 y。

③ 计算函数的系统误差值 Δy。

④ 计算函数的标准偏差值 σ_y，和函数的测量极限误差值 $\delta_{\lim(y)}$。

⑤ 给出欲测几何量（函数）的结果表达式

$$y=(y-\Delta y)\pm\delta_{\lim(y)} \tag{4-23}$$

最后说明置信概率为 99.73%。

4.4 计量器具选择原则与维护保养小结

4.4.1 计量器具的选择原则

机械制造中计量器具的选择主要决定于计量器具的技术指标和经济指标。在综合考虑这些指标选择计量器具时，主要有以下两项原则。

（1）按被测工件的部位、外形及尺寸来选择计量器具　应使所选计量器具的测量范围能满足工件的要求。

（2）按被测工件的公差来选择计量器具　考虑到计量器具的误差将会带入工件的测量结果中，因此选择的计量器具其允许的极限误差应当小。但计量器具的极限误差愈小，测量成本就愈高，对使用时的环境条件和操作者的要求也愈高。因此，在选择计量器具时，应对技术指标和经济指标综合进行考虑。

通常计量器具的选择可根据标准（光滑工件尺寸的检验 GB/T3177—1997。适用于采用普通计量器具，如游标卡尺、千分尺及车间用比较仪等，对图样上注出的公差等级为 IT6～IT18 级、基本尺寸至 500mm 的光滑工件的检验）的规定进行。也就是说，计量器具的选择，应按测量不确定度的允许值 U 来进行，U 由计量器具的不确定度 u_1 和由测量时的温度、工件形状误差以及测量力等引起的误差 u_2 所组成。其中，计量器具的不确定度是产生测量误差的主因，$u_1=0.9U$，$u_2=0.45U$，测量不确定度 $U=\sqrt{u_1^2+u_2^2}$。选择计量器具时，应保证所选择计量器具的不确定度值 u_1' 不大于满足测量精度要求（所选测量方法的测量不确定度不大于其允许值 U）的允许值 u_1，即

$$u_1' \leqslant u_1\ （u_1=0.9U，一般\ U=1/10T_{工件}=A） \tag{4-24}$$

对于标准适用范围以外的其他工件，应使所选用的计量器具的极限误差约占被测工件公差的 1/10～1/3，其中对低精度的工件采用 1/10，对高精度的工件采用 1/3 甚至 1/2。由于工件精度愈高，对计量器具的精度要求也愈高。高精度的计量器具因制造困难，成本剧增，所以使其极限误差占工件公差的比例增大是合理的。

4.4.2 计量器具的维护保养

如前所述，计量器具的不确定度是产生测量误差的主要因素，约占测量总误差的 90%。为了确保测量结果的准确、可信，所用计量器具必须是符合检定规程要求的，也为了使计量器具能够有一个合理的使用寿命，都应注意计量器具的维护与保养。

（1）计量器具应处于清洁（不用时盖上防尘布或罩），安全（避免碰撞、震动、潮湿等）的环境；

（2）对量具、量仪的精密金属工作表面（如量块、仪器工作台、项尖等）使用后都必须先

用汽油擦洗干净后均匀涂上防锈油。

（3）对于光学仪器的光学元件必须避免磕碰，擦拭镜面必须使用干净的鹿皮等，避免划伤。

（4）在接通量仪电源时，要特别注意仪器要求的电压等。

练习与思考

（1）测量的实质是什么？一个完整的测量过程包括哪几个要素？

（2）我国长度测量的基本单位是什么？它是如何定义的？

（3）何谓尺寸传递系统？建立尺寸传递系统有什么意义？

（4）什么叫计量器具的测量不确定度？它与计量器具的测量精度有何关系？

（5）用两种测量方法分别测量 100mm 和 200mm 两段长度，前者和后者的绝对测量误差分别为 +6μm 和−8μm，试确定两种测量方法中，何者测量精度较高？

（6）在同一测量条件下，用立式光学比较仪重复测量某轴的同一部位直径 10 次，各次测量值按测量顺序分别为（单位：mm）：20.042，20.043，20.040，20.043，20.042，20.043，20.040，20.042，20.043，20.042。设测量列中不存在定值系统误差，试确定以下几项。

① 测量列算术平均值。

② 判断测量列中是否存在变值系统误差。

③ 测量列中单次测量值的标准偏差。

④ 判断测量列中是否存在粗大误差。

⑤ 测量列算术平均值的标准偏差。

⑥ 测量列算术平均值的测量极限偏差。

⑦ 以第四次测量值作为测量结果的表达式。

⑧ 以测量列算术平均值作为测量结果的表达式。

第5章 量块与量规

5.1 量块的基本知识

量块是没有刻度的平面平行端面量具，横截面为矩形。量块可以作为长度基准的传递媒介，可以用来检定和调整、校对计量器具，还可以用于测量工件精度、精密划线和调整设备等。

5.1.1 量块的结构

1. 量块的材料

量块是用特殊合金钢材料制成的，这种材料具有线膨胀小、不易变形、硬度高、耐磨性好、有极好的抛光性和研合性等特点。

2. 量块的形状和尺寸

量块的形状通常为正六面体，有两个互相平行的测量面和 4 个非测量面，如图 5-1 所示。两个测量面的表面非常光滑平整且测量面间具有精确的尺寸，其余 4 个非测量面可作为标记面。

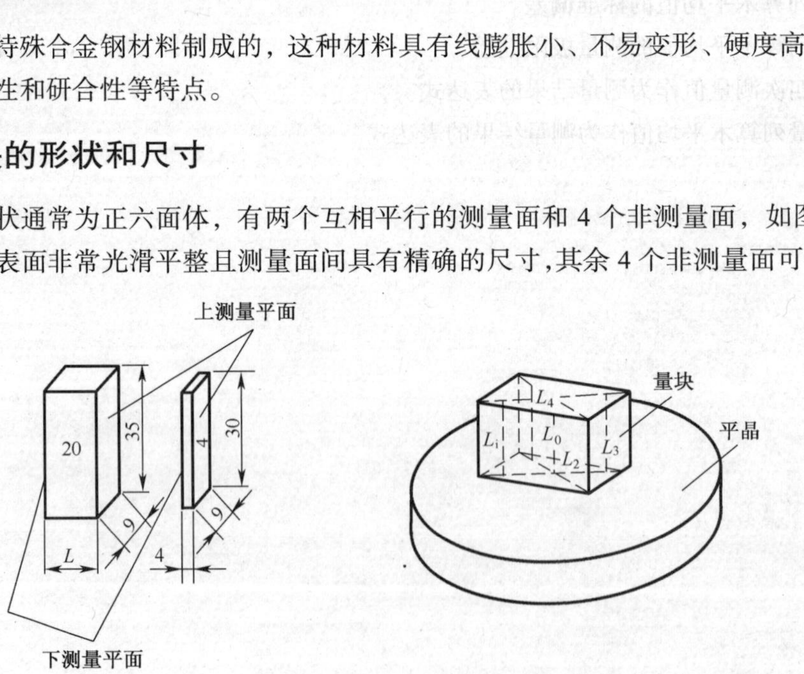

图 5-1 量块的形状及尺寸

量块两测量面任意点间的垂直距离，称为量块任意长度 *Li*；量块两测量面中心点之间的垂直距离，称为量块中心长度（*L*）；量块上标出的尺寸，称为量块的标称长度；量块测量面上最大与最小长度之差， 称为量块长度变动量。

5.1.2 量块的精度

根据量块长度的极限偏差和长度变动量允许值等精度指标，量块的制造精度分为 00、0、1、2、(3) 级 5 个级别，其中 00 级的精度最高，精度依次降低，(3) 级的精度最低。此外，还有一个校准级—K 级。

根据量块中心长度的极限偏差和测量面的平面度公差等精度指标，量块的检定精度分为 1、2、3、4、5、6 等 6 个等别，其中 1 等的精度最高，精度依次降低，6 等的精度最低。(见表 5-2)

量块按“级”使用时，应以量块的标称长度作为工作尺寸，该尺寸包含了量块的制造误差。量块按 “等”使用时，应以检定后所给出的量块中心长度的实际尺寸作为工作尺寸，该尺寸排除了量块制造误差的影响，仅包含检定时较小的测量误差。量块按“等”使用时的测量精度比按“级”使用时的测量精度高。各级量块的精度指标如表 5-1 所示。

表 5-1　　各级量块的精度指标(摘自 GB / T 6093—2001)

标称长度 l/mm		量块制造精度									
		0 级		K 级		1 级		2 级		3 级	
		长 度 / μm									
大于	到	极限偏差 $\pm D$	变动量允许值 T_v	极限偏差 $\pm D$	变动量允许值 T_v	极限偏差 $\pm D$	变动量允许值 T_v	极限偏差 $\pm D$	变动量允许值 T_v	极限偏差 $\pm D$	变动量允许值 T_v
	10	0.12	0.10	0.20	0.05	0.20	0.16	0.45	0.30	1.00	0.50
10	25	0.14	0.10	0.30	0.05	0.30	0.16	0.60	0.30	1.20	0.50
25	50	0.20	0.10	0.40	0.06	0.40	0.18	0.80	0.30	1.60	0.55
50	75	0.25	0.12	0.50	0.06	0.50	0.18	1.00	0.35	2.00	0.55
75	100	0.30	0.12	0.60	0.07	0.60	0.20	1.20	0.35	2.50	0.60
100	150	0.40	0.14	0.80	0.08	0.80	0.20	1.60	0.40	3.00	0.65
150	200	0.50	0.16	1.00	0.09	1.00	0.25	2.00	0.40	4.00	0.70
200	250	0.60	0.16	1.20	0.10	1.20	0.25	2.40	0.45	5.00	0.75

量块的使用：量块的使用方法可分为按“级”使用和按“等”使用。

量块按“级”使用时，是以量块的标称长度为工作尺寸，即不计量块的制造误差和磨损误差，但它们将被引入到测量结果中，使测量精度受到影响，但因不需加修正值，因此使用方便。

表 5-2　　各等量块的精度指标(仅供参考)

标称长度 l/mm		量块检定精度											
		1 等		2 等		3 等		4 等		5 等		6 等	
		长 度/μm											
大于	到	测量的不确定度允许值±	变动量允许值 T_v	测量的不确定度允许值±	变动量允许值 T_v	测量的不确定度允许值±	变动量允许值 T_v	测量的不确定度允许值±	变动量允许值 T_v	测量的不确定度允许值±	变动量允许值 T_v	测量的不确定度允许值±	变动量允许值 T_v
0.5		0.02	0.05	0.06	0.10	0.11	0.16	0.22	0.30	0.6	0.5	2.1	0.5
0.5	10												

续表

标称长度 *l* /mm		量块检定精度											
		1 等		2 等		3 等		4 等		5 等		6 等	
		长 度 / μm											
大于	到	测量的不确定度允许值±	变动量允许值 T_v	测量的不确定度允许值±	变动量允许值 T_v	测量的不确定度允许值±	变动量允许值 T_v	测量的不确定度允许值±	变动量允许值 T_v	测量的不确定度允许值±	变动量允许值 T_v	测量的不确定度允许值±	变动量允许值 T_v
10	25	0.02	0.05	0.07	0.10	0.12	0.16	0.25	0.30	0.6	0.5	2.3	0.5
25	50	0.03	0.06	0.08	0.10	0.15	0.18	0.30	0.30	0.8	0.55	2.6	0.55
50	75	0.04	0.06	0.09	0.12	0.18	0.18	0.35	0.35	0.9	0.55	2.9	0.55
75	100	0.04	0.07	0.10	0.12	0.20	0.20	0.40	0.35	1.0	0.6	3.2	0.6
100	150	0.05	0.08	0.12	0.14	0.25	0.20	0.50	0.40	1.2	0.65	3.8	0.65
150	200	0.06	0.09	0.15	0.16	0.30	0.25	0.60	0.40	1.5	0.7	4.4	0.7
200	250	0.07	0.10	0.18	0.16	0.35	0.25	0.70	0.45	1.8	0.75	5.0	0.75

量块按“等”使用时，是用量块经检定后所给出的实际中心长度尺寸作为工作尺寸。例如，某一标称长度为 20mm 的量块，经检定其实际中心长度与标称长度之差为−0.3μm，则中心长度为 19.999 7mm。这样就消除了量块的制造误差影响，提高了测量精度。但是，在检定量块时，不可避免地存在一定的测量方法误差，它将作为测量误差而被引入到测量结果中。

5.1.3 量块的应用

为了能用较少的块数组合成所需要的尺寸，量块应按一定的尺寸系列成套生产供应。国家标准规定了 17 种系列的成套量块。如表 5-3 所示列出了其中三套量块的尺寸系列。

表 5-3　　成套量块的组合尺寸（摘自 GB/T6093—2001）

套　别	总 块 数	级　别	尺寸系列/mm	间隔/mm	块　数
1	91	0，1	0.5	—	1
			1	—	1
			1.001，1.002，…，1.009	0.001	9
			1.01，1.02，…，1.49	0.01	49
			1.5，1.6，…，1.9	0.1	5
			2.0，2.5，…，9.5	0.5	16
2	83	0，1，2	0.5	—	1
			1	—	1
			1.005	—	1
			1.01，1.02，…，1.49	0.01	49
			1.5，1.6，…，1.9	0.1	5
			2.0，2.5，…，9.5	0.5	16
			10，20，…，100	10	10

续表

套　别	总 块 数	级　别	尺寸系列/mm	间隔/mm	块　数
3	46	0，1，2	1	—	1
			1.001，1.002，…，1.009	0.001	9
			1.01，1.02，…，1.49	0.01	9
			1.1，1.2，…1.9	0.1	9
			2，3，…9	1	8
			10，20，…，100	10	10

量块组合的原则：为了减少量块的组合误差，应尽量减少量块的组合块数，一般不超过 4 块；组合时，应根据所需尺寸的最后一位数值选第一块量块，每选一块量块，应至少减去尺寸的一位数。

例如，从 91 块一套的量块组中选取量块组成尺寸 65.438mm。选择各量块尺寸的步骤如下。

65.438 ………………………… 所需尺寸

−1.008 ………………………… 第一量块的尺寸

64.430

−1.430 ………………………… 第二量块的尺寸

63.000

−3.000 ………………………… 第三量块的尺寸

60 ………………………… 第四量块的尺寸

既 65.438mm=(1.008+1.430+3.00+60)mm。

研合量块时，首先用优质汽油将选用的各量块清洗干净，用洁布擦干，然后以大尺寸量块为基础，顺次将小尺寸量块研合上去。

研合时将量块沿着其测量面长边方向，先将两块量块测量面的端缘部分接触并研合，然后稍加压力，将一块量块沿着另一块量块推进，使两块量块的测量面全部接触，并研合在一起。使用量块时要小心，避免碰撞、跌落，切勿划伤测量面。

5.2 光滑极限量规

光滑极限量规是一种没有刻度的专用检验工具。它不能确定零件的实际尺寸，只能确定零件尺寸是否处于规定的极限尺寸范围内。

检验孔的光滑极限量规称为塞规。一个塞规按被测孔的最大实体尺寸制造，称为通规；另一个塞规按被测孔的最小实体尺寸制造，称为止规，如图 5-2（a）所示。检验轴的光滑极限量规称为环规或卡规。一个环规按被测轴的最大实体尺寸制造，称为通规；另一个环规按被测轴的最小实体尺寸制造，称为止规，如图 5-2（b）所示。测量时，必须把通规和止规联合使用，只有当通规能够通过被测孔或轴，同时，止规不能通过被测孔或轴时，该孔或轴才是合格品。

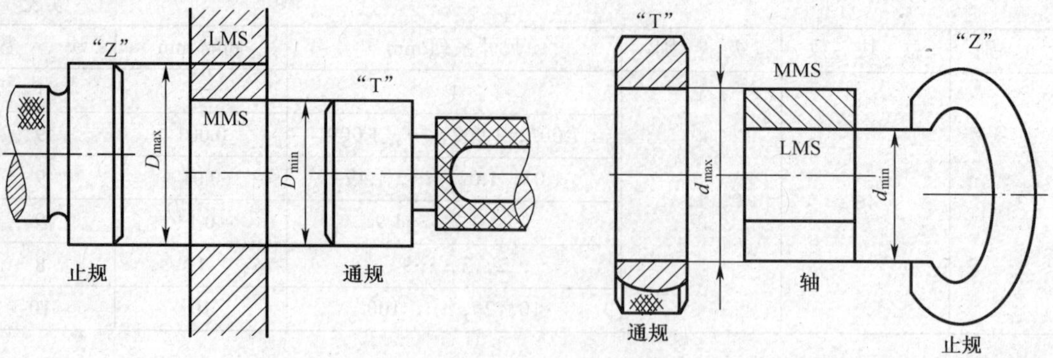

(a) 孔用量规　　(b) 轴用量规

图 5-2　光滑极限量规

在机械制造业中，由于光滑极限量规结构简单，使用方便，测量可靠，因此成批或大量生产的零件多采用光滑极限量规检验。

5.2.1　量规的用途及分类

量规按其用途的不同可分为工作量规、验收量规和校对量规三类。

1. 工作量规

工作量规是工人在零件制造过程中，用来检验工件时使用的量规。它的通规和止规分别用代号"T"和"Z"表示。

2. 验收量规

验收量规是检验部门或用户代表验收产品时使用的量规。验收量规一般不另行制造，检验人员应该使用与生产工人相同类型且已经磨损较多的但未超过磨损极限的通规，这样由生产工人自检合格的产品，检验部门验收时也一定合格。验收量规也有通规和止规。

3. 校对量规

校对量规是检验、校对轴用量规（环规或卡规）的量规。孔用工作量规用指示式计量器具测量很方便，不需要校对量规。只有轴用工作量规才使用校对量规。

5.2.2　量规的尺寸公差带

1. 工作量规基本尺寸的确定

工作量规中的通规用来检验零件的作用尺寸是否超过最大实体尺寸（轴的最大极限尺寸或孔的最小极限尺寸），工作量规中的止规是检验零件的实际尺寸是否超过最小实体尺寸（轴的最小极限尺寸或孔的最大极限尺寸），各种量规均以被检验零件的极限尺寸作为基本尺寸。

2. 工作量规公差带

工作量规的公差带由两部分组成：制造公差和磨损公差。

量规在制造时不可避免也会产生误差，故须规定制造公差，但量规的制造公差要比被检验工件的公差小得多，制造公差用字母 T 来表示。

通规在检验时经常要通过被检验零件，其工作表面会产生磨损，故还需规定磨损公差，以使通规有一个合理的使用寿命。止规因不经常通过被检验零件，故不需规定磨损公差。

如图 5-3 所示为量规公差带图，GB1957—1981 中规定公差带以不超过零件极限尺寸为原则。通规的制造公差对称于 Z 值，其允许磨损量以零件的最大实体尺寸为极限，止规的制造公差带是从零件的最小实体尺寸算起，分布在尺寸公差带之内。制造公差 T 值和通规公差带位置要素 Z 值是综合考虑了量规的制造工艺水平和议定的使用寿命。按零件的基本尺寸、公差等级给出的，具体数值见表 5-4。

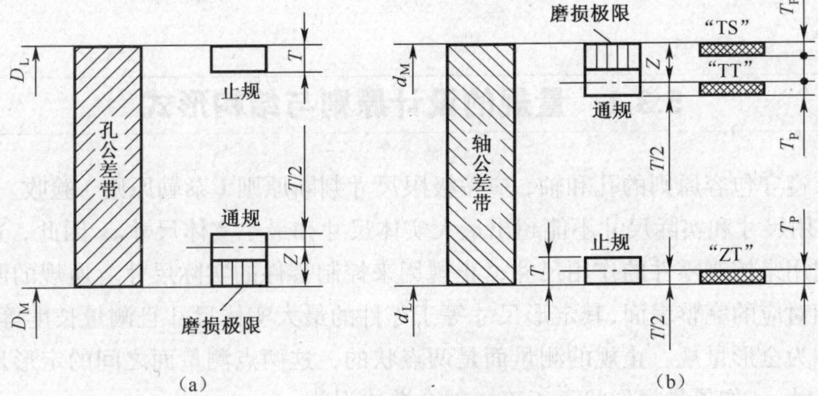

图 5-3 量规公差带图

表 5-4 光滑极限量规的尺寸公差 T 和位置要素 Z 值（GB1957—1981） （单位：μm）

零件基本尺寸/mm	IT6		IT7		IT8		IT9		IT10		IT11		IT12		IT13		IT14		IT15		IT16	
	T	Z	T	Z	T	Z	T	Z	T	Z	T	Z	T	Z	T	Z	T	Z	T	Z	T	Z
≤3	1	1	1.2	1.6	1.6	2	2	2	2.4	4	3	6	4	9	6	14	9	20	14	30	20	40
>3～6	1.2	1.4	1.4	2	2	2.6	2.4	4	3	5	4	8	5	9	6	16	11	25	16	35	25	50
>6～10	1.4	1.6	1.8	2.4	2.4	3.2	2.8	5	3.6	6	5	9	6	11	7	20	13	30	20	40	30	60
>10～18	1.6	2	2	2.8	2.8	4	3.4	6	4	8	6	11	7	13	8	24	15	35	25	50	35	75
>18～30	2	2.4	2.4	3.4	3.4	5	4	7	5	9	7	13	8	15	10	28	18	40	28	60	40	90
>30～50	2.4	2.8	3	4	4	6	5	8	6	11	8	16	10	18	12	34	22	50	34	75	50	110
>50～80	2.8	3.4	3.6	4.6	4.6	7	6	9	7	13	9	19	12	22	14	40	26	60	40	90	60	130
>80～120	3	3.8	4.2	5.4	5.4	8	7	10	8	15	10	22	14	26	16	46	20	70	46	100	70	150
>120～180	3.8	4.4	4.8	6	6	9	8	12	9	18	12	25	16	30	20	52	35	80	52	120	80	100
>180～250	4.4	5	5.4	7	7	10	9	14	10	20	14	29	18	35	22	60	40	90	60	130	90	200
>250～315	4.8	5.6	6	8	8	11	10	16	12	22	16	32	20	40	26	66	45	100	66	150	100	220
>315～400	5.4	6.2	7	9	9	12	11	18	14	25	18	36	22	45	28	74	50	110	74	170	110	250
>400～500	6	7	8	10	10	14	12	20	16	28	20	40	24	50	32	80	55	120	80	190	120	280

由图 5-3 所示的几何关系，可以得出工作量规上、下偏差的计算公式，见表 5-5。

表 5-5　　工作量规极限偏差的计算公式

偏差 \ 量规	检验孔的量规	检验轴的量规
通端上偏差	T_s=EI+Z+T/2	T_{sd} =es−Z+T/2
通端下偏差	T_i=EI+Z−T/2	T_{id}=es−Z−T/2
止端上偏差	Z_s=ES	Z_{sd}=ei+T
止端下偏差	Z_s=EI−T	Z_{id}=ei

5.3 工作量规的设计

5.3.1 量规的设计原则与结构形式

对于要求遵守包容原则的孔和轴，应按极限尺寸判断原则（泰勒原则）验收。泰勒原则规定：零件的作用尺寸和实际尺寸不能超出最大实体尺寸和最小实体尺寸。因此，光滑极限量规设计时，通规用来控制零件的作用尺寸，止规用来控制零件的实际尺寸。通规的测量面应是与孔或轴形状相对应的完整表面，其定形尺寸等于零件的最大实体尺寸且测量长度等于配合长度，因此通规常称为全形量规。止规的测量面是两点状的，这两点测量面之间的定形尺寸等于零件的最小实体尺寸。如果量规形状不正确，就会造成误收。

检验光滑工件的光滑极限量规，其结构形式很多（见图 5-4），孔用量规如图 5-5（a）所示。

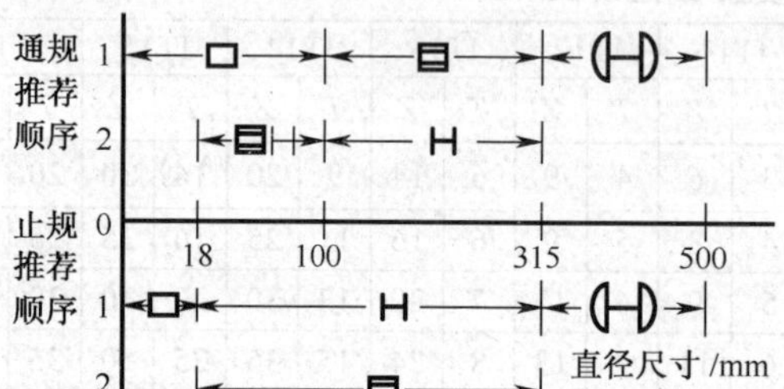

（a）孔用量规

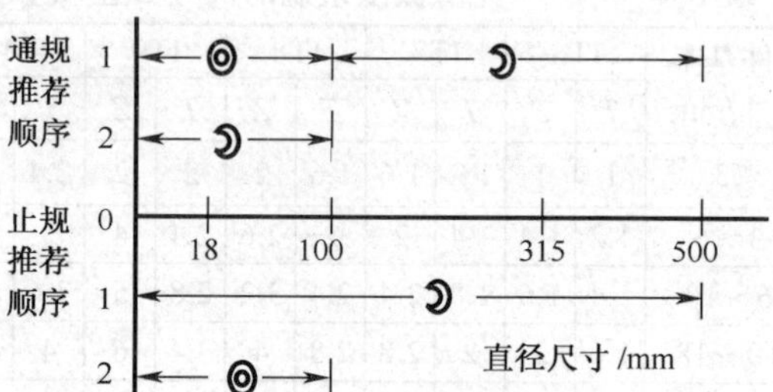

（b）轴用量规

图 5-4　量规形式和应用尺寸范围

全形塞规——具有外圆柱形的测量面。

不全形塞规——具有部分外圆柱形的测量面。该塞规是从圆柱体上切掉两个轴向部分而形成的，主要是为了减轻重量。

片形塞规——具有较少部分外圆柱形的测量面。为了避免使用中的变形，片形塞规应具有一定的厚度而做成板形。

球端杆规——具有球形的测量面。每一端测量面与工件的接触半径不得大于工件最小极限尺寸的半径。为了避免使用中的变形，球端杆规应有足够的刚度。这种量规有固定式和调整式两种。

轴用量规如图 5-5（b）所示。

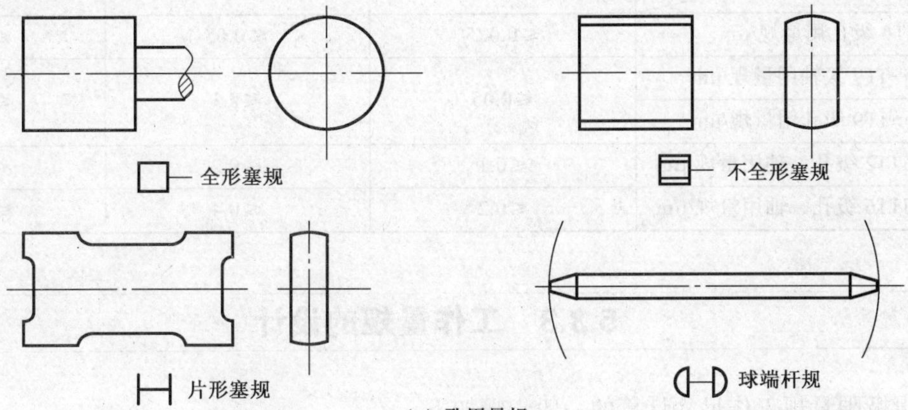

（a）孔用量规

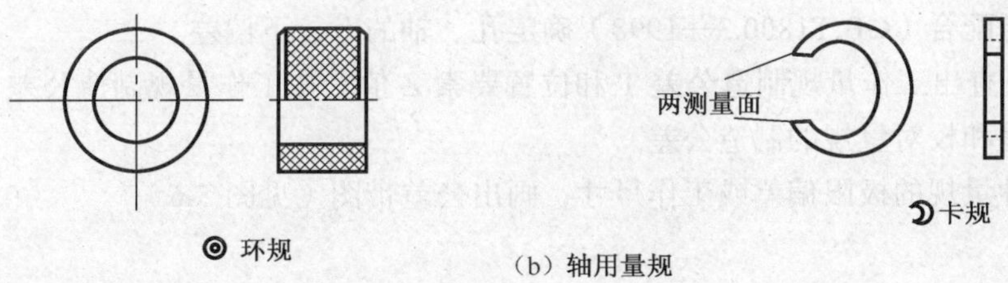

（b）轴用量规

图 5-5　孔、轴用量规

环规——具有内圆柱面的测量面。为了防止使用中的变形，环规应有一定厚度。

卡规——具有两个平行的测量面（可以改用一个平面与一个球面或圆柱面；也可以改用两个与被检工件的轴线平行的圆柱面）。这种卡规分为固定式和调整式两种类型。

5.3.2　量规的技术要求

工作量规的形位误差应在量规的尺寸公差带内，形位公差为尺寸公差的 50%，但形位公差小于 0.001mm 时，由于制造和测量都比较困难，形位公差都选定为 0.001mm。

量规可用合金工具钢、碳素工具钢、渗碳钢及硬质合金等尺寸稳定且耐磨的材料制造，也可用普通低碳钢表面镀铬氮化处理，其厚度应大于磨损量。

量规工作面的硬度对量规的使用寿命有直接影响。钢制量规测量面的硬度为 58～65HRC，并应经过稳定性处理，如回火、时效等，以消除材料中的内应力。

量规工作面不应有锈迹、毛刺、黑斑、划痕等明显影响使用质量的缺陷，非工作表面不应有锈蚀和裂纹。

量规的测头与手柄的连接应牢固可靠，在使用过程中不应松动。

量规测量面的表面粗糙度取决于被检验工件的基本尺寸、公差等级和粗糙度以及量规的制造工艺水平，一般不低于国标推荐的表面粗糙度数值，如表 5-6 所示（摘自 GB.T1031—1995）。

量规必须打上清晰的标记，主要有：被检验孔、轴的基本尺寸和公差带代号，量规的用途代号（"T"表示通规代号，"Z"表示止规代号）。

表 5-6　　量规测量面的粗糙度 R_a 值

量规 \ 零件基本尺寸/mm	≤120	＞120～315	＞315～500
IT6 级孔用量规/μm	≤0.025	≤0.05	≤0.1
IT6～IT9 级轴用量规/μm IT7～IT9 级孔用量规/μm	≤0.05	≤0.1	≤0.2
IT10～IT12 级孔、轴用量规/μm	≤0.1	≤0.2	≤0.4
IT13～IT16 级孔、轴用量规/μm	≤0.2	≤0.4	≤0.8

5.3.3　工作量规的设计

光滑极限量规工作尺寸计算的一般步骤如下。

（1）按极限与配合（GB.T1800.3—1998）确定孔、轴的上、下偏差。

（2）按表 5-2 查出工作量规制造公差 T 和位置要素 Z 值。按工作量规制造公差 T，确定工作量规的形状公差和校对量规的制造公差。

（3）计算各种量规的极限偏差或工作尺寸，画出公差带图（见图 5-6）。

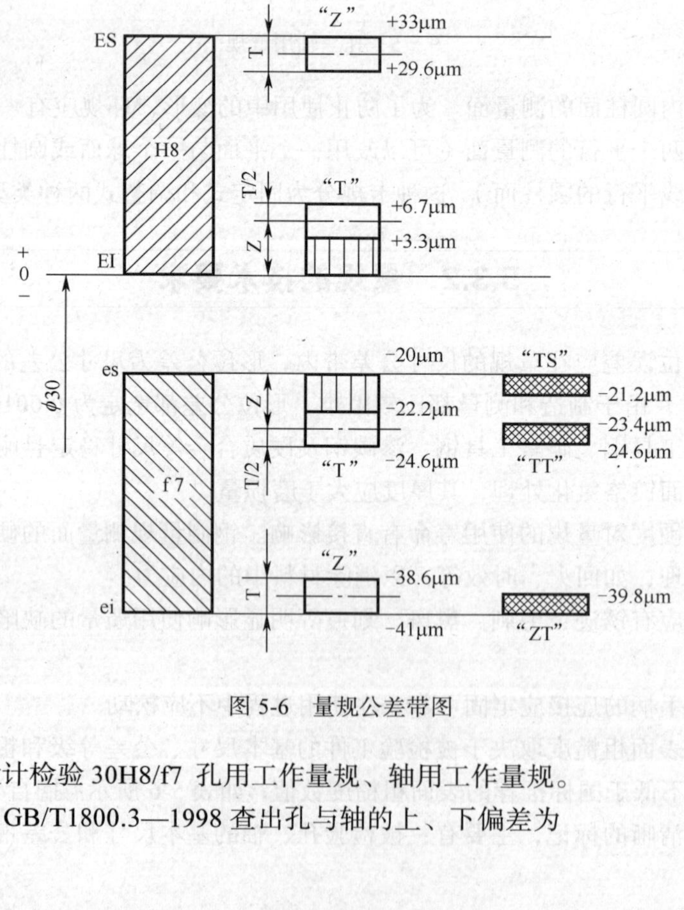

图 5-6　量规公差带图

【例 5-1】　设计检验 30H8/f7 孔用工作量规、轴用工作量规。

解：（1）由表 GB/T1800.3—1998 查出孔与轴的上、下偏差为

孔：ES=+0.033mm　　EI=0

轴：es=−0.020mm　　ei=−0.041mm

（2）由表 5-2 查出工作量规的制造公差 T 和位置要素值 Z，并确定量规的形状公差和校对量规的制造公差

塞规制造公差 T=0.0034mm　　塞规位置要素值 Z=0.005mm

塞规形状公差 T=0.001 7mm　　卡规制造公差 T=0.002 4mm

卡规位置要素值 Z=0.003 4mm　　卡规形状公差 T/2=0.001 2mm

（3）画出孔、轴及量规公差带图

（4）计算各种量规的极限偏差

① 30H8 孔用塞规

通规（T）：

上偏差=EI + Z + T/2=0 + 0.005mm+0.001 7mm= + 0.006 7mm

下偏差=EI + Z + T/2=0 + 0.00 5mm−0.001 7= + 0.003 3mm

磨损极限=EI=0

止规（Z）：

上偏差=ES= + 0.033mm

下偏差=ES-T= + 0.033mm−0.003 4mm= + 0.029 6mm

② 30f7 轴用卡规

通规（T）：

上偏差 = es−Z + T/2=−0.020mm−0.003 4mm + 0.001 2mm=−0.0222mm

下偏差 = es−Z−T/2=−0.020mm−0.003 4mm−0.001 2mm=−0.024 6mm

磨损极限 = es = −0.020mm

止规（Z）：

上偏差=ei + T=−0.041mm + 0.0024mm=−0.0386mm

下偏差 = ei = −0.041mm

③ 轴用卡规的校对量规

“校通—通”量规(TT)：

上偏差=es−Z−T/2 + Tp=−0.02mm−0.0034mm−0.0012mm + 0.0012mm=−0.0234mm

下偏差=es−Z−T/2=−0.02mm−0.0034mm−0.0012mm=−0.0246mm

“校通—损”量规(TS)：

上偏差=es=−0.020mm

下偏差=es−T_p=−0.020mm−0.001 2mm=−0.021 2mm

“校止—通”量规(ZT)：

上偏差=es + T_p=−0.041mm + 0.001 2mm=−0.039 8mm

下偏差=es=−0.041mm

画出工作量规简图,如图 5-7 所示

在图样上标注量规工作尺寸时有两种方法：一种是按照工件基本尺寸为量规的基本尺寸，再标注量规的上、下偏差。在实际生产中也使用另一种标注方法，即用量规的最大实体尺寸为基本尺寸来标注，这样可使上、下偏差之一为零值，便于加工。

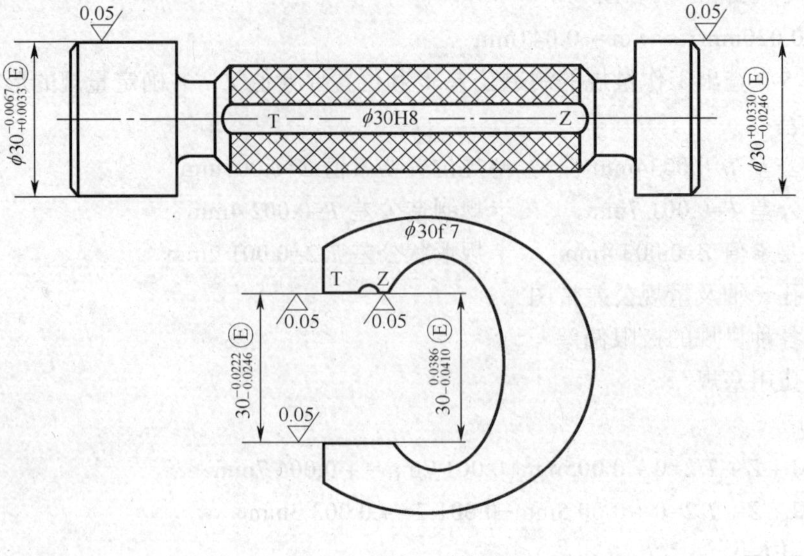

图 5-7　量规工作简图

练习与思考

（1）光滑极限量规分几类？各有什么用途？为什么孔用工作量规没有校对量规？

（2）用光滑极限量规检验孔或轴时，通规和止规通常用来检验什么？被检验孔或轴的合格条件是什么？

（3）量规设计应该遵循什么原则？该原则的含义是什么？

（4）量规的尺寸公差带与工件的尺寸公差带有何关系？画出其公差带图。

（5）量规有哪些型式？在实际应用中应如何考虑？

（6）量规工作部分的形位公差和表面粗糙度参数值如何确定？

（7）量规的工作尺寸在工作图上如何标注？

（8）计算检验下列孔、轴用量规的工作尺寸，并画出被检孔、轴和量规公差带图。

①ϕ60H10Ⓔ；　　②ϕ8p7Ⓔ

第6章 键与花键的公差配合及检测

键联接和花键联接广泛用于轴和轴上传动件（齿轮、皮带轮、手轮和联轴器等）之间的可拆卸联接，用以传递扭矩，有时也作轴向滑动的导向，特殊场合还能起到定位和保证安全的作用。例如，变速箱中变速齿轮与轴之间通过平键联接，如图 6-1（a）所示，通过花键孔与花键轴的联接如图 6-1（b）所示。

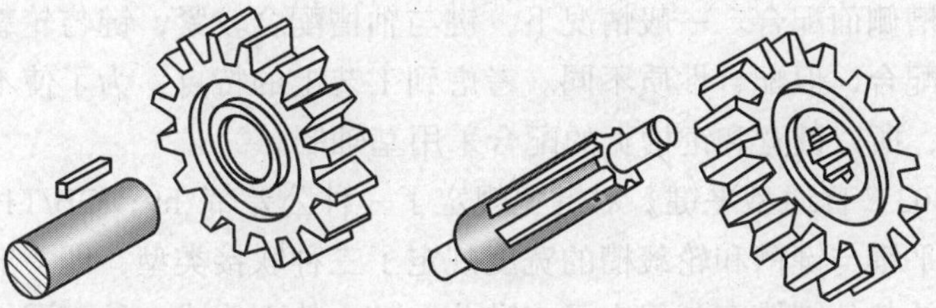

（a）平键联接　　（b）矩形花键联接

图 6-1　键连接示意图

6.1 单键联接的公差配合与检测

6.1.1　概述

键（单键）分为平键、半圆键、切向键和楔形键等几种，其中平键的应用最广泛。

平键联接由键、轴槽和轮毂槽三部分组成，如图 6-2 所示。在平键联接中，结合尺寸有键宽与键槽宽（轴槽宽和轮毂槽宽）b、键高 h、槽深（轴槽深 t_1、轮毂槽深 t_2）、键和槽长 L 等参数。平键联接通过键的侧面分别与轴槽、轮毂的侧面接触来传递扭矩和运动，键的上表面和轮毂槽底面留有 0.2～0.5mm 的间隙。因此，键和轴槽的侧面承载负荷，键宽和键槽宽 b 是决定配合性质和配合精度的主要参数，为主要配合尺寸，应规定较严格的公差； 而键长 L、键高 h、轴槽深 t_1、轮毂槽 t_2 为非配合尺寸，其精度要求较低。

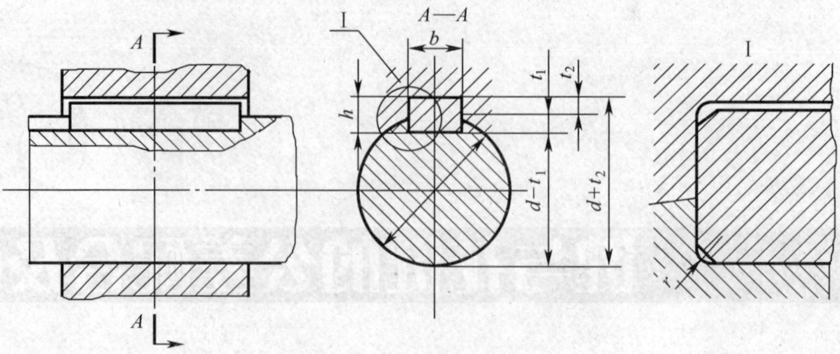

图 6-2 普通平键键槽的几何参数

6.1.2 平键联接的公差与配合

键为标准件。在键宽与键槽宽的配合中，键宽是轴，键槽宽是孔，键的两侧面同时与轴和轮毂两个零件的键槽侧面配合。一般情况下，键与轴槽配合较紧，键与轮毂槽配合较松，相当于一个轴与两个孔配合，但配合性质不同。考虑到工艺上的特点，为了使不同配合性质所用的键的规格统一起来，所以键宽和键槽宽的配合采用基轴制。

GB/T1096—2003《普通型平键》对键宽规定了一种公差带 h9；GB/T1095—2003《平键键槽的剖面尺寸》对平键与键槽和轮毂槽的宽度规定了三种联接类型，即一般联接、较松联接和较紧联接；对轴和轮毂的键槽宽各规定了三种公差带，从而构成三种不同性质的配合，以满足各种不同性质的需要，如图 6-3 所示。

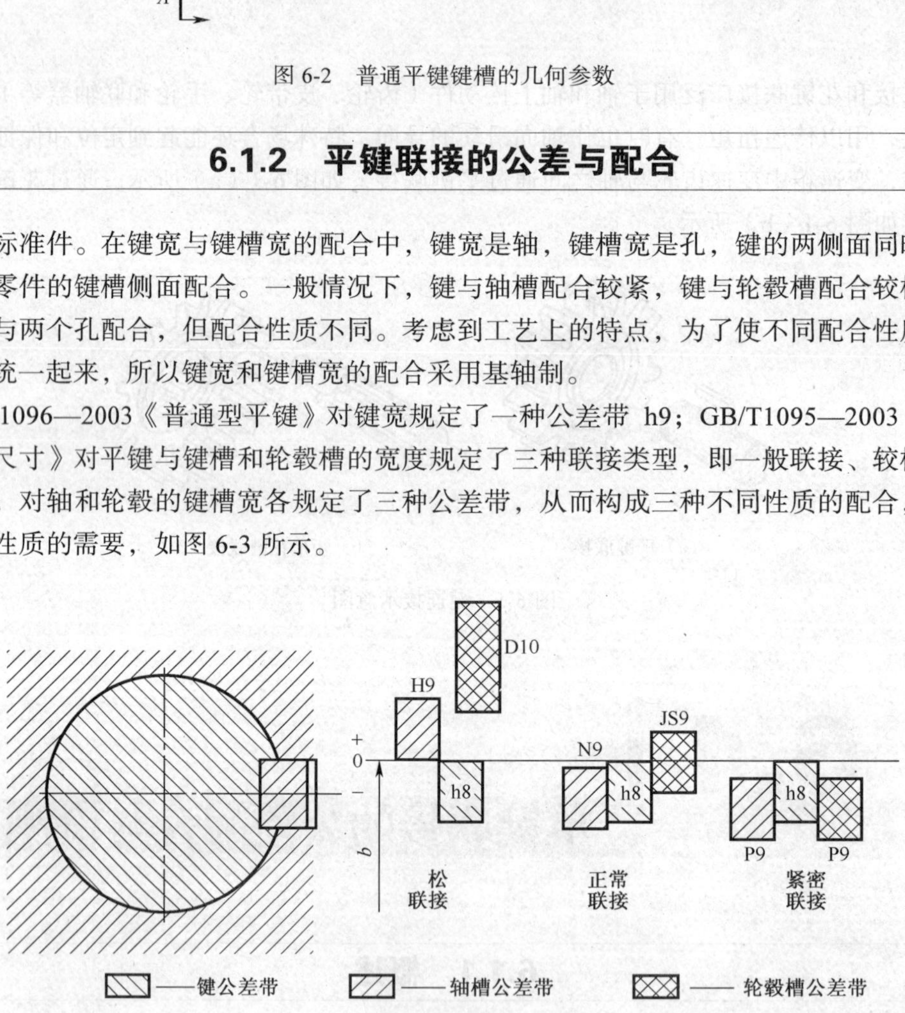

图 6-3 键宽与键槽宽的公差带

平键联接的剖面尺寸均已标准化，在 GB/T 1096—2003《平键的公称尺寸和槽深尺寸及极限偏差》和《普通平键键槽的剖面尺寸及公差》中作了规定，如表 6-1 和表 6-2 所示。具体的公差带和各种联接的配合性质及应用见表 6-3。

表 6-1　　平键的公称尺寸和槽深尺寸及极限偏差（摘自 GB/T1096—2003）

轴颈	键	轴槽深 t			轮毂槽深 t_1		
基本尺寸 d	公称尺寸 $b\times h$	t		$d-t$	t		$d+t_1$
		公称	偏差		公称	偏差	
≤6～8	2×2	1.2	>+0.10	>−0.10	1	>+0.10	>+0.10
>8～10	3×3	1.8			1.4		
>10～12	4×4	2.5			1.8		
>12～17	5×5	3.0			2.3		
>17～22	6×6	3.5			2.8		
>22～30	8×7	4.0	>+0.20	>−0.20	3.3	>+0.20	>+0.20
>30～38	10×8	5.0			3.3		
>38～44	12×8	5.0			3.3		
>44～50	14×9	5.5			3.8		
>50～58	16×10	6.0			4.3		

表 6-2　　普通平键键槽的尺寸与公差（GB/T1096—2003）

轴的公称直径 d 推荐值	键尺寸 $b\times h$	键槽											
		宽度 b						深度				半径 r	
		基本尺寸	极限偏差					轴 t_1		毂 t_2			
			正常联接		紧密联接	松联接							
			轴 N9	毂 JS9	轴和毂 P9	轴 H9	毂 D10	基本尺寸	极限偏差	基本尺寸	极限偏差	min	max
自 6～8	2×2	2	−0.004 −0.029	±0.0125	−0.006 −0.031	+0.025 0	+0.060 +0.020	1.2	+0.1 0	1.0	+0.1 0	0.08	0.16
>8～10	3×3	3						1.8		1.4			
>10～12	4×4	4	0 −0.030	±0.015	−0.012 −0.042	+0.030 0	+0.078 +0.030	2.5		1.8			
>12～17	5×5	5						3.0		2.3		0.16	0.25
>17～22	6×6	6						3.5		2.8			
>22～30	8×7	8	0 −0.036	±0.0215	−0.015 −0.051	+0.036 0	+0.098 +0.040	4.0		3.3			
>30～38	10×8	10						5.0		3.3			
>38～44	12×8	12	0 −0.043	±0.0215	−0.018 −0.061	+0.043 0	+0.120 +0.050	5.0	+0.2 0	3.3	+0.2 0	0.25	0.40
>44～50	14×9	14						5.5		3.8			
>50～58	16×10	16						6.0		4.3			
>58～65	18×11	18						7.0		4.4			
>65～75	20×12	20	0 −0.062	±0.026	−0.022 −0.074	+0.52 0	+0.149 +0.065	7.5		4.9		0.4	0.60
>75～85	22×14	22						9.0		5.4			
>85～95	25×14	25						9.0		5.4			
>95～110	28×16	28						10.0		6.4			

续表

轴的公称直径 d 推荐值	键尺寸 $b\times h$	键槽·宽度 b·基本尺寸	极限偏差·正常联接·轴 N9	极限偏差·正常联接·毂 JS9	极限偏差·紧密联接·轴和毂 P9	极限偏差·松联接·轴 H9	极限偏差·松联接·毂 D10	深度·轴 t_1·基本尺寸	深度·轴 t_1·极限偏差	深度·毂 t_2·基本尺寸	深度·毂 t_2·极限偏差	半径 r·min	半径 r·max
>110～130	32×18	32	0 －0.062	±0.031	－0.026 －0.088	+0.062 0	+0.180 +0.080	11.0	+0.3 0	7.4	+0.3 0	0.7	1.00
>130～150	36×20	36						12.0		8.4			
>150～170	40×22	40						13.0		9.4			
>170～200	45×25	45						15.0		10.4			
>200～230	50×28	50						17.0		11.4			

表 6-3　平键联接中键宽 b 的 3 种配合类型及其应用

配合类型	尺寸公差·键	尺寸公差·轴槽	尺寸公差·轮毂槽	应用
较松联接	H9	H9	D10	轮毂可在轴上滑动，主要用于导向平键
一般联接		N9	JS9	键固定在键槽和轮毂槽中，主要用于载荷不大的场合
较紧联结		P9	P9	键牢固安装在键槽和轮毂槽中，主要用于载荷较大、有冲击和传递双向扭矩的场合

在平键联结的非配合尺寸中，轴槽深 t_1 和轮毂槽深 t_2 的极限偏差由 GB/T1095—2003 专门规定。轴槽长的极限偏差为 H14。矩形普通平键键高 h 的极限偏差为 h11，方形普通平键键高 h 的极限偏差为 h8，键长 L 的极限偏差为 h14。

6.1.3　平键联接的形位公差和表面粗糙度

为保证键和键槽的侧面具有足够的接触面积，避免装配困难，应分别规定轴槽对轴线和轮毂槽对孔的轴线的对称度公差。 对称度公差等级按 GB/T1184—1996《形状和位置公差》中的规定选用，一般取 7～9 级。

当键长 L 与键宽 b 之比大于或等于 8 时，应对键宽 b 的两工作侧面在长度方向上规定平行度公差，平行度公差应按 GB/T1184—1996 中的规定选用；当 $b\leqslant 6$ 时，平行度公差选用 7 级；当 $b\geqslant 6～36$ 时，平行度公差选 6 级；当 $b\geqslant 37$ 时，平行度公差选 5 级。

轴槽与轮毂的两个工作侧面为配合表面，表面粗糙度 R_a 的数值取 1.6～6.3μm。槽底面等为非配合表面，表面粗糙度 R_a 取值 6.3μm。

轴槽与轮毂的两个工作侧面为配合表面，表面粗糙度 R_a 的数值取 1.6～6.3μm。槽底面等为非配合表面，表面粗糙度 R_a 取值 6.3μm。

考虑到测量的方便性，在工作图中，轴槽深 t 用（$d-t$）标注，其极限偏差与 t 相反；轮毂槽深 $t1$ 用（$d+t_1$）标注，其极限偏差与 t_1 相同。轴槽和轮毂槽的剖面尺寸、形位公差及表面粗糙度在图样上的标注见图 6-4。

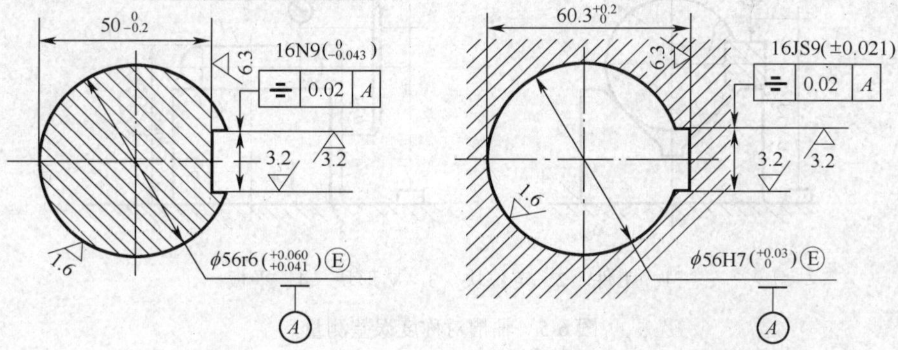

（a）轴槽　　（b）轮毂槽

图 6-4　键槽尺寸和公差的标注示例

【例 6-1】　有一减速器中的轴和齿轮键采用普通平键联接，已知轴和齿轮孔的配合是 56H7/r6，试确定轴槽和轮毂槽的剖面尺寸及其公差带、相应的形位公差和各个表面的粗糙度参数值，并把它们标注在断面图中。

解：查表 6-1，查得直径为 56mm 的轴孔用平键的尺寸为 $b \times h$=16×10。

确定键联接：减速器中轴与齿轮承受一般载荷，故采用正常联接。查表 6-1，则轴槽公差带为 16N9（−0.043），轮毂槽公差带为 16JS9（±0.0215）。

轴槽深 t_1 =6.0 +0.20，$d-t_1$ =500−0.2；轮毂槽深 t_2 =4.3 +0.20，$d+t_2$ =60.3+0.20。

确定键联接形位公差和表面粗糙度：轴槽对轴线及轮毂槽对孔轴线的对称度公差按 GB.T1184—1996 中的 8 级选取，公差值为 0.020mm。

轴槽及轮毂槽侧面表面粗糙度 R_a 值为 3.2μm，底面为 6.3μm，图样标注如图 6-4 所示。

6.1.4* 平键的测量

在单件、小批生产中，键和键槽的尺寸均可用游标卡尺、千分尺等普通计量器具来测量，键和键槽的对称度公差遵守独立原则，常用的测量方法如图 6-5 所示。测量时，工件的被测键槽中心平面和基准轴线分别用定位块（或量块）和 V 形块模拟体现。首先转动 V 形块上的工件，调整定位块的位置，使其沿径向与平板平行（即指示表在定位块外端和靠近键槽处读数不变）。然后，用指示表在工件长度两端的径向截面内分别测量从定位块平面至平板的距离。将工件翻转 180°，重复上述步骤，测得定位块表面 Q 到平板的距离，分别计算在键槽长度两端的径向截面内两次测量的示值之差，其中绝对值大者即为键槽的对称度误差。

在成批、大量生产中，可用量块或极限量规来检测键槽尺寸，如图 6-6 所示。

当轴槽对称度公差采用相关原则时，键槽对称度误差可采用如图 6-7 所示的量规进行检测。该量规以其 V 形表面作为定位表面，体现基准轴线（不受轴实际尺寸变化的影响）。检测时，若 V 形表面与轴表面接触，量杆能进入键槽，则表示键槽尺寸合格。

当轮毂槽对称度公差采用相关原则时，键槽对称度误差可用图 6-8 所示的量规检验。该量规以圆柱面作为定位表面模拟，体现基准轴线。检测时，若它能够同时通过轮毂的孔和键槽，则表示轮毂槽尺寸合格。

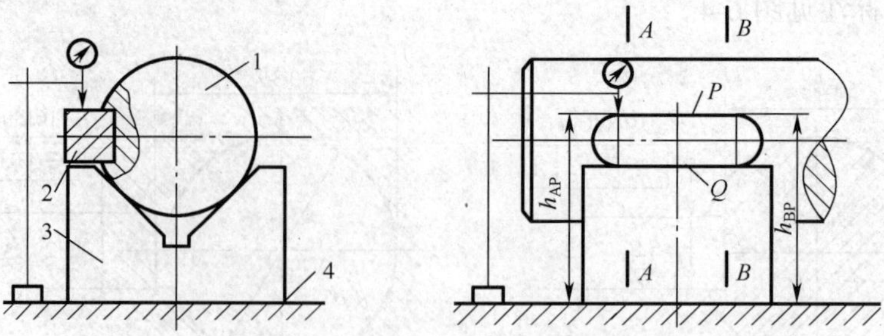

1. 工件　2. 定位块　3. V形块　4. 平板

图 6-5　轴槽对称度误差测量

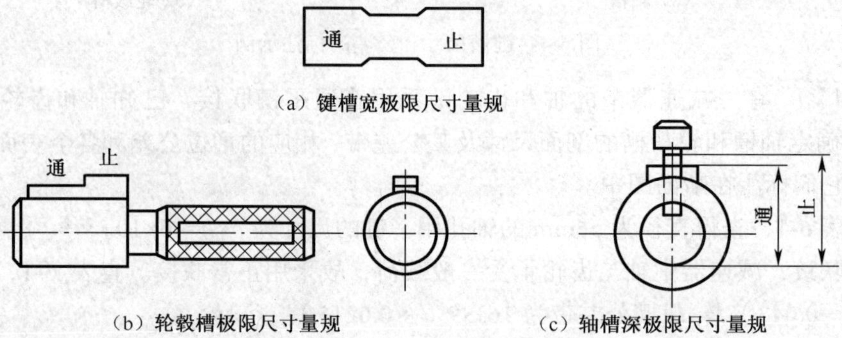

图 6-6　键槽尺寸检测的极限量规

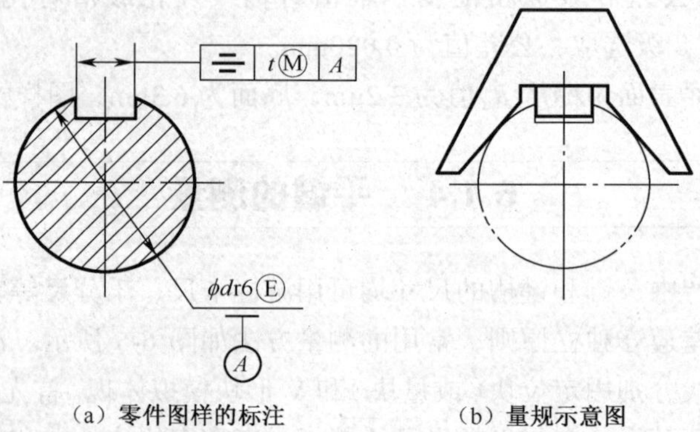

图 6-7　轴槽对称度量规图

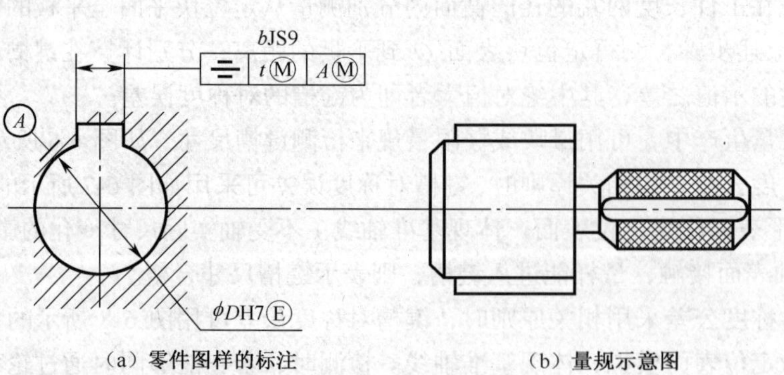

图 6-8　轮毂槽对称度量规

6.2 花键联接的公差配合及检测

花键分为矩形花键、渐开线花键、三角形花键，其中以矩形花键的应用最广泛，这里只介绍矩形花键的公差配合。

花键联接的优点：定心精度高、导向性好、承载能力强。花键联接可作固定联接也可作滑动联接。

6.2.1 矩形花键的几何参数

1．矩形花键的主要尺寸

矩形花键的主要尺寸有 3 个，即大径 D、小径 d、键宽（键槽宽）B，如图 6-9 所示。

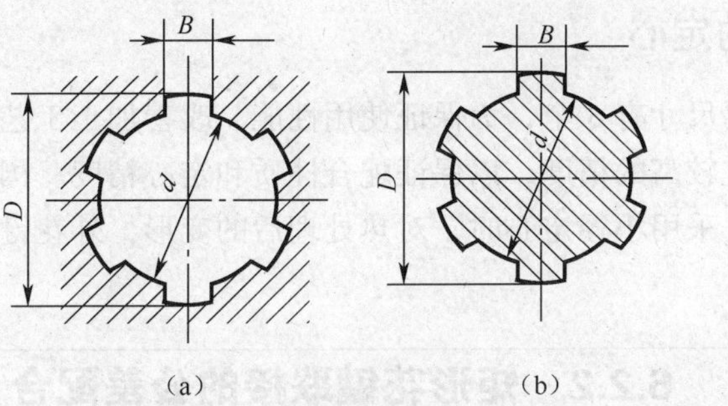

图 6-9 矩形花键的主要尺寸

矩形花键的键数为偶数，有 6、8、10 三种。按承载能力不同，矩形花键分为中、轻两个系列，中系列的键高尺寸较轻系列大，故承载能力强。矩形花键的尺寸系列见表 6-4。

表 6-4 矩形花键尺寸系列（摘自 GB/T1144－2001） （单位：mm）

小径 (d)	轻系列 规格 ($N\times d\times D\times B$)	键数 (N)	大径 (D)	键宽 (B)	中系列 规格 ($N\times d\times D\times B$)	键数 (N)	大径 (D)	键宽 (B)
11					6×11×14×3	6	14	3
13					6×13×16×3.5	6	16	3.5
16					6×16×20×4	6	20	4
18					6×18×22×5	6	22	5
21					6×21×25×5	6	25	5
23	6×23×26×6	6	26	6	6×23×28×6	6	28	6
26	6×26×30×6	6	30	6	6×26×32×6	6	32	6

续表

小径 (d)	轻系列				中系列			
	规格 (N×d×D×B)	键数 (N)	大径 (D)	键宽 (B)	规格 (N×d×D×B)	键数 (N)	大径 (D)	键宽 (B)
28	6×28×32×7	6	32	7	6×28×34×7	6	34	7
32	8×32×36×6	8	36	6	8×32×38×6	8	38	6
36	8×36×40×7	8	40	7	8×36×42×7	8	42	7
42	8×42×46×8	8	46	8	8×42×48×8	8	48	8
46	8×46×50×9	8	50	9	8×46×54×9	8	54	9
52	8×52×58×10	8	58	10	8×52×60×10	8	60	10
56	8×56×62×10	8	62	10	8×56×65×10	8	65	10
62	8×62×68×12	8	68	12	8×62×72×12	8	72	12
72	10×72×78×12	10	78	12	10×72×82×12	10	82	12
82	10×82×88×12	10	88	12	10×82×92×12	10	92	12
92	10×92×98×14	10	98	14	10×92×102×14	10	102	14
102	10×102×108×16	10	108	16	10×102×112×16	10	112	16
112	10×112×120×18	10	120	18	10×112×125×18	10	125	18

2. 矩形花键的定心

花键联接中的主要尺寸有3个，为保证使用性能、改善加工工艺，只选择一个结合面作为主要配合面，对其规定较高的精度，以保证配合性质和定心精度。国标GB/T1144—2001规定矩形花键用小径定心。采用小径定心时，对热处理后的变形，外花键采用成型磨削、内花键用内圆磨修正。

6.2.2 矩形花键联接的公差配合

1. 矩形花键的尺寸公差

矩形花键配合的精度，尺寸公差按其使用要求分为一般用和精密传动用两种。精密级适用于机床变速箱中，其定心精度要求高或传递扭矩较大；一般级适用于汽车、拖拉机的变速箱中。内、外花键的尺寸公差带和装配形式见表6-5。为减少专用刀具和量具的数量，花键联结采用基孔制配合，即内花键 *d*、*D* 和 *B* 的基本偏差不变，依靠改变外花键 *d*、*D* 和 *B* 的基本偏差而获得不同的配合。

表6-5　内、外花键的尺寸公差带（摘自GB/T1144－2001）

内花键				外花键			
d	*D*	*B* 拉削后不热处理	*B* 拉削后热处理	*d*	*D*	*B*	装配形式
一般用							
H7	H10	H9	H11	f7	a11	d10	滑动
				g7		f9	紧滑动
				h7		h10	固定

续表

<table>
<tr><th colspan="4">内 花 键</th><th colspan="4">外 花 键</th></tr>
<tr><th rowspan="2">d</th><th rowspan="2">D</th><th colspan="2">B</th><th rowspan="2">d</th><th rowspan="2">D</th><th rowspan="2">B</th><th rowspan="2">装配形式</th></tr>
<tr><th>拉削后不热处理</th><th>拉削后热处理</th></tr>
<tr><td colspan="8">精密传动用</td></tr>
<tr><td rowspan="3">H5</td><td rowspan="6">H10</td><td colspan="2" rowspan="6">H7、H9</td><td>f5</td><td rowspan="6">a11</td><td>d8</td><td>滑动</td></tr>
<tr><td>g5</td><td>f7</td><td>紧滑动</td></tr>
<tr><td>h5</td><td>h8</td><td>固定</td></tr>
<tr><td rowspan="3">H6</td><td>f6</td><td>d8</td><td>滑动</td></tr>
<tr><td>g6</td><td>f7</td><td>紧滑动</td></tr>
<tr><td>h6</td><td>h8</td><td>固定</td></tr>
</table>

当内花键小径 *d* 的公差带为 H6 和 H7 时，允许与较高一级的外花键配合。对于精密传动用内花键，当联结要求键槽配合间隙较小时，键槽宽公差带选用 H7，一般情况选用 H9。对于一般用的内花键槽宽规定了两种公差带：拉削后不再需要进行热处理的，公差带为 H9；拉削后需要进行热处理的，其键槽宽的变形不易修正，为补偿热处理变形，公差带为 H11。

在一般情况下，以小径 *d* 定心的公差带，内、外花键的公差等级相同。这个不同于普通光滑孔、轴配合，主要是考虑到花键采用小径定心使拉削加工难度由内花键转为外花键。考虑到在实际工作中，有可能出现外花键的定心直径公差等级高于内花键的定心直径公差等级的情况，此时允许内花键与提高一级的外花键配合。公差带为 H7 的内花键可以与公差带为 f6、g6、h6 的外花键配合，公差带为 H6 的内花键可以与公差带为 f5、g5、h5 的外花键配合。大径 *D* 与键（槽）宽 *B* 的公差等级较低，并且对 *B* 的要求比 *D* 严格。

2. 花键尺寸公差带的选择原则

定心精度要求高或传递扭矩大时，应选用精密传动用尺寸公差带，反之可选用一般用的尺寸公差带。

内、外花键的配合（装配形式）分为滑动、紧滑动和固定 3 种。其中，滑动联接的间隙较大，紧滑动联接的间隙次之，固定联接的间隙最小。

花键的配合类型可根据使用条件来选取，首先应根据内、外花键之间是否有轴向移动，确定是固定联接还是非固定联接。对于内、外花键之间相对固定，无轴向滑动要求时，则选择固定联接。对于内、外花键之间要求有相对移动，而且移动距离长、移动频率高的情况，应选择配合间隙较大的滑动联接，使配合面间有足够的润滑油层，以保证运动灵活。例如，汽车、拖拉机等变速箱中的齿轮与轴的联接。对于内、外花键之间有相对移动、定心精度要求高、传递扭矩大或经常有反向转动的情况，则应选择配合间隙较小的紧滑动联接。表 6-6 所示列出了几种配合应用情况的推荐，可供设计时参考。

表 6-6 矩形花键配合应用的推荐

应 用	固 定 联 接		滑 动 联 接	
	配 合	特征及应用	配 合	特征及应用
精密传动用	$\frac{H5}{H5}$	紧固程度较高，可传递大扭矩	$\frac{H5}{g5}$	可滑动程度较低，定心精度高，传递扭矩大

续表

应用	固定联接		滑动联接	
	配合	特征及应用	配合	特征及应用
	$\frac{H6}{H6}$	传递中等扭矩	$\frac{H6}{F6}$	可滑动程度中等，定心精度较高，传递中等扭矩
一般用	$\frac{H7}{H7}$	紧固程度较低，传递扭矩较小，可经常拆卸	$\frac{H7}{F7}$	移动频率高，移动长度大，定心精度要求不高

6.2.3 矩形花键联接的形位公差及表面粗糙度

由于形位误差对花键联结的装配性能和传递扭矩与运动的性能影响很大，因此国家标准对矩形花键规定了形位公差，包括小径 d 的形状公差和花键的位置度公差等。

国家标准对矩形花键的形位公差作了以下规定。

（1）小径结合面应遵守包容要求。为了保证定心表面的配合性质，内、外花键小径（定心直径）的尺寸公差和形位公差的关系必须采用包容要求。

（2）在大批量生产条件下，花键的位置度公差应遵守最大实体要求。由于对矩形花键的形位公差一般用花键综合量规检验，因此位置度公差应遵守最大实体要求。花键的位置度公差综合控制花键各键之间的角位移、各键对轴线的对称度误差以及各键对轴线的平行度误差等。其图样标注如图 6-10 所示，表 6-7 所示为花键的位置度公差值。

表 6-7　矩形花键位置度公差值 t_1（摘自 GB/T1144－2001）　（单位：mm）

键槽宽或键宽 B		3	3.5～6	7～10	12～18
		t_1			
键槽宽		0.010	0.015	0.020	0.025
键宽	滑动、固定	0.010	0.015	0.020	0.025
	紧滑动	0.006	0.010	0.013	0.016

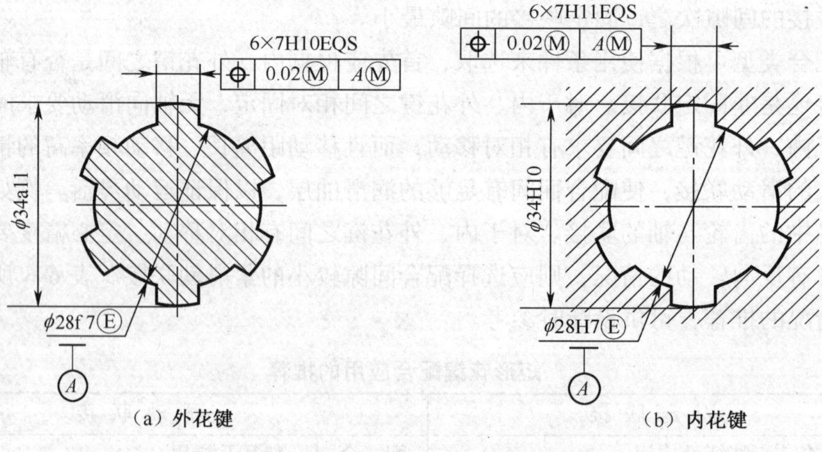

（a）外花键　（b）内花键

图 6-10　花键位置度公差标注

（3）单件、小批量生产时，键与键槽的对称度公差应遵守独立原则。为了控制花键的形位误差，一般在图样上分别规定花键的对称度和等分度公差并遵守独立原则，又因两者同值，故等分度公差省略不注。其对称度公差在图样上的标注如图 6-11 所示。表 6-8 所示为花键的对称度公差值。

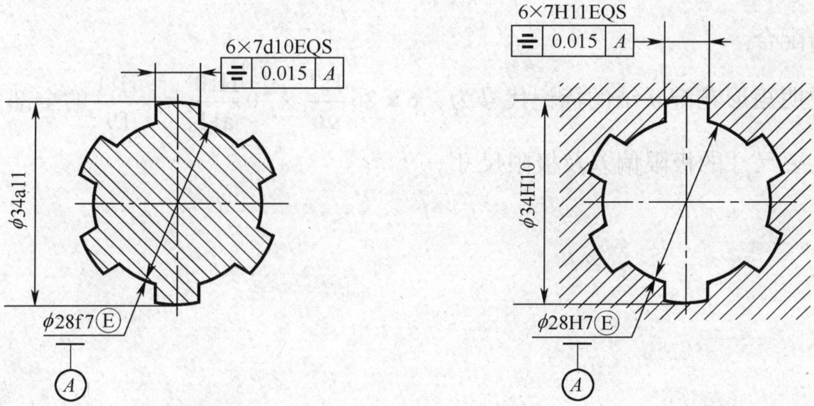

（a）外花键　　（b）内花键

图 6-11　花键对称度公差标注示例

表 6-8　矩形花键对称度公差值 t_2（GB/T1144—2001）

键（槽）宽 B		3	3.5～6	7～10	12～18
t_2	一般用	0.010	0.012	0，015	0.018
	精密传动用	0.006	0.008	0.009	0.011

矩形花键各结合表面的表面粗糙度要求见表 6-9。

表 6-9　矩形花键各结合面的表面粗糙度推荐值

加 工 表 面	内 花 键	外 花 键
	R_a 不大于	
大径	6.3	3.2
小径	0.8	0.8
键侧	3.2	0.8

练习与思考

（1）平键联结主要有哪些几何参数？键宽与键槽宽的配合采用的是什么基准制？为什么？

（2）平键联结有哪些配合种类?它们分别应用于什么场合?

（3）键联结中为什么对键（槽）宽度规定了较严格的公差?

（4）矩形花键定心方式是什么？矩形花键有哪几种定心方式?国家标准为什么规定只采用小径定心?

（5）矩形花键联结的配合有哪几种？各适用于什么场合？影响花键联结的配合性质的因素

有哪些?

（6）某减速器中的轴和齿轮间采用普通平键联结，已知轴和齿轮孔的配合是 $6\times26\dfrac{H7}{g6}\times30\dfrac{H10}{a11}\times6\dfrac{H11}{f9}$ 选用平键较松联接，键长 50mm，试确定键、轴槽及轮毂槽各有关参数及其公差与配合。

（7）试说明矩形花键联结的标记代号为：$6\times26\dfrac{H7}{g6}\times30\dfrac{H10}{a11}\times6\dfrac{H11}{f9}$ 的全部含义，并确定内、外花键主要尺寸的极限偏差及极限尺寸。

第7章 普通螺纹的公差及检测

7.1 几何参数对螺纹配合的影响

7.1.1 螺纹的牙型与几何参数

螺纹在机器上的应用十分广泛，按螺纹结合性质和使用要求可分为普通螺纹、传动螺纹和密封螺纹。

普通螺纹的基本几何参数包括牙型、公称直径、中径、小径、螺距、导程、牙型角及牙型半角、牙侧角、螺纹旋合长度及螺纹接触高度。螺纹的主要几何参数包括公称直径、中径、小径、螺距、牙型半角及旋向等。在加工过程中，这些参数都不可避免地会产生一定的偏差，这些偏差将会影响到螺纹的结合性能。普通螺纹的基本几何参数如表 7-1 所示，螺纹的基本牙型和几何参数如图 7-1 所示

表 7-1　　普通螺纹的基本几何参数

<table>
<tr><th colspan="2" rowspan="2">参　数</th><th colspan="2">代　号</th><th rowspan="2">定　义</th></tr>
<tr><th>内螺纹</th><th>外螺纹</th></tr>
<tr><td colspan="2">原始三角形高度</td><td colspan="2">H</td><td>原始等边三角形顶点到底边的垂直距离</td></tr>
<tr><td colspan="2">牙型角</td><td colspan="2">α</td><td>在螺纹牙型上相邻两牙侧间的夹角普通螺纹的理论牙型角为60°，牙型半角为30°</td></tr>
<tr><td rowspan="4">螺纹直径</td><td>螺纹大径</td><td>D</td><td>d</td><td>与外螺纹牙顶或内螺纹牙底相重合的假想圆柱面的直径
国家标准规定大径作为螺纹的公称直径</td></tr>
<tr><td>螺纹小径</td><td>D_1</td><td>d_1</td><td>与外螺纹牙底或内螺纹牙顶相重合的假想圆柱面的直径</td></tr>
<tr><td>螺纹中径</td><td>D_2</td><td>d_2</td><td>牙型宽与牙槽宽度相等处的一个假想圆柱面的直径</td></tr>
<tr><td>顶径</td><td>D_1</td><td>d</td><td>与外螺纹牙顶或内螺纹牙顶相重合的假想圆柱面的直径</td></tr>
<tr><td colspan="2">螺距</td><td colspan="2">P</td><td>相邻两牙在中径线上对应两点间的轴向距离</td></tr>
</table>

续表

参　数	代　号		定　义
	内螺纹	外螺纹	
导程	P_h		同一条螺旋线上相邻两牙在中径线上对应两点间的轴向距离
旋合长度	L		内、外螺纹沿轴线方向相互旋合部分的长度
螺纹升角			在中径圆柱上螺旋线的切线与垂直于螺纹轴线的平面的夹角
单一中径	D_{2a}	d_{2a}	指母线通过牙型上牙槽宽等于基本螺距一半处的一个假想圆柱面的直径

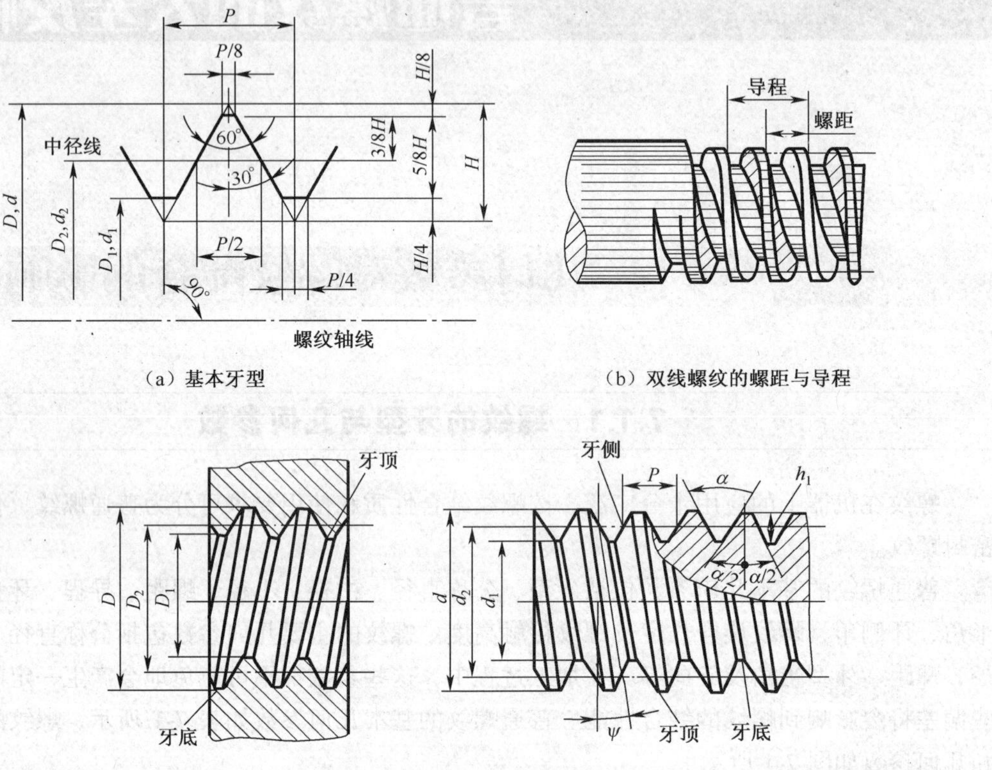

（a）基本牙型　　（b）双线螺纹的螺距与导程

（c）内、外螺纹

图 7-1　螺纹的基本牙型和几何参数

7.1.2　螺纹几何参数对螺纹互换性的影响

1. 螺纹中径偏差对螺纹互换性的影响

螺纹中径的实际尺寸与中径基本尺寸存在偏差，当外螺纹中径比内螺纹中径大时，就会影响螺纹的旋合性；反之，当外螺纹中径比内螺纹中径小时，就会使内外螺纹配合过松而影响联结的可靠性和紧密性，削弱联结强度。

2. 螺距偏差对螺纹互换性的影响

螺距偏差分为单个螺距偏差和累积螺距偏差。

在图 7-2 中，假定内螺纹具有基本牙型，外螺纹的中径及牙型半角与内螺纹相同，但螺距有偏差，外螺纹的螺距比内螺纹的小，结果，内、外螺纹的牙型产生干涉（图中阴影重叠部分）而无法自由旋合。

在实际生产中，为了使有螺距偏差的外螺纹旋入标准的内螺纹，应将外螺纹的中径减小一个数值 f_P。同理，为了使有螺距偏差的内螺纹旋入标准的外螺纹，应将内螺纹的中径加大一个数值 f_P，这个 f_P 值叫作螺距偏差的中径当量。可得

$$f_P = |\Delta P_\Sigma| \cdot \cot \alpha/2 \ (\mu m)$$

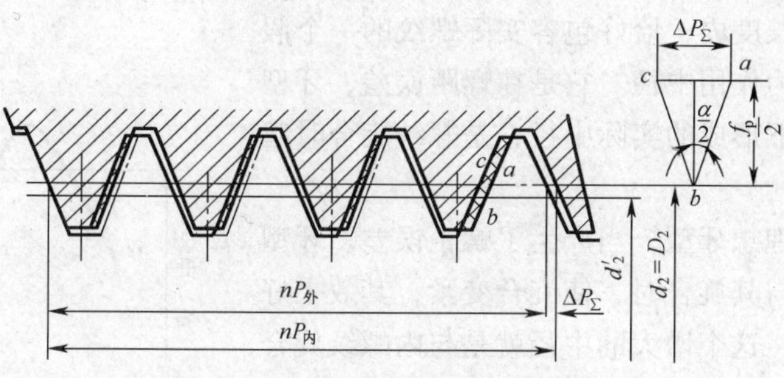

图 7-2 螺距偏差对旋合性的影响

3. 牙型半角偏差对螺纹互换性的影响

螺纹牙型半角偏差是牙侧相对于螺纹曲线的位置偏差。在图 7-3 中，假设内螺纹具有基本牙型，外螺纹中径及螺距与内螺纹相同，仅牙型半角有偏差。

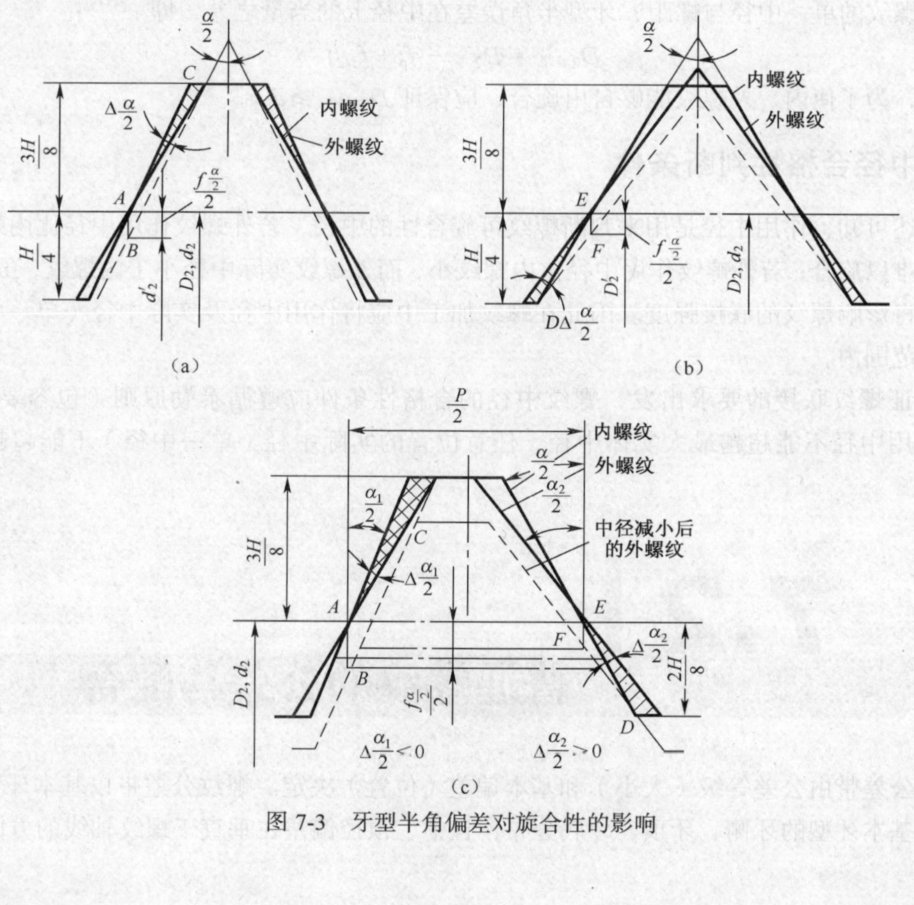

图 7-3 牙型半角偏差对旋合性的影响

在图 7-3（a）中，外螺纹的左右牙型半角相等，但小于内螺纹牙型半角，则在其牙顶部分的牙侧发生干涉。

在图 7-3（b）中，外螺纹的左右牙型半角相等，但大于内螺纹牙型半角，则在其牙根部分的牙侧发生干涉。

在图 7-3（c）中，外螺纹的左右牙型半角偏差不相同，两侧干涉区的干涉量也不相同。

4. 作用中径

在规定的旋合长度内，恰好包容实际螺纹的一个假想螺纹的中径称之为作用中径。它是在螺距误差、牙型半角误差综合影响下形成的实际中径，是螺纹旋合时起作用的中径。

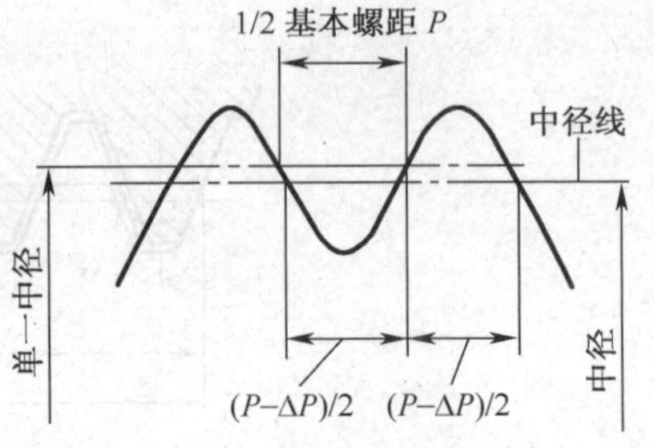

图 7-4　单一中径

假设内螺纹为理想牙型，当产生了螺距误差、牙型半角误差的外螺纹与其旋合时，使旋合变紧，其效果好像是外螺纹增大了；这个增大的中径就是与内螺纹旋合时起作用的中径，它等于外螺纹的单一中径与螺距、牙型半角误差在中径上的当量之和。

$$D_{2作用} = d_{2s} + (f_p + f_{\alpha/2}) \tag{7-1}$$

同理，假设外螺纹为理想牙型，当与产生螺距误差、牙型半角误差的内螺纹旋合时，使旋合也变紧，其效果好像是内螺纹减小了。这个减小的中径就是与外螺纹旋合时起作用的中径，它等于外螺纹的单一中径与螺距、牙型半角误差在中径上的当量之差，即

$$D_{2作用} = D_{2单一} - (f_p + f_{\alpha/2}) \tag{7-2}$$

显然，为了使内、外螺纹能够自由旋合，应保证 $D_{2作用} \geqslant d_{2作用}$

5. 中径合格性判断条件

由上述可知，作用中径是用来判断螺纹可旋合性的中径，若外螺纹作用中径比内螺纹大，则使螺纹难以旋合；若外螺纹作用中径比内螺纹小，而外螺纹实际中径小于内螺纹，虽能旋合，但太松，将影响螺纹的联接强度。因此在螺纹加工中应将作用中径及实际中径（单一中径）限制在一定范围内。

从保证螺纹联接的要求出发，螺纹中径的合格性条件应遵循泰勒原则（包容要求），即螺纹的作用中径不能超越最大实体中径，任意位置的实际中径（单一中径）不能超越最小实体中径。

7.2 普通螺纹的公差与配合

螺纹公差带由公差等级（大小）和基本偏差（位置）决定。螺纹公差带以基本牙型轮廓为零线，沿基本牙型的牙侧、牙顶、牙底分布，且中、顶径偏差在垂直于螺纹轴线的方向计量。

7.2.1 螺纹的公差等级

国家标准对内、外螺纹规定了不同的公差等级。螺纹中径、顶径的公差等级如表 7-2 所示。

表 7-2　　螺纹公差等级

螺纹直径	公差等级	螺纹直径	公差等级
内螺纹小径 D_1	4、5、6、7、8	螺纹大径 d_1	4、6、8
内螺纹中经 D_2	4、5、6、7、8	外螺纹中经 d_2	3、4、5、6、7、8

其中，3 级精度最高，9 级精度最低，一般 6 级为基本级。各级公差值如表 7-3 和表 7-4 所示。

表 7-3　　普通螺纹中径公差（摘自 GB/T197—2003）　　（单位：μm）

公称直径 D/mm		螺距 p/mm	内螺纹中径公差 T_{D2}					外螺纹中径公差 T_{d2}						
>	≤		公差等级					公差等级						
			4	5	6	7	8	3	4	5	6	7	8	9
5.6	11.2	0.75	85	106	132	170	—	50	63	80	100	125	—	—
		1	95	118	150	190	236	56	71	90	112	140	180	224
		1.25	100	125	160	200	250	60	75	95	118	150	190	236
		1.5	112	140	180	224	280	67	85	106	132	170	212	265
11.2	22.4	1	100	125	160	200	250	60	75	95	118	150	190	236
		1.25	112	140	180	224	280	67	85	106	132	170	212	265
		1.5	118	150	190	236	300	71	90	112	140	180	224	280
		1.75	125	160	200	250	315	75	95	118	150	190	236	300
		2	132	170	212	265	335	80	100	125	160	200	250	315
		2.5	140	180	224	280	355	85	106	132	170	212	265	335
22.4	45	1	106	132	170	212	—	63	80	100	125	160	200	250
		1.5	125	160	200	250	315	75	95	118	150	190	236	300
		2	140	180	224	280	355	85	106	132	170	212	265	335
		3	170	212	265	335	425	100	125	160	200	250	315	400
		3.5	180	224	280	335	450	106	132	170	212	265	355	425
		4	190	236	300	375	475	112	140	180	224	280	355	450
		4.5	200	250	315	400	500	118	150	190	236	300	375	475

表 7-4　　普通螺纹基本偏差和顶径公差（摘自 GB197—2003 ）　　（单位：μm）

螺距 p/mm	内螺纹的基本偏差 EI		外螺纹的基本偏差 es				内螺纹小径公差 T_{D1}					外螺纹大径公差 T_d 公差等级		
	G	H	e	f	g	h	4	5	6	7	8	4	6	8
1	26	0	− 60	− 40	− 26	0	150	190	236	300	375	112	180	280
1.25	28		− 63	− 42	− 28		170	212	265	335	425	132	212	335
1.5	32		− 67	− 45	− 32		190	236	300	375	475	150	236	375
1.75	34		− 71	− 48	− 34		212	265	335	425	530	170	265	425

续表

螺距 p/mm	内螺纹的基本偏差 EI		外螺纹的基本偏差 es				内螺纹小径公差 T_{D1}					外螺纹大径公差 T_d 公差等级		
	G	H	e	f	g	h	4	5	6	7	8	4	6	8
2	38		−71	−52	−38		236	300	375	450	600	180	280	450
2.5	42		−80	−58	−42		280	355	450	560	710	212	335	530
3	48	0	−85	−63	−48	0	315	400	500	630	800	236	375	600
3.5	53		−90	−70	−53		355	450	560	710	900	265	425	670
4	60		−95	−75	−60		375	475	600	750	950	300	475	750

对牙底处内螺纹的大径和外螺纹的小径不规定具体公差值，而只规定内、外螺纹牙底实际轮廓不得超过基本偏差所确定的最大实体牙型，即保证在旋合时不发生干涉。

7.2.2 螺纹的基本偏差

螺纹的基本偏差是指公差带两极限偏差中靠近零线的那个偏差，它确定了公差带相对基本牙型的位置。由于螺纹联接的配合性质只能是间隙配合，故内螺纹的基本偏差是下偏差（EI），外螺纹的基本偏差是上偏差（es）。

国标 GB/T197—2003 对内螺纹规定了两种基本偏差，其代号为 G、H，如图 7-5（a）、（b）所示。对外螺纹规定了 4 种基本偏差，其代号为 e、f、g，h。如图 7-5（c）、（d）所示。

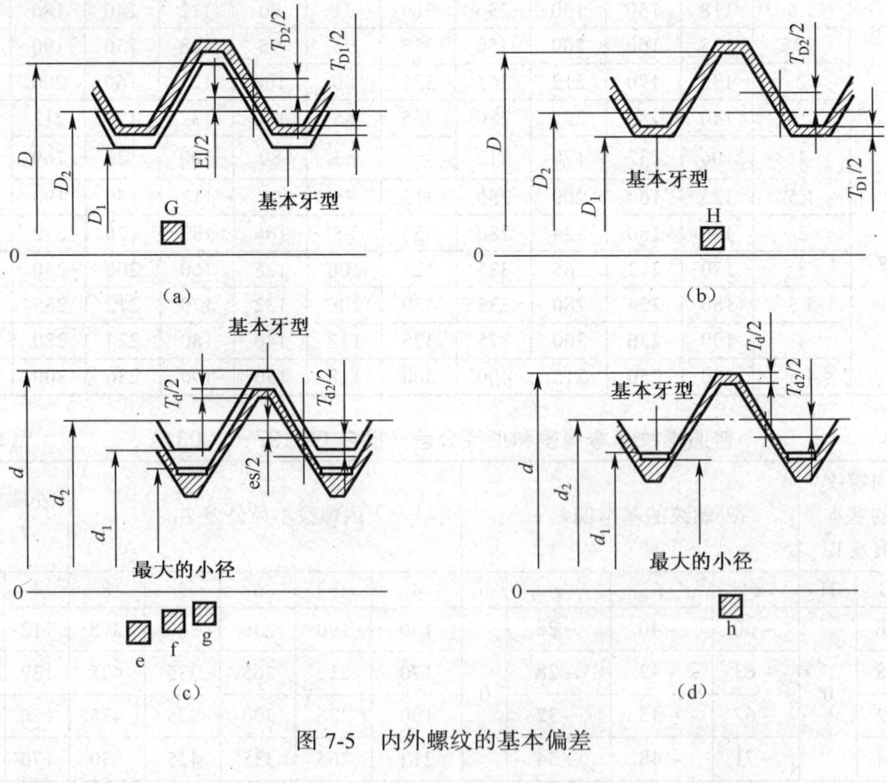

图 7-5 内外螺纹的基本偏差

7.2.3 螺纹的旋合长度

国家标准规定了长、中、短 3 种旋合长度，分别用代号 *L*、*N*、*S* 表示。其数值如表 7-5 所示。一般情况下选用中等旋合长度 *N*，只有当结构或强度上需要时，才用短旋合长度 *S* 或长旋合长度 *L*。螺纹旋合长度如图 7-6 所示。

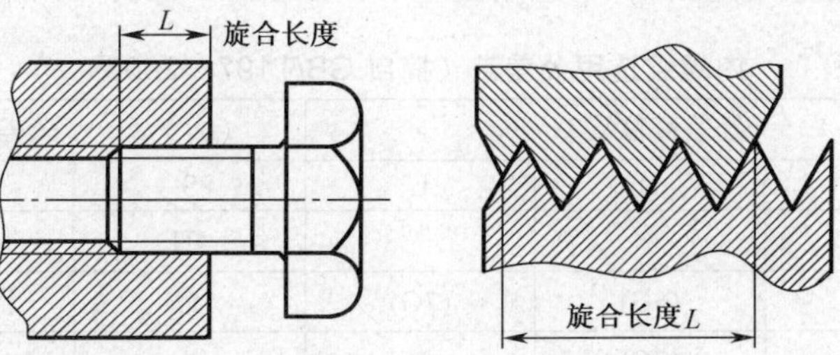

图 7-6 螺纹旋合长度

表 7-5 普通螺纹旋合长度（摘自 GB197—2003） （单位：mm）

公称直径 D、d		螺距 P	旋合长度			
			S	N		L
>	≤		≤	>	≤	>
5.6	11.2	0.75	2.4	2.4	7.1	7.1
		1	3	3	9	9
		1.25	4	4	12	12
		1.5	5	5	15	15
11.2	22.4	1	3.8	3.8	11	11
		1.25	4.5	4.5	13	13
		1.5	5.6	5.6	16	16
		1.75	6	6	18	18
		2	8	8	24	24
		2.5	10	10	30	30
22.4	45	1	4	4	12	12
		1.5	6.3	6.3	19	19
		2	8.5	8.5	25	25
		3	12	12	36	36
		3.5	15	15	45	45
		4	18	18	53	53
		4.5	21	21	63	63

螺纹的旋合长度与螺纹精度有关，当公差等级一定时，螺纹旋合长度越长，螺距累积偏差越大，加工就越困难。因此，公差等级相同而旋合长度不同的螺纹精度等级就不相同。标准按螺纹公差等级和旋合长度将螺纹精度分为精密、中等和粗糙 3 级。螺纹精度等级的高低代表着螺纹加工的难易程度。精密级用于精密螺纹，要求配合性质变动小时采用；中等级用于一般用途的机械和构件；粗糙级用于精度要求不高或制造比较困难的螺纹，如在热轧棒料上和深盲孔

内加工螺纹。

一般以中等旋合长度下的 6 级公差等级作为中等精度，精密与粗糙都与此相比较而言。

7.2.4 螺纹的公差带选用

为减少刀具、量具规格及数量，提高经济效益，国标 GB/T 197—2003 对内螺纹规定了 11 个选用公差带，对外螺纹规定了 13 个选用公差带，如表 7-6 和表 7-7 所示。

表 7-6　　内螺纹选用公差带（摘自 GB/T197—2003）

精　度	公差带位置 G			公差带位置 H		
	S	N	L	S	N	L
精密				4H	4H 5H	5H 6H
中等	(5G)	(6G)	(7G)	*5H	【*6H】	【*7H】
粗糙		(7G)			7H	

表 7-7　　外螺纹选用公差带 （摘自 GB/T197—2003）

精　度	公差带位置 e			公差带位置 f			公差带位置 g			公差带位置 h		
	S	N	L	S	N	L	S	N	L	S	N	L
精密										(3h 4h)	*4h	(5h 4h)
中等		*6e			*6f		(5g 6g)	【*6g】	(7g 6g)	(5h 6h)	*6h	(7h 6h)
粗糙								8g			(8h)	

注：　大量生产的精致紧固螺纹，　推荐采用方括号内的公差带；带“*”号的公差带优先选用，　括号内的公差带尽可能不用。

内、外螺纹配合时选用范围如下。

间隙为零的配合 H/h：通常用于内、外螺纹具有较高的同轴度，并有足够的接触高度和结合强度的场合。较小间隙的配合 H/g 或 G/h：用于要保证间隙，需要拆卸方便的螺纹。小间隙配合 H、G 与 e、f、g。

（1）用于需要镀层的螺纹，其基本偏差按所需镀层厚度确定　内螺纹较难镀层，涂镀对象主要是外螺纹，当镀层厚度为 10μm、20μm、30μm 时，可分别选用 g、f、e 与 H 组成配合。当内、外螺纹均需要涂镀时，可采用 G/e、G/f。

（2）用于高温条件下工作的螺纹，应保证足够间隙以防卡死　可根据工作时的温度来确定配合，一般当温度低于 450°　时可选 H/g，温度高于 450°　时可选 H/f、H/e。

7.3 螺纹的测量

螺纹的检测可分为综合检验和单项测量。

1. 综合检验

在实际生产中，通常采用螺纹量规和光滑极限量规联合检验螺纹的合格性。如图 7-7 所示，图 7-7（a）中的卡规用来检验外螺纹的大径，螺纹环规通端用来检验外螺纹作用中径和小径的最大极限尺寸，应有完整的牙型，其螺纹长度要与被测螺纹旋合长度相当（至少等于被测工件旋合长度的 80%）。螺纹环规通端旋过被测螺纹为合格。螺纹环规止端只用来检验外螺纹实际中径是否超过外螺纹中径的最小极限尺寸，螺纹环规止端不应旋过合格的螺纹，但可以旋入不超过两个螺距的旋合量。为了消除螺距偏差和牙型半角偏差的影响，螺纹环规止端做成截短牙型，且螺纹圈数只有 2～3.5 圈。

在图 7-7（b）中，光滑塞规用来检验内螺纹的小径，螺纹塞规通端用来检验内螺纹作用中径和大径的最小极限尺寸，应有完整的牙型和与被测螺纹相当的螺纹长度。螺纹塞规止端只用来检验内螺纹实际中径，采用截短牙型和较少的螺纹圈数，旋合量要求与螺纹环规相同。

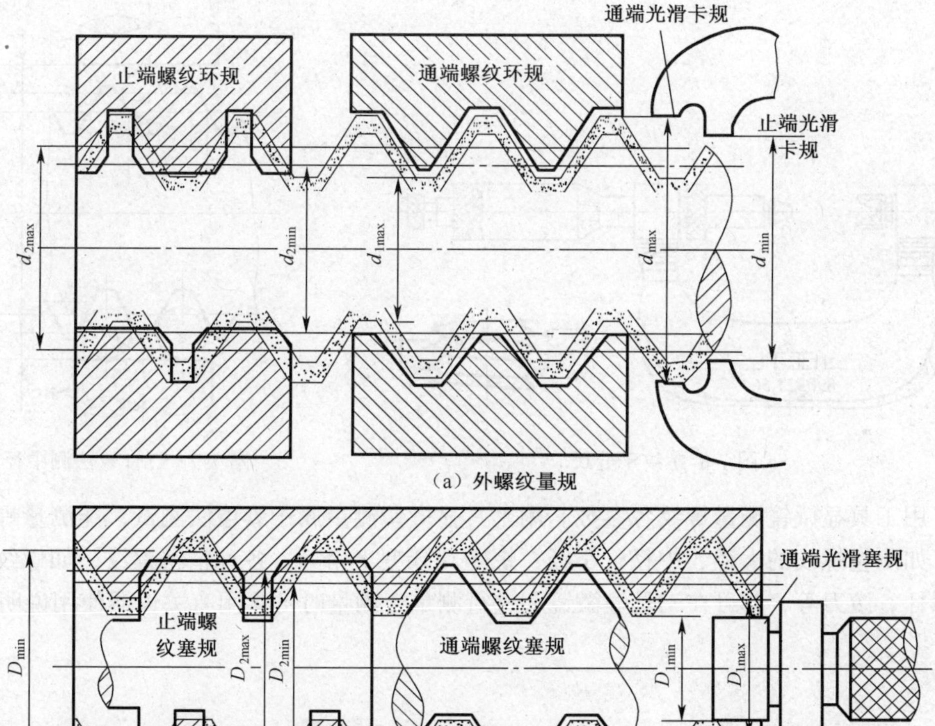

（a）外螺纹量规

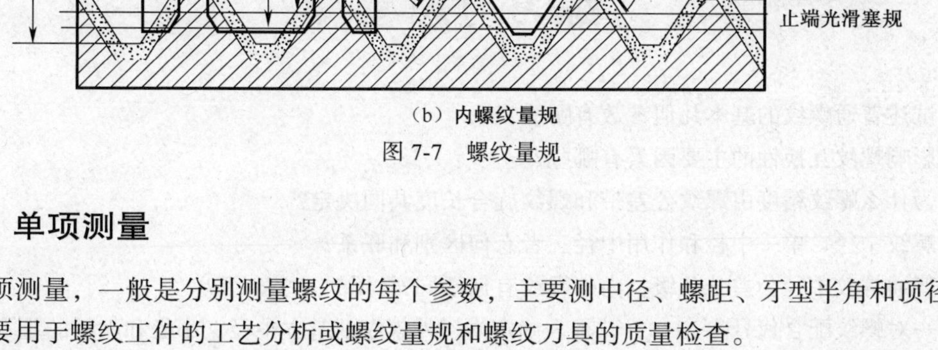

（b）内螺纹量规

图 7-7 螺纹量规

2. 单项测量

单项测量，一般是分别测量螺纹的每个参数，主要测中径、螺距、牙型半角和顶径。单项测量主要用于螺纹工件的工艺分析或螺纹量规和螺纹刀具的质量检查。

（1）用螺纹千分尺测量外螺纹中径　在实际生产中，车间测量低精度螺纹常用螺纹千分尺。

螺纹千分尺的结构和一般外径千分尺相似，只是两个测量面可以根据不同螺纹牙型和螺距选用不同的测量头。螺纹千分尺结构如图 7-8 所示。

（2）三针量法 三针量法是一种间接测量方法，主要用于测量精密螺纹（如丝杠、螺纹塞规）的中径 d_2，如图 7-9 所示。根据被测螺纹的螺距和牙型半角选取三根直径相同的小圆柱（直径为 d_0）放在牙槽里，用量仪（机械测微仪、光学计、测长仪等）量出尺寸 M 值，然后根据被测螺纹已知的螺距 p、牙型半角α/2 和量针直径 d_0，按下式计算螺纹中径的实际尺寸。

$$d_2=M-d_0(1+1/\sin\alpha/2)+p(\cot\alpha/2)/2$$

对于公制普通螺纹 $\alpha=60°$

$$d_2=M-3d_0+0.866P$$

为避免牙型半角偏差对测量结果的影响，量针直径应按照螺纹螺距选取，使量针在中径线上与牙侧接触，这样的量针直径称为最佳量针直径 $d_{0\,最佳}$。

$$d_{0\,最佳}=p/2\times\cos\alpha/2；对米制普通螺纹\ d_{0\,最佳}=0.577p$$

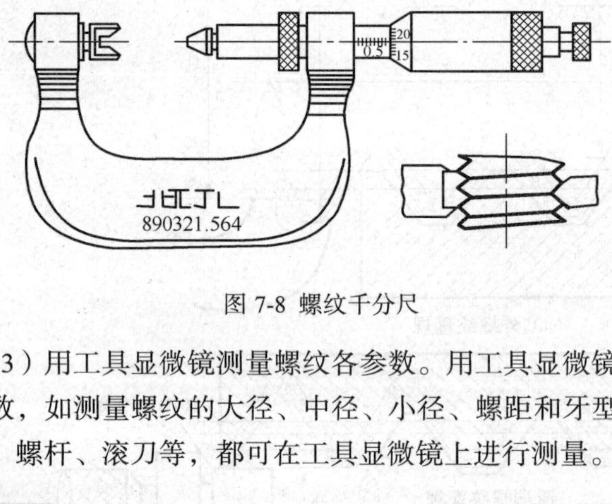

图 7-8 螺纹千分尺

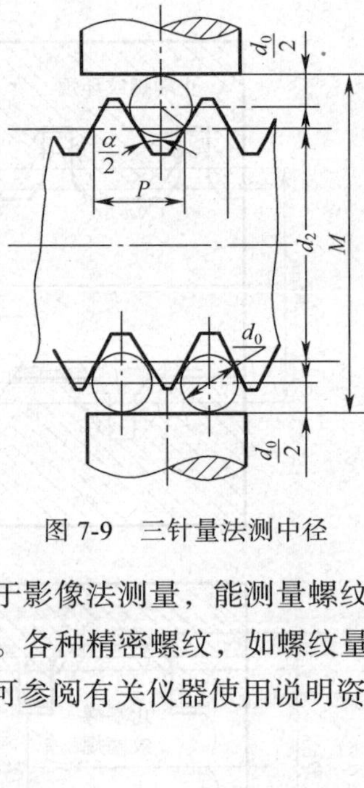

图 7-9 三针量法测中径

（3）用工具显微镜测量螺纹各参数。用工具显微镜测量属于影像法测量，能测量螺纹的各种参数，如测量螺纹的大径、中径、小径、螺距和牙型半角等。各种精密螺纹，如螺纹量规、丝杠、螺杆、滚刀等，都可在工具显微镜上进行测量。测量时可参阅有关仪器使用说明资料。

练习与思考

（1）试述普通螺纹的基本几何参数有哪些？

（2）影响螺纹互换性的主要因素有哪些？

（3）为什么螺纹精度由螺纹公差带和螺纹旋合长度共同决定？

（4）螺纹中径、单一中径和作用中径三者有何区别和联系？

（5）普通螺纹中径公差分几级？内外螺纹有何不同?常用的是多少级？

（6）一对螺纹配合代号为 M16，试查表确定内、外螺纹的基本中径、小径和大径的基本尺寸和极限偏差，并计算内、外螺纹的基本中径、小径和大径的极限尺寸。

第8章 滚动轴承的公差与配合

滚动轴承是机械制造业中应用极为广泛的一种标准部件。它的基本结构如图 8-1 所示，一般由外圈、内圈、滚动体和保持架组成；公称直径为 d 的轴承内圈与轴颈配合，公称外径为 D 的轴承外圈与外壳孔配合，属于典型的光滑圆柱连接；但由于它的结构特点和功能要求所决定，其公差配合与一般光滑圆柱联结要求不同。

滚动轴承工作时要求转动平稳、旋转精度高、噪音小。为了保证滚动轴承的工作性能与使用寿命，除了轴承本身的制造精度外，还要正确选择轴和外壳孔与轴承的配合、传动轴和外壳孔的尺寸精度、形位精度以及表面粗糙度等。

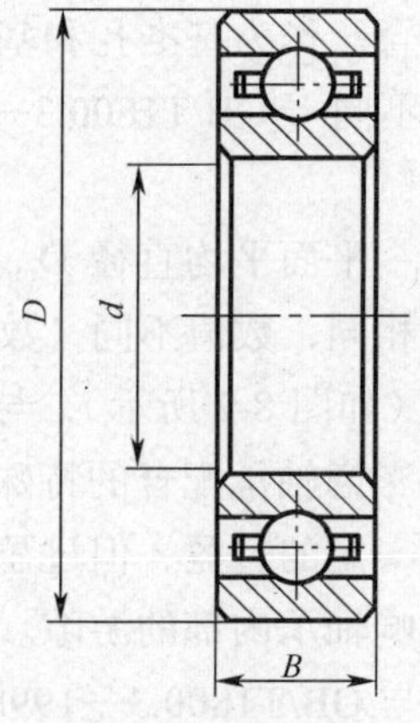

图 8-1 滚动轴承

8.1 滚动轴承的精度等级及其应用

8.1.1 滚动轴承的精度等级

滚动轴承的精度是按其外形尺寸公差和旋转精度分级的。

外形尺寸公差是指成套轴承的内径、外径和宽度尺寸公差；旋转精度主要指轴承内、外圈的径向跳动，端面对滚道的跳动和端面对内孔的跳动等。

国家标准 GB/T 307.3—1996《滚动轴承 通用技术规则》规定向心轴承（圆锥滚子轴承除外）精度分为五级，即 0、6、5、4、2，其中 0 级最低，依次升高，2 级最高；圆锥滚子轴承精度分为 0、6X、5、4 四级；推力轴承分为 0、6、5、4 四级。

轴承精度等级的选用

P0 级——通常称为普通级。用于低、中速及旋转精度要求不高的一般旋转机构，它在机械中应用最广。例如，用于普通机床变速箱、进给箱的轴承，汽车、拖拉机变速箱的轴承，普通电动机、水泵、压缩机等旋转机构中的轴承等。

P6 级——用于转速较高、旋转精度要求较高的旋转机构。例如，用于普通机床的主轴、后轴承、精密机床变速箱的轴承等。

P5, P4 级——用于高速、高旋转精度要求的机构。例如，用于精密机床的主轴承，精密仪器仪表的主要轴承等。

P2 级——用于转速很高、旋转精度要求也很高的机构。例如，用于齿轮磨床、精密坐标镗床的主轴轴承，高精度仪器、仪表及其他高精度精密机械的主要轴承。

8.1.2 滚动轴承内外径公差带及特点

滚动轴承是标准部件，为了组织专业化生产，便于互换，轴承内圈内径与轴采用基孔制配合，外圈外径与外壳孔采用基轴制配合。作为基准孔和基准轴的滚动轴承内、外径公差带，由于考虑本身特点和使用要求，规定了不同于 GB/T1800.3—1998《极限与配合》中任何等级的基准件（H、h）公差带。

标准中规定，轴承外圈外径的单一平面平均直径 D_{mp} 的公差带的上偏差为零，如图 8-2 所示，与一般的基准轴公差带分布位置相同，数值不同（数值见表 8-1）。轴承内圈内径单一平面平均直径 d_{mp} 公差带的上偏差也为零（如图 8-2 所示），与一般基准孔的公差带分布位置相反，数值也不同（数值见表 8-1）。这主要考虑轴承配合的特殊需要。因为在多数情况下，轴承内圈随轴一起旋转，两者之间配合必须有一定的过盈，但过盈量又不宜过大，以保证拆卸方便，防止内圈应力过大产生较大的变形，影响轴承内部的游隙。将轴承内径公差带偏置在零线下侧，即上偏差为零，下偏差为负值。当其与 GB/T1800.3—1998《极限与配合》中的任何基本偏差组成配合时，其配合性质将有不同程度的变紧，以满足轴承配合的需要。

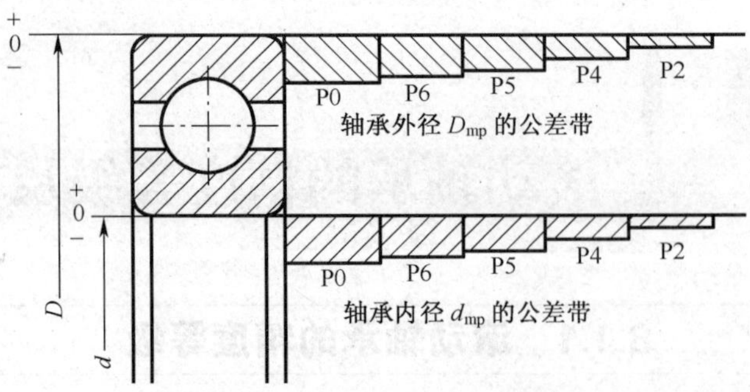

图 8-2 轴承内、外径公差带

表 8-1　向心轴承（圆锥滚子轴承除外）公差（GB/T307.1—1994）

内圈技术条件

基本内径/mm		外形尺寸公差/μm																旋转精度/μm										
		内径														宽度		K_{ia}					S_d			S_{in}		
		Δd_{mp}										Δd_s				ΔB_s												
		0		6		5		4		2		4		2		0 6 5 4 2		0	6	5	4	2	5	4	2	5	4	2
超过	到	上偏差	下偏差	上偏差	下偏差	上偏差	下偏差	上偏差	下偏差	上偏差	下偏差	上偏差	下偏差	上偏差	下偏差	上偏差	下偏差	max	max	max	max	max	max	max	max	max	max	max
18	30	0	−10	0	−8	0	−6	0	−5	0	−2.5	0	−5	0	−2.5	0	−120	13	8	4	3	2.5	8	4	1.5	8	4	2.5
30	50	0	−12	0	−10	0	−8	0	−6	0	−2.5	0	−6	0	−2.5	0	−120	15	10	5	4	2.5	8	4	1.5	8	4	2.5
50	80	0	−15	0	−12	0	−9	0	−7	0	−4	0	−7	0	−4	0	−150	20	10	5	4	2.5	8	5	1.5	8	5	2.5
80	120	0	−20	0	−15	0	−10	0	−8	0	−5	0	−8	0	−5	0	−200	25	13	6	5	2.5	9	5	2.5	9	5	2.5
120	150	0	−25	0	−18	0	−13	0	−10	0	−7	0	−10	0	−7	0	−250	30	18	8	6	2.5	10	6	2.5	10	7	2.5
150	180	0	−25	0	−18	0	−13	0	−10	0	−7	0	−10	0	−7	0	−250	30	18	8	6	5	10	6	4	10	7	5
180	250	0	−30	0	−22	0	−15	0	−12	0	−8	0	−12	0	−8	0	−300	40	20	10	8	5	11	7	5	13	8	5

外圈技术条件

基本内径/mm		外形尺寸公差/μm																旋转精度/μm													
		内径														宽度		K_{ea}					$S_D S_{D1}$			S_{ea}			S_{ea1}		
		ΔD_{mp}										ΔD_s				$\Delta C_S \Delta C_{1S}$															
		0		6		5		4		2		4		2		0 6 5 4 2		0	6	5	4	2	5	4	2	5	4	2	5	4	2
超过	到	上偏差	下偏差	上偏差	下偏差	上偏差	下偏差	上偏差	下偏差	上偏差	下偏差	上偏差	下偏差	上偏差	下偏差	上偏差	下偏差	max	max	max	max	max	max	max	max	max	max	max	max	max	Max
30	50	0	−11	0	−9	0	−7	0	−6	0	−4	0	−6	0	−4	与同一轴承内圈的ΔB_s相同		20	10	7	5	2.5	8	4	1.5	8	5	2.5	11	7	4
50	80	0	−13	0	−11	0	−9	0	−7	0	−4	0	−7	0	−4			25	13	8	5	4	8	4	1.5	10	5	4	14	7	6
80	120	0	−15	0	−13	0	−10	0	−8	0	−5	0	−8	0	−5			35	18	10	6	5	9	5	2.5	11	6	5	16	8	7
120	150	0	−18	0	−15	0	−11	0	−9	0	−5	0	−9	0	−5			40	20	11	7	5	10	5	2.5	13	7	5	18	10	7
150	180	0	−25	0	−18	0	−13	0	−10	0	−7	0	−10	0	−7			45	23	13	8	5	10	5	2.5	14	8	5	20	11	7
180	250	0	−30	0	−20	0	−15	0	−11	0	−8	0	−11	0	−8			50	25	15	10	7	11	7	4	15	10	7	21	14	10
250	315	0	−35	0	−25	0	−18	0	−13	0	−8	0	−13	0	−8			60	30	18	11	7	13	8	5	18	10	7	25	14	10

8.2 滚动轴承与轴和外壳孔的配合

8.2.1 轴和外壳孔的公差带

国家标准 GB/T275—1993 对与 p0 级和 p6 级轴承配合的轴颈公差带规定了 17 种，对外壳孔的公差带规定了 16 种，如图 8-3 所示。这些公差带分别选自 GB/T1800.3—1998 中规定的轴公差带和孔公差带。

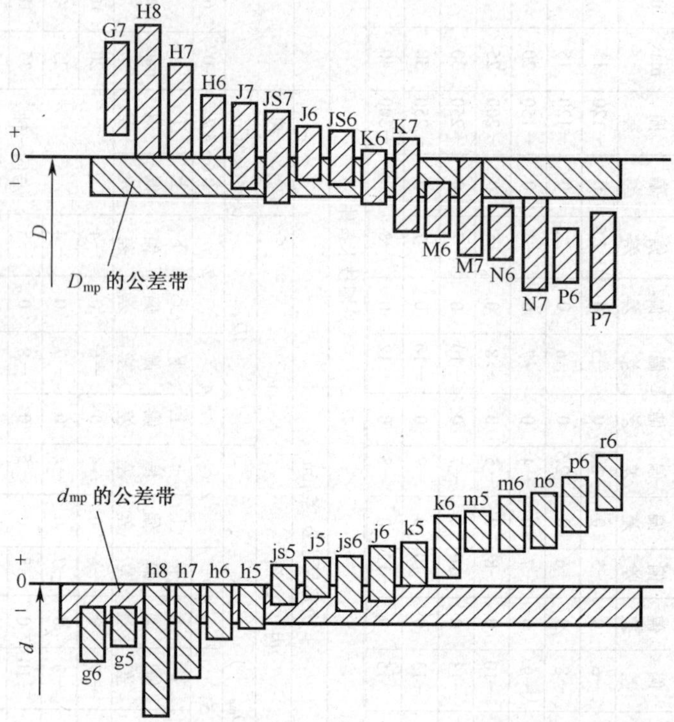

图 8-3 轴承与轴和外壳孔的配合

8.2.2 滚动轴承与轴和外壳孔配合的选择

正确地选择与滚动轴承的配合，对保证机器正常运转，充分发挥其承载能力，延长使用寿命，都有很重要的关系。配合的选择就是如何确定与轴承相配合的轴颈和外壳孔的公差带。选择时主要依据下列因素。

1. 轴承套圈相对于负荷的类型

（1）套圈相对于负荷方向固定——定向负荷　径向负荷始终作用在套圈滚道的局部区域，如图 8-4（a）所示不旋转的外圈和图 8-4（b）不旋转的内圈均受到一个方向一定的径向负荷 F_0 的作用。

（2）套圈相对于负荷方向旋转——旋转负荷　作用于轴承上的合成径向负荷与套圈相对旋转，并依次作用在该套圈的整个圆周滚道上。图 8-4（a）所示旋转的内圈和图 8-4（b）旋转的外圈均受到一个作用位置依次改变的径向负荷 F_0 的作用。

（3）套圈相对于负荷方向摆动——摆动负荷　大小和方向按一定规律变化的径向负荷作用在套圈的部分滚道上，图 8-4（c）所示不旋转的外圈和图 8-4（d）不旋转的内圈均受到定向负荷 F_0 和较小的旋转负荷 F_1 的同时作用，两者的合成负荷在 A～B 区域内摆动。

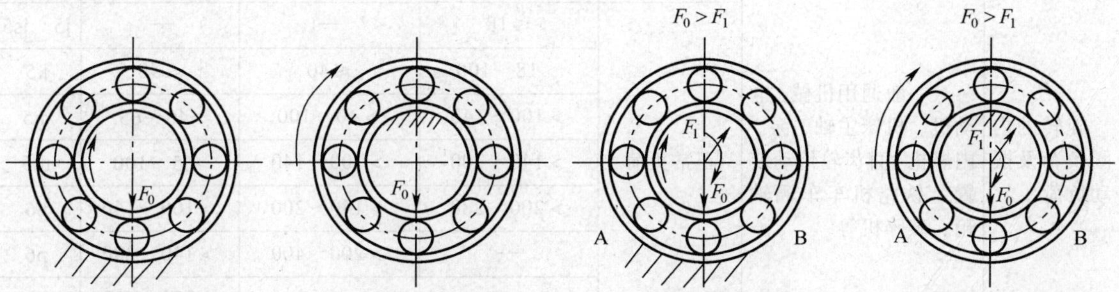

（a）内圈：旋转负荷　外圈：定向负荷　（b）内圈：定向负荷　外圈：旋转负荷　（c）内圈：旋转负荷　外圈：摆动负荷　（d）内圈：摆动负荷　外圈：旋转负荷

图 8-4　轴承套圈承受负荷的类型

通常受定向负荷的套圈其配合应选稍松一些，让套圈在工作中偶尔产生少许转位，从而改变受力状态，使滚道磨损均匀，延长轴承使用寿命。受旋转负荷的套圈其配合应选紧一些，以防止套圈在轴颈上或外壳孔的配合表面打滑，引起配合表面发热、磨损，影响正常工作。受摆动负荷的套圈，其配合的松紧程度一般与受旋转负荷的套圈相同或稍松些。

2. 负荷的大小

负荷的大小可用当量径向动负荷 F 与轴承的额定动负荷 C 的比值来区分。一般规定，当 $F_\tau \leqslant 0.07C_r$ 时，称为轻负荷；当 $0.07C_r \leqslant F_t \leqslant 0.15C_r$ 时，为正常负荷；当 $F_r > 0.15C_r$ 时，为重负荷。

选择滚动轴承与轴和外壳孔的配合与负荷大小有关。负荷越大，过盈量应选得越大，因为在重负荷作用下，轴承套圈容易变形，使配合面受力不均匀，引起配合松动。因此，承受轻负荷、正常负荷、重负荷的轴承与轴颈和外壳孔的配合应依次越来越紧一些。

3. 其他因素

工作温度的影响，滚动轴承一般在低于 100℃的温度下工作，如在高温下工作，其配合应予以调整。一般情况下，轴承的旋转精度越高，旋转速度越高，则应选择越紧的配合。

滚动轴承与轴和外壳孔配合的选择是综合上述各因素用类比法进行的。表 8-2 和表 8-3 列出了常用配合的选用资料，供选用时参考。

表 8-2　　　　向心轴承和轴的配合、轴公差带代号（GBT275－1993）

<table>
<tr><td colspan="2">运转状态</td><td rowspan="2">负荷状态</td><td>深沟球轴承、调心球轴承和角接触轴承</td><td>圆柱滚子轴承和圆锥滚子轴承</td><td>调心滚子轴承</td><td>公差带</td></tr>
<tr><td>说明</td><td>举例</td><td colspan="4">轴承公称直径/㎜</td></tr>
<tr><td rowspan="15">旋转的内圈负荷及摆动负荷</td><td rowspan="15">一般通用机械、电动机、机床主轴、泵、内燃机、直齿轮传动装置、铁路机车车辆轴箱、破碎机等</td><td rowspan="4">轻负荷</td><td>≤18</td><td>—</td><td>—</td><td>h5</td></tr>
<tr><td>＞18～100</td><td>≤40</td><td>≤40</td><td>j6</td></tr>
<tr><td>＞100～200</td><td>＞40～140</td><td>>40～100</td><td>k6</td></tr>
<tr><td>—</td><td>＞140～200</td><td>＞100～200</td><td>m6</td></tr>
<tr><td rowspan="7">正常负荷</td><td>≤18</td><td>—</td><td>—</td><td>j5　js5</td></tr>
<tr><td>＞18～100</td><td>≤40</td><td>≤40</td><td>k5</td></tr>
<tr><td>＞100～140</td><td>＞40～100</td><td>>40～65</td><td>m5</td></tr>
<tr><td>＞140～200</td><td>＞100～140</td><td>>65～100</td><td>m6</td></tr>
<tr><td>＞200～280</td><td>＞140～200</td><td>＞100～140</td><td>n6</td></tr>
<tr><td>—</td><td>＞200～400</td><td>＞140～280</td><td>p6</td></tr>
<tr><td>—</td><td>—</td><td>＞280～500</td><td>r6</td></tr>
<tr><td rowspan="4">所有负荷</td><td rowspan="4"></td><td>＞50～140</td><td>＞50～100</td><td>n6</td></tr>
<tr><td>＞140～200</td><td>＞100～140</td><td>p6</td></tr>
<tr><td>＞200</td><td>＞140～200</td><td>r6</td></tr>
<tr><td>—</td><td>＞200</td><td>r7</td></tr>
<tr><td>固定的内圈负荷</td><td>静止轴上的各种轮子，张紧轮绳、振动筛、惯性震动器</td><td>所有负荷</td><td colspan="3">所有尺寸</td><td>f6
g6
h6
j6</td></tr>
<tr><td colspan="2">仅有轴向负荷</td><td colspan="4">所有尺寸</td><td>j6、js6</td></tr>
<tr><td colspan="7">圆锥孔轴承</td></tr>
<tr><td rowspan="2">所有负荷</td><td>铁路机车车辆轴箱</td><td colspan="4">装在退卸套上的所有尺寸</td><td>h8(IT6)</td></tr>
<tr><td>一般机械传动</td><td colspan="4">装在紧定套上的所有尺寸</td><td>h9(IT7)</td></tr>
</table>

注：① 凡对精度有较高要求的场合，应用 j5、k5……j6、k6……

② 圆锥滚子轴承、角接触球轴承配合对游隙影响不大，可用 k6、m6 代替 k5、m5。

③ 重负荷下轴承游隙应选大于 0 组。

④ 凡有较高精度或转速要求的场合，应选用 h7（IT5）代替 h8（IT6）等。

⑤ IT6、IT7 表示圆柱度公差数值。

表 8-3　　向心轴承和外壳的配合孔公差带代号（GBT275－1993）

运转状态		负荷状态	其他状况	公差带*	
说明	举例			球轴承	滚子轴承
固定的外圈负荷	一般机械、铁机车车辆轴箱、电动机、泵、曲轴主轴承	轻、正常、重	轴向易移动，可采用剖分式外壳	H7、G7**	
		冲击	轴向能移动，可采用整体或剖分式外壳	J7、JS7	
摆动负荷		轻、正常			
		正常、重	轴向不移动，采用整体式外壳	K7	
		冲击		M7	
旋转的外圈负荷	张紧滑轮轮毂轴承	轻		J7	K7
		正常		K7、M7	M7、N7
		重		—	N7、P7

注：* 并列公差带随尺寸的增大从左至右选择，对旋转精度有较高要求时，可相应提高一个公差等级。

** 不适用于剖分式外壳。

8.2.3　配合表面的形位公差和表面粗糙度

为了保证滚动轴承正常工作，除了要正确选择配合之外，还应对轴颈及外壳孔配合形位公差和表面粗糙度提出要求。为避免套圈安装后产生变形，轴径和外壳孔的尺寸公差和形位公差应采用包容要求，并规定更严格的圆柱度公差，对轴肩和外壳孔端面还应规定端面圆跳动公差。轴径和外壳孔的形位公差与表面粗糙度见表 8-4。

表 8-4　　轴和外壳孔的形位公差

基本尺寸/mm		圆柱度 t				端面圆跳动 t_1			
		轴颈		外壳孔		轴肩		外壳孔肩	
		轴承公差等级							
		0	6(6x)	0	6(6x)	0	6(6x)	0	6(6x)
超过	到	公差值/μm							
	6	2.5	1.5	4	2.5	5	3	8	5
6	10	2.5	1.5	4	2.5	6	4	10	6
10	18	3.0	2.0	5	3.0	8	5	12	8
18	30	4.0	2.5	6	4.0	10	6	15	10
30	50	4.0	2.5	7	4.0	12	8	20	12
50	80	5.0	3.0	8	5.0	15	10	25	15
80	120	6.0	4.0	10	6.0	15	10	25	15
120	180	8.0	5.0	12	8.0	20	12	30	20
180	250	10.0	7.0	14	10.0	20	12	30	20
250	315	12.3	8.0	16	12.0	25	15	40	25
315	400	13.0	9.0	18	13.0	25	15	40	25
400	500	15.0	10.0	20	15.0	25	15	40	25

由于滚动轴承是标准件，在具体选择某一型号轴承时，其配合尺寸的公差带已确定。因此，在装配图中轴承内与轴颈配合处只标注轴颈的尺寸与公差带代号，轴承外圈与外壳孔配合处只

标注孔的尺寸与公差带代号。同时，在轴颈及外壳孔的零件图中应标注出相应的配合尺寸、形位公差及表面粗糙度要求。配合面的表面粗糙度见表 8-5。

表 8-5　配合面的表面粗糙度

轴或轴承座直径/mm		轴或外壳配合表面直径公差等级								
		IT7			IT6			IT5		
		表面粗糙度/μm								
超过	到	R_z	R_a		R_z	R_a		R_z	R_a	
			磨	车		磨	车		磨	车
	80	10	1.6	3.2	6.3	0.8	1.6	4	0.4	0.8
80	500	16	1.6	3.2	10	1.6	3.2	6.3	0.8	1.6
端面		25	3.2	6.3	25	3.2	6.3	10	1.6	3.2

8.2.4　应用举例

【例 8-1】　有一圆柱齿轮减速器，小齿轮要求有较高的旋转精度，装有 0 级单列深沟球轴承，轴承尺寸为 50mm × 110mm × 27mm，额定动负荷 C_r=32 000N，轴承承受的当量径向负荷 F_r=4 000N。试用类比法确定轴颈和外壳孔的公差带代号，画出公差带图并确定孔、轴的形位公差值和表面粗糙度参数值，将它们分别标注在装配图和零件图上。

解：按已知条件，可算得 F_r=0.125C_r，属正常负荷。

按减速器的工作状况可知，内圈为旋转负荷，外圈为定向负荷，内圈与轴的配合应较紧，外圈与外壳孔配合应较松。

根据以上分析，参考表 8-2，表 8-3 选用轴颈公差带为 k6（基孔制配合），外壳孔公差带为 G7 或 H7。但由于轴的旋转精度要求较高，故选用更紧一些的配合，孔公差带为 J7（基轴制配合）较为恰当。

从表 8-1 中查出 0 级轴承内、外圈单一平面平均直径的上、下偏差，再由标准公差数值表和孔、轴基本偏差数值表查出ϕ50k6 和ϕ110J7 的上、下偏差，从而画出公差带图，如图 8-5 所示。

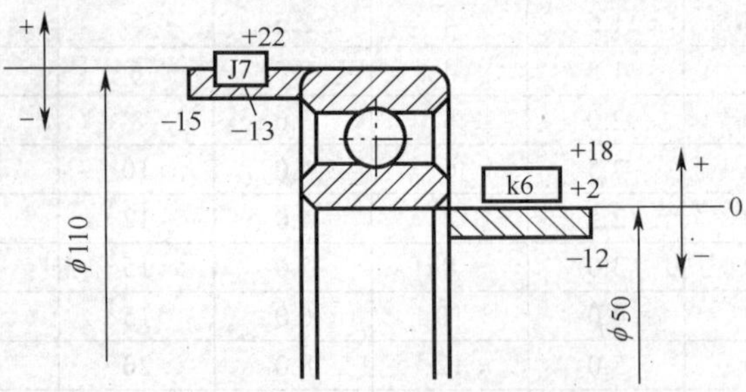

图 8-5　轴承与轴、孔配合的公差带图

从图 8-5 中公差带关系可知：内圈与轴颈配合的 Y_{max}=−0.030mm，Y_{min}=−0.002mm；外圈与外壳孔配合的 X_{max}=+0.037mm，Y_{max}=−0.013mm。

按表 8-4 选取形位公差值。圆柱度公差：轴颈为 0.004mm，外壳孔为 0.010mm；端面跳动公差：轴肩为 0.012mm，外壳孔肩为 0.025mm。

按表 8-5 选取表面粗糙度数值、轴颈表面磨 $R_a \leqslant 0.8\mu m$，轴肩端面车 $R_a \leqslant 3.2\mu m$，外壳孔表面磨 $R_a \leqslant 1.6\mu m$，轴肩端面车 $R_a \leqslant 6.3\mu m$。

将选择的上述各项公差标注在图上，如图 8-6 所示。

由于滚动轴承是标准部件，因此，在装配图上只需注出轴颈和外壳孔公差带代号，不标注基准件公差带代号。如图 8-6（a）所示。轴和外壳上的标注如图 8-6（b）、（c）所示。

由于滚动轴承是标准部件，因此在装配图上只需注出轴颈和外壳孔公差带代号，不标注基准件公差带代号。如图 8-6（a）所示。轴和外壳上的标注如图 8-6（b）、（c）所示。

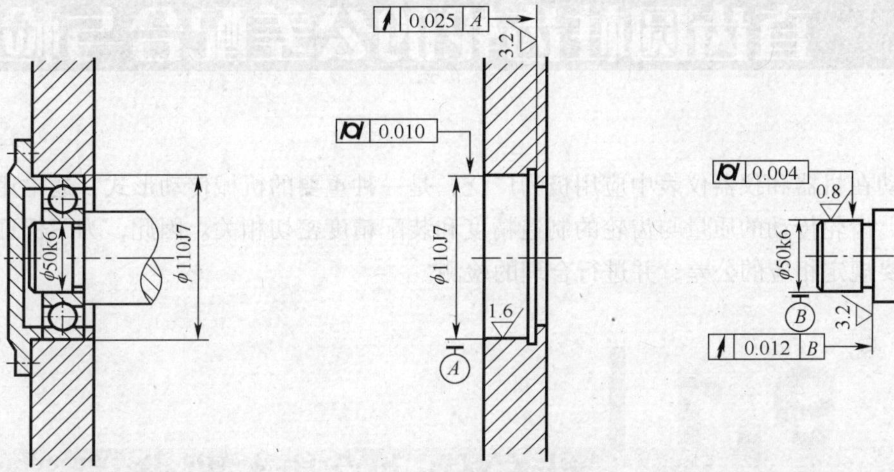

（a）装配图　（b）外壳孔图　（c）轴图

图 8-6　轴颈和外壳孔公差在图样上标注示例

练习与思考

（1）滚动轴承的精度等级分为哪几级?哪级应用最广?

（2）滚动轴承与轴和外壳孔配合采用哪种基准制?

（3）滚动轴承内、外径公差带有何特点?为什么?

（4）选择轴承与轴和外壳孔配合时主要考虑哪些因素?

（5）滚动轴承承受负荷类型不同与选择配合有何关系?

（6）滚动轴承承受负荷大小不同与选择配合有何关系?

（7）某机床转轴上安装 6 级精度的深沟球轴承，其内径为 40mm，外径为 90mm，该轴承承受一个 4 000N 的定向负荷，轴承的额定动负荷为 3 100N，内圈随轴一起转动，外圈固定。试确定以下各项。

① 与轴承配合的轴颈、外壳孔的公差带代号。

② 画出公差带图，计算出内圈与轴、外圈与孔配合的极限间隙、极限过盈。

③ 轴颈和外壳孔的形位公差和表面粗糙度参数值。

第9章 直齿圆柱齿轮的公差配合与检测

齿轮传动在机器和仪器仪表中应用极为广泛，是一种重要的机械传动形式，通常用来传递运动或动力。齿轮传动的质量与齿轮的制造精度和装配精度密切相关。因此，为了保证齿轮传动质量，就要规定相应的公差，并进行合理的检测。

9.1 齿轮传动的基本要求

齿轮主要用来传递运动和载荷，对齿轮的使用要求归纳起来为4方面。

1．传递运动的准确性

传递运动的准确性就是要求齿轮在一转范围内，实际速比相对于理论速比的变动量应限制在允许的范围内，以保证从动齿轮与主动齿轮的运动准确、协调。

2．传动的平稳性

传动的平稳性就是要求齿轮在一齿范围内，瞬时速比的变动量限制在允许的范围内，以减小齿轮传动中的冲击、震动和噪声，保证传动平稳。

3．载荷分布的均匀性

载荷分布的均匀性就是要求齿轮啮合时，齿面接触良好，使齿面上的载荷分布均匀，避免载荷集中于局部齿面，使齿面磨损加剧，影响齿轮的使用寿命。

4．侧隙的合理性

齿轮啮合时，非工作齿面间应有一定的间隙，以便存储润滑油、补偿齿轮受力后的弹性变形、受热变形及制造和安装中产生的误差，以防止齿轮在传动中出现卡死和烧伤，保证齿轮正常运转。

齿轮传动的分类及要求，如表 9-1 所示。

表 9-1　齿轮传动的分类及要求

分　类	使用场合	要　求
精密装置齿轮	读数装置、分度机构等	传递运动准确且小侧隙（以减小回程误差）
一般传动齿轮	一般机床变速箱	传动平稳且很小侧隙（以降低噪音）
高速、重载齿轮	汽轮机、减速器等	传递运动准确、平稳、载荷分布均匀且较大侧隙
低速、重载齿轮	矿山机械、起重机械	载荷分布均匀，且较大侧隙

9.2 齿轮误差分析

影响齿轮传动使用要求的是齿轮误差。齿轮误差主要源于机床、刀具、夹具和齿轮坯等工艺系统的制造误差（加工及安装误差）。由于齿轮的齿形较复杂，加工工艺系统也较复杂，故齿轮误差分析也较为复杂。下面以滚切直齿圆柱齿轮为例，来分析在切齿过程中所产生的主要误差，以及对齿轮使用性能的影响，如图 9-1 所示。

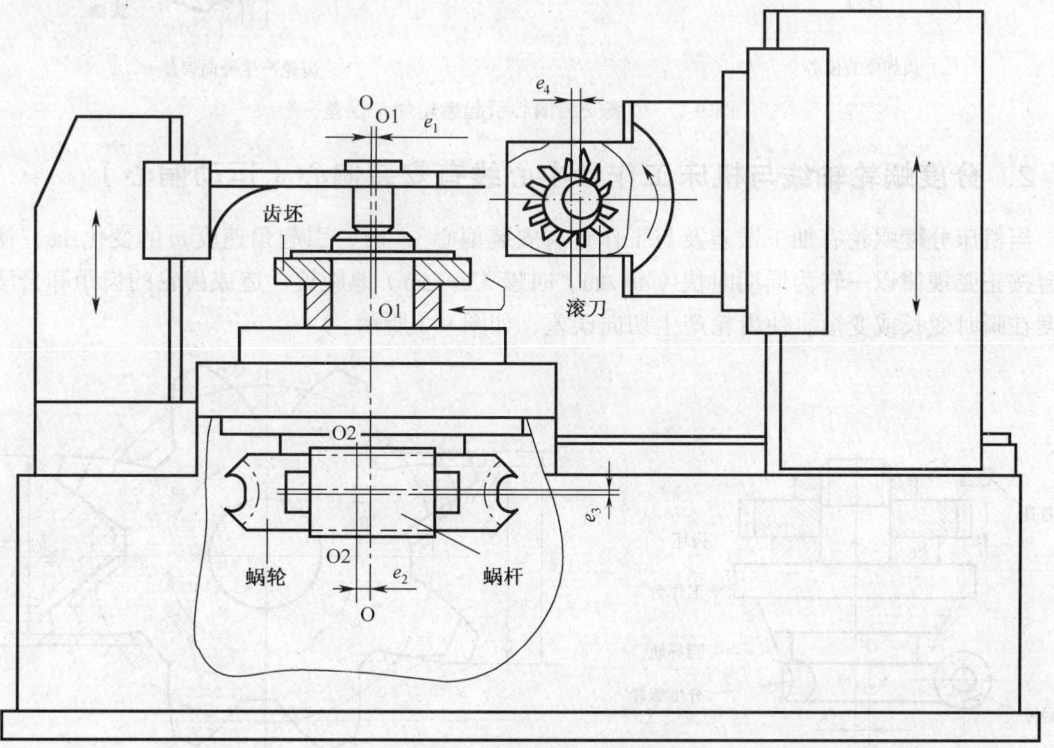

图 9-1　滚齿机加工齿轮

理想直齿圆柱齿轮的几何特性是：轮齿分布均匀、具有理论渐开线齿廓、理论齿距、理论齿厚，才能使传递运动准确、传动平稳、载荷分布均匀。

9.2.1 影响传递运动准确性的误差

实现传递运动准确性的理论条件是在一转内传动比恒定，造成传动比不恒定的主要因素是齿距分布不均匀。误差来源是由两种制造误差引起的。

1. 齿坯轴线与机床工作台心轴轴线有偏心（几何偏心）

当齿坯轴线与机床心轴轴线有安装偏心 e_1 时，所加工齿轮一边齿高增高（齿形尖瘦）、另一边齿高减低（齿形粗宽），如图 9-2 所示，致使齿轮在一转内产生径向跳动误差，并且使齿距和齿厚也产生周期性变化，此属径向误差。

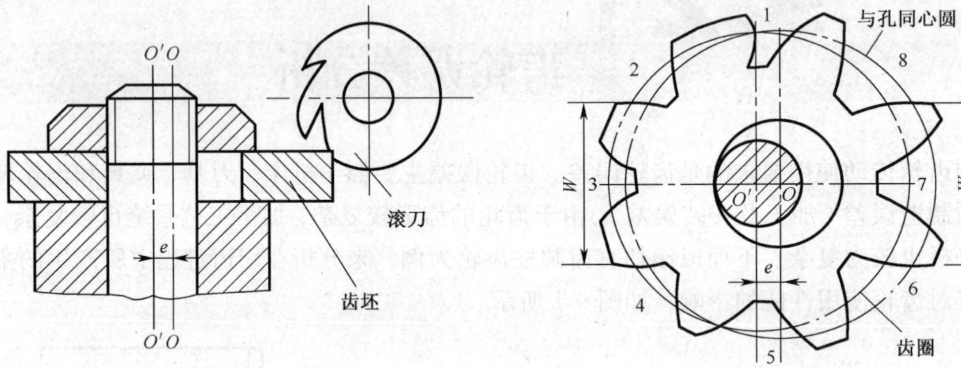

（a）齿坯安装偏心　（b）齿轮产生径向误差

图 9-2　齿坯安装偏心引起齿轮加工误差

2. 分度蜗轮轴线与机床工作台中心线有安装偏心（运动偏心）

当机床分度蜗轮有加工误差及与工作台有安装偏心 e_2 时，引起角速度 ω 的变化 $\Delta\omega$，使工作台按正弦规律以一转为周期时快（$\omega+\Delta\omega$）时慢（$\omega-\Delta\omega$）地旋转，造成齿轮的齿距和公法线长度在瞬时变长或变短，使齿轮产生切向误差，如图 9-3 所示。

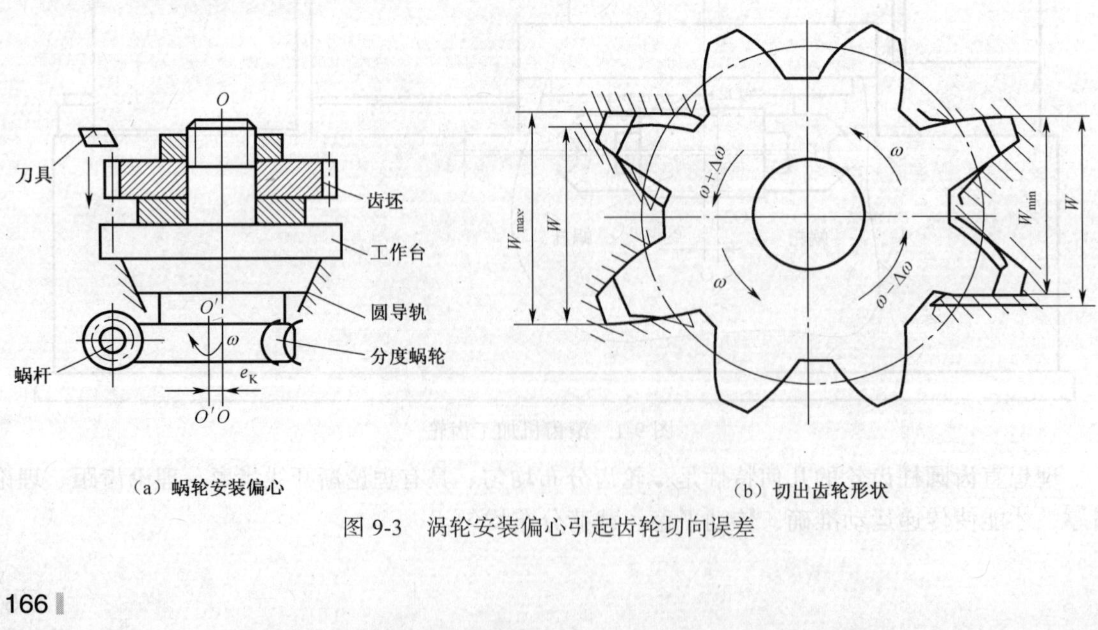

（a）蜗轮安装偏心　（b）切出齿轮形状

图 9-3　涡轮安装偏心引起齿轮切向误差

经分析归纳出影响运动传递准确性的齿轮误差有：径向和切向误差、齿距误差、公法线长度变动误差等。它们均以一转为周期变化，称为长周期误差。

9.2.2 影响运动平稳性的误差

实现运动平稳性的理论条件是瞬时传动比恒定，造成一齿内瞬时传动比变化过大的主要因素是齿形轮廓的变形。误差来源有以下两方面。

1. 机床分度蜗杆有安装偏心和轴向窜动

机床分度蜗杆有安装偏心 e_3 和轴向窜动，使分度蜗轮（齿坯）转速不均匀，造成齿轮的齿形和齿距误差。

分度蜗杆每转一转，分度蜗轮转过一齿，跳动重复一次，误差出现的频率将等于分度蜗轮的齿数，属高频分量，故称短周期误差。

2. 刀具的制造误差及安装误差

滚刀安装有偏心 e_4、轴线倾斜、轴向跳动及刀具形状误差等，都会反映到被加工的轮齿上，产生齿形和基节误差。

经分析归纳出影响运动平稳性的齿轮误差有：一齿内径向和切向误差、齿形轮廓误差、齿距误差、基节误差等。它们均以一齿为周期变化，称为短周期误差。

9.2.3 影响载荷分布均匀性的误差

实现载荷分布均匀的理论条件是：在齿轮啮合过程中，从齿顶到齿根沿全齿宽呈线性接触。造成不能完全线性接触的主要影响因素是：齿形轮廓误差（沿齿高）和齿向误差（沿齿长）。误差来源于以下几方面。

（1）滚齿机刀架导轨相对工作台轴线不平行。

（2）齿轮坯定位端面与其定位孔基准轴线不垂直。

（3）刀具制造误差、滚刀轴向窜动及径向跳动等。

经分析归纳出影响载荷分布均匀性的齿轮误差有齿廓偏差和螺旋线偏差等。

9.2.4 影响齿轮副侧隙合理性的误差

齿轮副侧隙是装配后形成的，是由中心距和齿厚综合影响的结果。标准规定基中心距制，即在固定中心距极限偏差的情况下，通过改变齿厚大小获得合理侧隙。另外，当齿厚减薄后，公法线实际长度较理论值变短，因此公法线长度变动也可以反映侧隙大小。影响齿轮副合理侧隙的主要因素有中心距偏差、齿厚偏差和公法线长度变动偏差等。

对单个齿轮来说，几何偏心、运动偏心可引起齿厚不均匀。

对齿轮副，齿轮副安装误差和传动误差会引起中心距偏差、轴线平行度误差等。

经分析归纳出影响侧隙合理性的齿轮误差有以下几方面。

单个齿轮：齿厚偏差、公法线平均长度偏差。

齿轮副：中心距偏差、轴线平行度误差等。

9.3 齿轮精度评定

9.3.1 齿轮精度评定指标

上述多种因素会引起多项齿轮误差，为了保证齿轮能够满足使用要求、进行正常工作，应给出多项相应公差加以控制。

GBl0095—1988 是按照 4 项使用要求，将前 3 项单个齿轮误差分为Ⅰ、Ⅱ、Ⅲ组，给出 3 组公差加以限制，同时给出保证第 4 项齿轮副啮合合理侧隙的公差。

GB/T10095.1～2—2001 参照国际新标准作了如下改动。

（1）不再分为 3 个公差组，而是分为轮齿同侧齿面偏差、径向偏差和径向跳动 3 方面。

（2）不再分出误差、公差项目，直接给出公差项目，称为齿轮精度评定指标。

为了方便理解，这里仍以 4 项基本使用要求划分，将评定指标进行分类，如表 9-2 所示。

表 9-2　齿轮精度评定指标（按 4 项基本要求划分）

序　号	齿轮工作要求	主要影响因素	齿轮精度评定指标
Ⅰ	传递运动准确性	齿距分布不均匀（径向误差，切向误差）	切向综合总偏差 径向综合总偏差 径向跳动 齿距累积总偏差 齿距累积偏差（偏重局部控制） 公法线长度变动
Ⅱ	运动平稳性	齿形轮廓的变形（齿形误差、齿距误差、基带误差）	一齿切向综合偏差 一齿径向综合偏差 轮廓总偏差 轮廓形状偏差 轮廓偏斜偏差 单个齿距偏差 基圆齿距偏差
Ⅲ	载荷分布均匀性	齿形轮廓误差（沿齿高） 齿向误差（沿齿长）	轮廓总偏差 轮廓形状偏差 轮廓偏斜偏差 螺旋线总偏差 螺旋线形状偏差 螺旋线倾斜偏差

续表

序　号	齿轮工作要求	主要影响因素	齿轮精度评定指标
	侧隙合理性	中心距偏差、齿厚偏差、公法线长度变动偏差	单个齿轮 齿厚偏差 公法线长度偏差 齿轮副 接触斑点 轴线平面内的轴线平行度误差 垂直平面上的轴线平行度误差 中心距偏差

9.3.2 齿轮精度等级

1. 轮齿同侧齿面的精度等级

国标 GB/T10095.1—2001 对轮齿同侧齿面的 11 项偏差规定了 13 个精度等级，即 0，1，2，……，12 级。其中，0～2 级为超精度级；3～5 级为高精度级；6～9 级为中等精度级；10～12 级为低精度级。它适用于分度圆直径 5mm～10 000mm、法向模数 0.5mm～70mm、齿宽 4mm～1 000mm 的渐开线圆柱齿轮。

2. 径向综合偏差的精度等级

国标 GB/T10095.2—2001 对径向综合总偏差 F''_i 和一齿径向综合偏差 f''_i 规定了 4,5,……，12 共 9 个精度等级,其中 4 级最高、12 级最低。适用的尺寸范围是:分度圆直径 5mm～1 000mm、法向模数 0.2mm～10mm。

3. 径向跳动的精度等级

国标 GB/T 10095.2—2001 对径向跳动 F_r 规定了 0，1，……，12 共 13 个等级，适用的尺寸范围与轮齿同侧齿面相同。

9.3.3 精度等级的选用

选择齿轮精度等级一般采用参照法，即根据齿轮的用途、使用要求和工作条件，查阅有关参考资料，参照经过实践验证的类似产品的精度进行选用。在进行参照时应注意以下问题。

（1）掌握不同精度等级的应用范围。表 9-3 所示为一些机械或机构所常用的齿轮精度等级。

（2）根据使用要求，轮齿同侧面各项偏差的精度等级可以相同，也可以不同。

（3）径向综合总偏差 F''_i，一齿径向综合偏差 f''_i 及径向跳动 F_r 的精度等级应相同，轮齿同侧面偏差的精度等级可以相同，也可以不相同。

表 9-3　一些机械或机构常用的齿轮精度

应用范围	精度等级	应用范围	精度等级
单啮仪、双啮仪	2～5	载重汽车	6～9
蜗轮减速器	3～5	通用减速器	6～9
金属切削机床	3～8	轧钢机	5～10
航空发动机	4～7	矿用绞车	6～10
内燃机车、电气机车	5～8	起重机	6～9
轻型汽车	5～8	拖拉机	6～10

国标 GB/T10095.1~2—2001 对单个齿轮的 14 项偏差的允许值（公差）都给出了计算公式，根据这些公式计算出的齿轮偏差允许值，经过调整后编制成表格。

对齿轮检验时，没有必要按 14 个偏差项目全部进行检测。

标准规定不是必检的项目有以下几项。

齿廓和螺旋线的形状偏差和倾斜偏差（f_{fa}、f_{Ha}、f_{fb}、f_{Hb}）——为了进行工艺分析或其他某些目的时才用。

切向综合偏差（F'_i、f'_i）——可以用来代替齿距偏差。

齿距累积偏差（F_{pk}）——一般高速齿轮使用。

径向综合偏差（F'_i f''_i）与径向跳动（F_r）——这三项偏差虽然测量方便、快速，但由于反映齿轮误差的情况不够全面，只能作为辅助检验项目。

综上所述，一般情况下齿轮的检验项目为：单个齿距偏差、齿廓总偏差、螺旋线总偏差。它们分别控制运动的准确性、平稳性和接触均匀性。

此外，还应检验齿厚偏差以控制齿轮副侧隙。

9.4 齿轮精度检测

9.4.1 单个齿轮的精度检测

单个齿轮精度的检测需按确定的齿轮检验项目来进行，由于一些检验项目需用专用的检验仪器和设备，对此这里不予介绍，仅介绍在生产现场常用的检测项目：齿厚偏差和公法线长度偏差。

注：GB/Z18620.2 只对齿厚偏差和公法线长度偏差作了说明，但未给出权限偏差值，故其数值仍参照 GB/T100959—1988 进行计算。

1. 齿厚偏差的检测

按照定义，齿厚 s 以分度圆弧长计算，但弧长不便于测量，而测量分度圆弦齿厚就很方便，故在生产中常以测量弦齿厚 $\bar{s}$ 来代替测量齿厚 s。

测量齿厚时，必须先确定分度圆上弦齿高 $\bar{h}_a$。分度圆上弦齿高可由表 9-4 来确定。

表 9-4 m=1mm 时的分度圆 弦齿厚 $\bar{s}$ 与弦齿高 $\bar{h}_a$（摘自 GB/T10095—1988）

齿数	齿厚 $\bar{s}$	齿高 $\bar{h}_a$	齿数	齿厚 $\bar{s}$	齿高 $\bar{h}_a$
20	1.5692	1.0308	46	1.05705	1.0134
21	1.5693	1.0294	47		1.0131
22	1.5695	1.0280	48		1.0128
23	1.5696	1.0268	49		1.0126
24	1.5697	1.0257	50		1.0123
30	1.5701	1.0206	51		1.0121
31		1.0199	52	1.5706	1.0119
32	1.5702	1.0193	53		1.0116
33		1.0187	54		1.0114
34		1.0181	55		1.0112
35	1.5703	1.0176	56		1.0110
36		1.0171	57		1.0108
37		1.0167	58		1.0106
38		1.0162	59		1.0105
39	1.5704	1.0158	60		1.0103
40		1.0154			
41		1.0150			
42		1.0147			
43	1.5705	1.0143			
44		1.0140			
45		1.0137			

由表 9-4 可查出 m=1mm 时的分度圆弦齿厚与弦齿高，通过公式可计算出任意模数齿轮的分度圆弦齿厚与弦齿高。

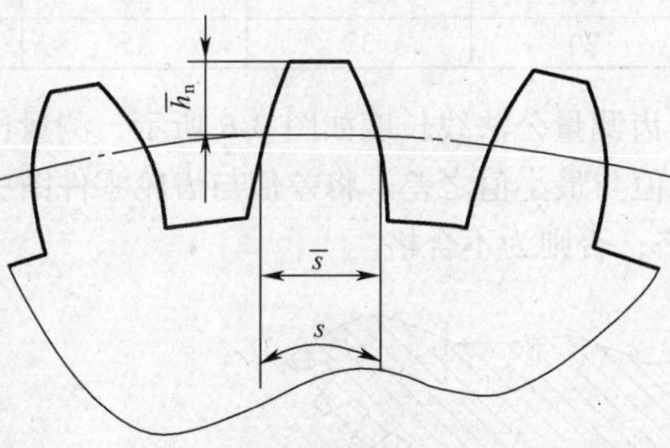

图 9-4 直尺圆柱齿轮的齿厚

由齿轮的模数和精度等级确定齿轮的齿厚偏差。

测量时如图 9-5 所示，用齿厚游标卡尺中竖直游标卡尺定好弦齿高 h，然后将齿厚游标卡尺置于被测齿轮上，使其竖直游标卡尺的高度尺与齿顶相接触。移动水平游标卡尺的卡脚，使卡脚与齿廓接触。从水平游标卡尺上读出弦齿厚的实际值。逐个齿测量，取其中最大值作为弦齿厚的实际值，与事先确定的齿轮齿厚偏差 $\pm f s_n$ 进行比较。若实测值在齿厚偏差 $\pm f$ 范围内即判为合格；否则为不合格。

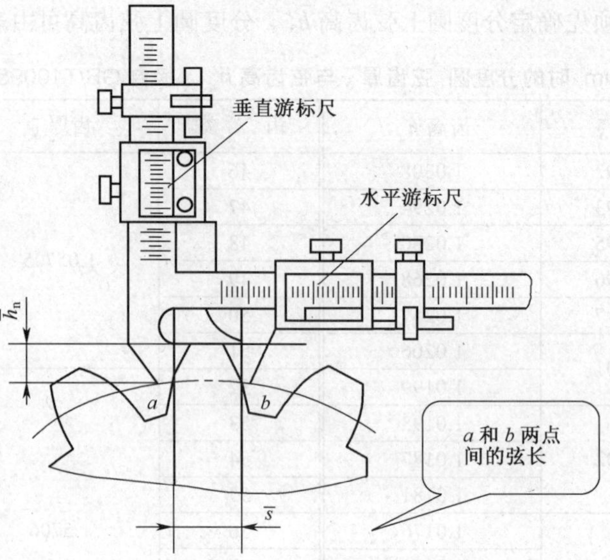

图 9-5 用齿厚游标卡尺测量齿轮分度圆弦齿厚

2. 齿轮公法线检测

从齿轮零件图中，可得齿轮公法线平均长度极限偏差 ΔE_{wm} 和跨测齿数 k，也可从表 9-5 中查出齿轮公法线平均长度极限偏差 ΔE_{wm}。

表 9-5 齿轮公法线平均长度极限偏差 ΔE_{wm} （摘自 GB/T10095 —1998）

分度圆直径		精度等级				
大于	到	5	6	7	8	9
—	125	12	20	28	40	50
123	400	16	25	36	50	71
400	800	20	32	45	63	90

用公法线千分尺跨 k 个齿测量公法线长度如图 9-6 所示，测量出整个齿轮中公法线长度的最大值与最小值，求出最大值与最小值之差。将差值与齿轮零件图中要求的 ΔE_{wm} 值进行比较，若差值小于 ΔE_{wm} 值即为合格；否则为不合格。

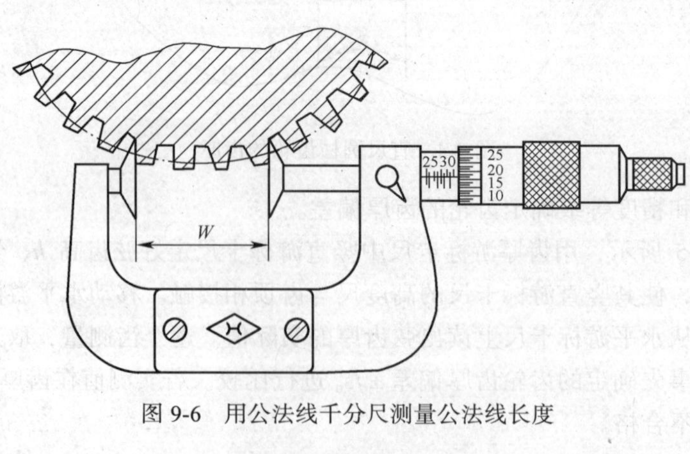

图 9-6 用公法线千分尺测量公法线长度

9.4.2 齿轮副精度检测

1. 齿轮副的切向综合误差 $\Delta F'_{ic}$ 与齿轮副的一齿切向综合误差 $\Delta f'_{ic}$

齿轮副的切向综合误差 $\Delta F'_{ic}$ 是指装配好的齿轮副，在啮合转动足够多的转数内，一个齿轮相对另一个齿轮的实际转角与公称转角之差的最大幅度值；以分度圆弧长计值。

齿轮副的切向综合误差 $\Delta F'_{ic}$，可通过单啮仪测量。

如图 9-7 所示为用光栅式单啮仪。标准蜗杆与被测齿轮啮合，两者各带一个光栅盘和信号发生器，两者的角位移信号经分频器后变为同频信号。当被测齿轮有误差时，将引起其回转角有误差，此回转角的微小误差将变为两路信号的相位移，经过比相器、记录器，记录出的误差曲线如图 9-8 所示。图中的最高点与最低点之间的距离即为 $\Delta F'_{ic}$，而单个小波纹的最大幅度值则为一齿切向综合误差 $\Delta f'_{ic}$。

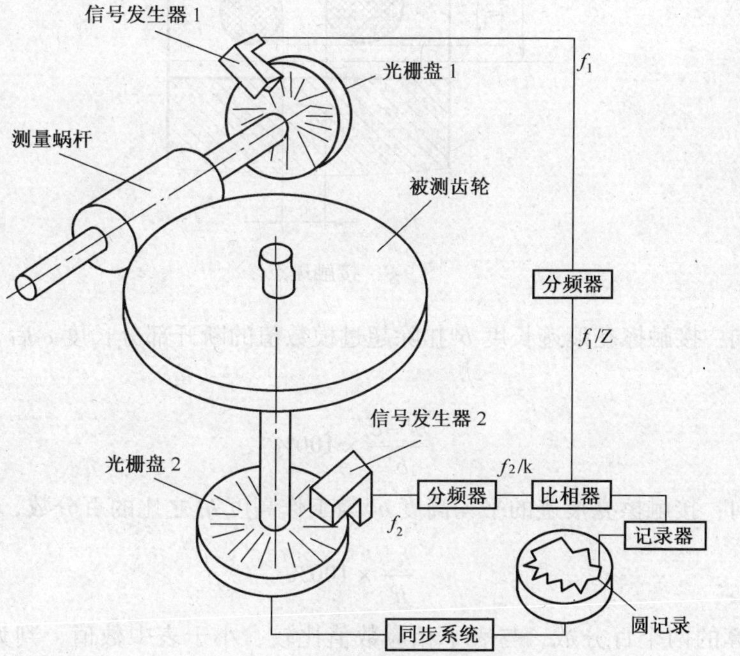

图 9-7 光栅式单啮仪工作原理

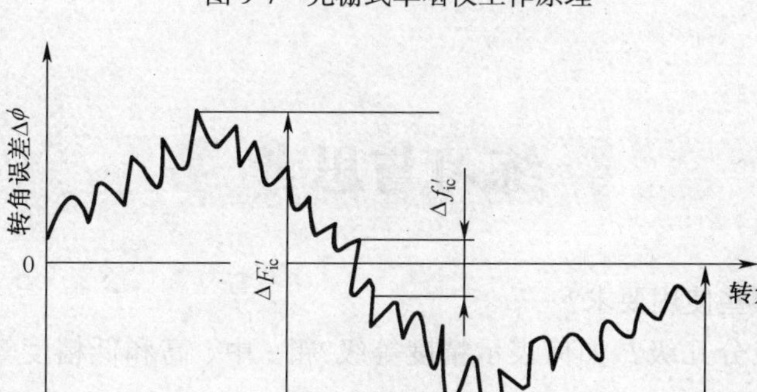

图 9-8 切向综合误差曲线

检测齿轮副的切向综合误差 $\Delta F'_{ic}$ 时，将标准蜗杆更换为组成齿轮副的齿轮，测出波纹曲线。在具有周期性的波纹曲线段上，单个小波纹的最大幅度值则为一齿切向综合误差 $\Delta f'_{ic}$ 。

将检测出齿轮副的切向综合误差 $\Delta F'_{ic}$ 与齿轮副的一齿切向综合误差 $\Delta f'_{ic}$ 分别与其相应的公差值对比，超出公差，可判为不合格；否则为合格。

2．齿轮副的接触斑点

齿轮副的接触斑点是指装配好的齿轮副在轻微制动下运转后齿面上分布的接触擦亮痕迹，如图 9-9 所示。其评定方法是以接触擦亮痕迹占齿面展开图上的百分比来计算的。

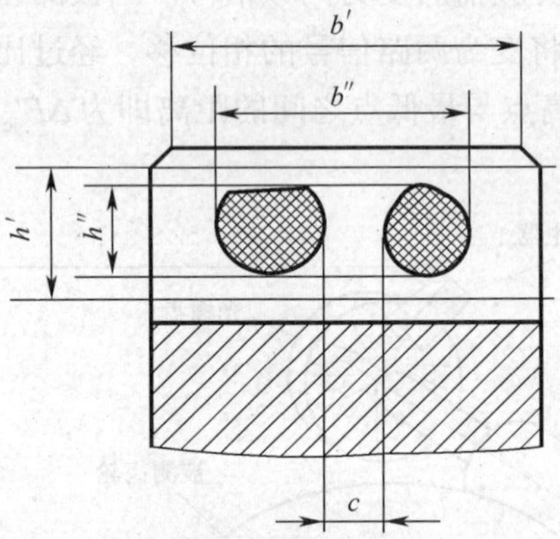

图 9-9　接触斑点

沿齿长方向：接触擦亮痕迹长度 b'' 扣除超过模数值的断开部分长度 c 后，与工作长度之比的百分数，即

$$\frac{b''-c}{b'}\times 100\% \qquad (9\text{-}1)$$

沿齿高方向：接触擦亮痕迹的平均高度 h'' 与工作高度 h' 之比的百分数，即

$$\frac{h''}{h'}\times 100\% \qquad (9\text{-}2)$$

将上述计算的两个百分数，与表中相应数值比较，小于表中数值，判为不合格；否则为合格。

练习与思考

（1）齿轮传动有哪些使用要求？

（2）齿轮精度等级分几级？如何表示精度等级?粗、中、高和低精度等级大致是从几级到几级？

（3）齿轮传动中的侧隙有什么作用？用什么评定指标来控制侧隙？

（4）齿轮副精度的评定指标有哪些？

（5）如何计算齿厚上偏差和齿厚下偏差？

（6）如何选择齿轮的精度等级?从哪几个方面考虑选择齿轮的检验项目？

（7）齿坯精度主要有哪些项目？

（8）某减速器中一对直齿圆柱齿轮，m=5mm，z_1=60mm，$\alpha = 20^\circ$，x=0，n_1=960r/min，两轴承距离 L=100mm，齿轮为钢制，箱体为铸铁制造，单件小批生产。试确定以下几项。

① 齿轮精度等级。

② 检验项目及其允许值。

③ 齿厚上下偏差或公法线长度极限值。

④ 齿轮箱零件精度要求。

⑤ 画出齿轮零件图。

参考文献

[1] 黄云清．公差配合与测量技术．北京：机械工业出版社，2001.

[2] 形状和位置公差．北京：国家技术监督局发布，1996.

[3] 吕永智．公差配合与技术测量．北京：机械工业出版社，2006.

[4] 杨好学．互换性与技术测量．西安：西安电子科技大学出版社，2006.

[5] 胡照海．公差配合与测量技术．北京：人民邮电出版社，2006.

[6] 孙玉芹．机械精度设计基础．北京：科学出版社，2003.

[7] 杨沿平．机械精度设计与检测技术基础．北京：机械工业出版社，2004.

[8] 机械工程师手册编写委员会．机械工程师手册．北京：机械工业出版社，2007.

[9] 王宇平．公差配合与几何精度检测．北京：人民邮电出版社，2007.

[10] 屈波．互换性与测量技术．西安：西安电子科技大学出版社，2007.

[11] 吕天宝，等．公差配合与测量技术．大连：大连理工大学出版社，2005.

[12] 乔元信．互换性配合与技术测量．北京：中国劳动社会保障出版社，2005.